o poder do infinito

STEVEN STROGATZ

o poder do infinito

Título original: *Infinite Powers*

Copyright © 2019 por Steven Strogatz
Copyright das ilustrações © 2019 por Margaret C. Nelson
Copyright da tradução © 2022 por GMT Editores Ltda.

Todos os direitos reservados. Nenhuma parte deste livro pode ser utilizada ou reproduzida sob quaisquer meios existentes sem autorização por escrito dos editores.

tradução: Paulo Afonso
preparo de originais: Karina Danza | Ab Aeterno
revisão: Ana Tereza Clemente e Sheila Louzada
revisão técnica: Tatiana Miguel Rodrigues
diagramação e adaptação de capa: Ana Paula Daudt Brandão
capa: Martha Kennedy
ilustrações: Margaret C. Nelson
impressão e acabamento: Bartira Gráfica

CIP-BRASIL. CATALOGAÇÃO NA PUBLICAÇÃO
SINDICATO NACIONAL DOS EDITORES DE LIVROS, RJ

S914p

Strogatz, Steven, 1959-
    O poder do infinito / Steven Strogatz ; tradução Paulo Afonso. - 1. ed. - Rio de Janeiro : Sextante, 2022.
    352 p. : il. ; 23 cm.

Tradução de: Infinite powers
ISBN 978-65-5564-301-5

    1. Cálculo - História. 2. Matemática - História. I. Afonso, Paulo. II. Título.

22-75365   CDD: 515.09
                                                       CDU: 51-3(09)

Camila Donis Hartmann - Bibliotecária - CRB-7/6472

Todos os direitos reservados, no Brasil, por
GMT Editores Ltda.
Rua Voluntários da Pátria, 45 – Gr. 1.404 – Botafogo
22270-000 – Rio de Janeiro – RJ
Tel.: (21) 2538-4100 – Fax: (21) 2286-9244
E-mail: atendimento@sextante.com.br
www.sextante.com.br

SUMÁRIO

	Prefácio	7
1	Infinito	25
2	O homem que domou o infinito	49
3	Descobrindo as leis do movimento	81
4	O alvorecer do cálculo diferencial	109
5	A encruzilhada	141
6	O vocabulário da mudança	159
7	A fonte secreta	185
8	Ficções da mente	215
9	O universo lógico	241
10	Fazendo ondas	263
11	O futuro do cálculo	283
	Conclusão	307
	Agradecimentos	313
	Notas	317
	Referências bibliográficas	341
	Créditos das imagens	351

PREFÁCIO

SEM O CÁLCULO, NÃO TERÍAMOS telefones celulares, computadores ou micro-ondas. Não teríamos rádio. Nem televisão. Nem ultrassom para gestantes ou GPS para viajantes perdidos. Não teríamos dividido o átomo, desvendado o genoma humano ou levado astronautas à Lua. Talvez não tivesse havido a Declaração de Independência dos Estados Unidos.

É uma curiosidade histórica que o mundo tenha mudado para sempre graças a um enigmático ramo da matemática. Como uma teoria concebida originalmente para formas pode ter remodelado a civilização?

A essência da resposta pode ser encontrada em um gracejo feito pelo físico Richard Feynman para o romancista Herman Wouk, quando ambos discutiam o Projeto Manhattan, que desenvolveu as primeiras bombas atômicas. Wouk, que realizava pesquisas para um grande romance que pretendia escrever sobre a Segunda Guerra Mundial, dirigiu-se ao Caltech (Instituto de Tecnologia da Califórnia) para entrevistar físicos que haviam trabalhado na confecção da bomba. Um deles era Feynman. Após a entrevista, ao se despedirem, Feynman perguntou a Wouk se ele sabia cálculo. Wouk admitiu que não. "Então é melhor aprender", comentou Feynman. "É a língua falada por Deus."

Por motivos que ninguém compreende, o universo é profundamente matemático. Talvez Deus o tenha criado desse jeito. Ou talvez um universo que nos abrigue só possa existir assim, pois universos não matemáticos não comportariam vida inteligente o bastante para investigar o assunto. De qualquer forma, o fato de o universo obedecer a leis naturais que podem ser expressas na linguagem do cálculo – com frases chamadas de equações diferenciais – é misterioso e maravilhoso. Essas equações descrevem a diferença entre algo neste momento e no momento seguinte, ou entre uma coisa aqui e a mesma coisa em outro ponto infinitamente próximo. Os detalhes variam em função de qual parte da natureza estamos discutindo, mas a estrutura das leis é sempre a mesma. Explicando de outro modo essas espantosas afirmações: parece existir algo como um código no universo, um sistema operacional que tudo move, de momento a momento e de lugar a lugar. O cálculo é a ferramenta que o analisa e o expressa.

Isaac Newton foi a primeira pessoa a vislumbrar esse segredo do universo. Ele descobriu que as órbitas dos planetas, o ritmo das marés e as trajetórias das balas de canhão podiam ser descritos, explicados e previstos por um pequeno conjunto de equações diferenciais, que chamamos hoje de leis de Newton sobre movimento e gravidade. Desde a época do grande cientista, verificamos o mesmo padrão em outras partes do universo. Dos antigos elementos – terra, ar, fogo e água – até as últimas descobertas sobre elétrons, quarks, buracos negros e supercordas, todas as coisas inanimadas no universo se submetem às regras das equações diferenciais. Aposto que era isso que Feynman tinha em mente quando disse que o cálculo é a língua falada por Deus. Se algo merece ser chamado de segredo do universo, é o cálculo.

Após descobrirem sem querer essa língua estranha, primeiro em um recanto da geometria e mais tarde no código do universo, e aprenderem a falá-la fluentemente, decifrando seus dialetos e nuances e por fim utilizando seus poderes proféticos, os seres humanos têm utilizado o cálculo para remodelar o mundo.

Esse é o argumento central deste livro.

Se estiver correto, significa que a resposta às últimas questões da vida, do universo e de tudo mais não é o número 42, como sugeriu o Pensador Profundo, supercomputador descrito em *O guia do mochileiro das galáxias* – com minhas desculpas aos fãs do livro e de seu autor, Douglas Adams. Mas o computador estava no caminho certo: o segredo do universo é realmente matemático.

CÁLCULO PARA TODOS

O gracejo de Feynman sobre a língua de Deus suscita perguntas profundas. O que é o cálculo? Como os seres humanos imaginaram que Deus fala esse idioma (ou, se você preferir, que o universo funciona de acordo com suas normas)? O que são equações diferenciais, na época de Newton e no nosso tempo? Por fim, como essas teorias podem ser transmitidas de modo agradável e inteligível para leitores de boa vontade – como Herman Wouk, homem atento, curioso e inteligente – mas pouco versados em matemática avançada?

Rememorando seu encontro com Feynman, Wouk escreveu que nem tentou aprender cálculo nos 14 anos subsequentes. Seu grande romance se transformou em dois grandes romances: *Ventos de guerra* e *Lembranças de guerra*, cada qual com cerca de mil páginas. Quando finalmente foram concluídos, ele tentou aprender cálculo sozinho, lendo obras com títulos como *Cálculo fácil*, mas não deu certo. Esquadrinhou outros livros, na esperança, como explicou, de "encontrar algum que ajudasse um ignorante em matemática como eu, que na faculdade estudou ciências humanas – isto é, literatura e filosofia –, em sua busca adolescente para descobrir o significado da vida, mal sabendo que o cálculo, que me diziam ser uma chatice difícil que não levava a nada, era a língua falada por Deus". Como os livros se mostravam impenetráveis, ele contratou um professor israelense, com o objetivo de aprender um pouco de cálculo e, de quebra, melhorar seu hebraico falado. Malogrou em ambos os propósitos. Em desespero, frequentou como ouvinte um curso para alunos do ensino médio. Mas acabou ficando muito para trás e teve que desistir após alguns meses. Os garotos o aplaudiram quando ele saiu. Segundo Wouk, foi como um aplauso de solidariedade para um ator ruim.

Escrevi *O poder do infinito* em uma tentativa de tornar acessíveis a todos as grandes ideias e as melhores histórias sobre o cálculo. Não será necessário penar, como Herman Wouk, para aprender sobre esse marco da história humana. O cálculo é uma das conquistas coletivas mais inspiradoras da humanidade. Ninguém precisa aprendê-lo para apreciá-lo, assim como não é preciso aprender a cozinhar bem para saborear uma boa comida. Tentarei explicar tudo o que devemos saber com a ajuda de imagens, metáforas e anedotas. Também mostrarei algumas das mais admiráveis equações e provas já criadas, pois que sentido faz visitar uma galeria de arte sem ver suas obras-primas? Quanto a Herman Wouk, ele faleceu em 2019, mesmo ano em que este livro foi escrito. Não sei se chegou a aprender cálculo; caso não tenha conseguido, este livro é para você, Sr. Wouk.

O MUNDO SEGUNDO O CÁLCULO

Como já deve estar claro agora, oferecerei uma visão de matemático aplicado sobre a história e o significado do cálculo. Um historiador da matemática teria uma visão diferente, assim como um matemático puro. O que me fascina, como matemático aplicado, é o cabo de guerra entre o mundo real à nossa volta e o mundo ideal em nossa mente. Fenômenos reais orientam as perguntas que fazemos; inversamente, a matemática que imaginamos por vezes prefigura o que de fato ocorre. Quando isso acontece, o efeito é assombroso.

Ser um matemático aplicado é ter a mente aberta e intelectualmente promíscua. Os que atuam na minha área sabem que a matemática não é um mundo imaculado e lacrado de teoremas e provas reverberando em si mesmos. Abraçamos todos os tipos de assunto: filosofia, política, ciência, história, medicina, tudo. Essa é a história que desejo contar: o mundo segundo o cálculo.

Trata-se de uma visão do cálculo bem mais ampla que a de costume. Abarca todos os muitos cognatos e desdobramentos do cálculo, tanto no interior da matemática quanto nas disciplinas próximas. Como essa visão abrangente não é a convencional, quero deixar claro que ela não provoca nenhuma confusão. Por exemplo, quando eu disse no início que sem o cálculo não teríamos computadores, telefones celulares e assim por diante, não estou sugerindo que o cálculo tenha produzido todas essas maravilhas por si mesmo. Longe disso. A ciência e a tecnologia foram parceiras essenciais – talvez as estrelas do show. Meu objetivo é apenas demonstrar que o cálculo também desempenhou um papel decisivo, ainda que acessório, em nos oferecer o mundo que hoje conhecemos.

Vejamos a história da comunicação sem fio, que teve início com a descoberta das leis da eletricidade e do magnetismo, por cientistas como Michael Faraday e André-Marie Ampère. Sem suas observações e experiências, os fatos fundamentais sobre ímãs, correntes elétricas e seus invisíveis campos de força permaneceriam desconhecidos, e a possibilidade de uma comunicação sem fio jamais teria sido cogitada. Portanto, obviamente, a física experimental foi indispensável nesse caso.

Mas o cálculo também. Na década de 1860, um matemático escocês chamado James Clerk Maxwell sintetizou as leis experimentais da eletricidade e do magnetismo em uma forma simbólica que podia ser digerida pelo cálculo. Depois de algum tempo, o cálculo regurgitou uma equação que não fazia sentido. Aparentemente, faltava alguma coisa na física. Maxwell desconfiou que a lei de Ampère era a culpada. Tentou então remendá-la, incluindo um novo termo em sua equação – uma corrente hipotética que resolveria a contradição –, e deixou o cálculo trabalhar. Dessa vez, o resultado foi uma simples e elegante equação de onda, muito parecida com a que descreve a propagação de ondulações em um lago. Só que o resultado obtido por Maxwell descrevia um novo tipo de onda, em que campos elétricos e magnéticos dançavam como em um *pas de deux*. Um campo elétrico mutável produziria um campo magnético mutável, o qual, por sua vez, reproduziria o campo elétrico, e assim por diante; cada campo impulsionaria o outro para a frente e ambos se propagariam juntos, como uma onda de energia em movimento. Quando Maxwell calculou a velocidade dessa onda, descobriu – naquele que pode ter sido um dos grandes momentos "Achei!" da história – que ela se movia à velocidade da luz. Assim, ele usou o cálculo não só para predizer a existência das ondas eletromagnéticas como também para solucionar um antigo mistério: qual era a natureza da luz? A luz, percebeu ele, era uma onda eletromagnética.

A previsão da existência de ondas eletromagnéticas, feita por Maxwell, induziu Heinrich Hertz a realizar, em 1887, uma experiência que provou sua existência. Uma década depois, Nikola Tesla construiu o primeiro sistema de comunicação por rádio. Cinco anos depois, Guglielmo Marconi transmitiu as primeiras mensagens sem fio através do Atlântico. Logo surgiram a televisão, os telefones celulares e tudo mais.

Evidentemente, o cálculo não poderia ter realizado tudo sozinho. Mas é igualmente claro que nada disso teria acontecido *sem* o cálculo. Ou talvez, para ser mais preciso, tais coisas pudessem ter acontecido, mas muito mais tarde.

O CÁLCULO É MAIS QUE UMA LINGUAGEM

A história de Maxwell ilustra um tema que se repetirá muitas vezes. Diz-se frequentemente que a matemática é a linguagem da ciência. Há grande verdade nisso. No caso das ondas eletromagnéticas, foi o primeiro e decisivo passo para que Maxwell convertesse as leis que descobrira experimentalmente em equações expressas na linguagem do cálculo.

Mas a analogia linguística é incompleta. O cálculo, como outras formas de matemática, é muito mais que uma linguagem – é também um sistema de raciocínio incrivelmente poderoso. Permite que transformemos uma equação em outra executando várias operações simbólicas, operações sujeitas a regras profundamente enraizadas na lógica. Portanto, embora pareça que estamos apenas embaralhando símbolos, estamos na verdade construindo longas cadeias de inferência lógica. A aparente confusão de símbolos nada mais é que uma abreviação útil, um modo conveniente de encadear argumentos intrincados demais para serem mantidos em nossa cabeça.

Se tivermos sorte e habilidade – se construirmos as equações da forma certa –, poderemos fazê-las revelar suas implicações ocultas. Para um matemático, o processo é quase palpável, como se estivéssemos manipulando e massageando as equações, tentando deixá-las "relaxadas" o suficiente para que revelem seus segredos. Queremos que se abram e conversem conosco.

Criatividade se faz necessária, porque muitas vezes as manipulações a serem executadas não estão claras. No caso de Maxwell, havia inúmeros modos de transformar suas equações, todas logicamente aceitáveis, mas apenas algumas foram cientificamente reveladoras. Considerando que ele nem sabia o que procurava, poderia facilmente não ter conseguido nada, exceto murmúrios incoerentes (ou um equivalente simbólico). Felizmente, no entanto, as equações tinham um segredo a revelar. E, com o estímulo certo, revelaram a equação da onda.

Nesse ponto, a função linguística do cálculo assumiu novamente o controle. Quando Maxwell reconduziu seus símbolos abstratos à realidade, o resultado estabelecia que a eletricidade e o magnetismo podiam se propagar juntos, como uma onda de energia invisível se movendo à velocidade da luz. Em poucas décadas, essa revelação mudaria o mundo.

IRRACIONALMENTE EFICAZ

É espantoso que o cálculo possa imitar tão bem a natureza, considerando a diferença entre os domínios. O cálculo é um reino imaginário de símbolos e lógica. A natureza é um reino real de forças e fenômenos. No entanto, de alguma forma, se a tradução da realidade em símbolos for bem realizada, a lógica do cálculo poderá utilizar uma verdade do mundo real para gerar outra. Verdade entra, verdade sai. Comece com algo empiricamente verdadeiro e simbolicamente formulado (como Maxwell fez com as leis da eletricidade e do magnetismo) e aplique as manipulações lógicas corretas. Você obterá outra verdade empírica, possivelmente nova, um fato sobre o universo que ninguém conhecia antes (como a existência de ondas eletromagnéticas). Dessa forma, o cálculo permite observar o futuro e prever o desconhecido. É isso que o torna uma ferramenta tão poderosa para a ciência e a tecnologia.

Mas por que o universo deveria respeitar qualquer tipo de lógica, ainda mais o tipo de lógica que nós, humanos insignificantes, podemos compreender? Maravilhado com isso, Albert Einstein escreveu: "O eterno mistério do mundo é sua compreensibilidade." O matemático e físico teórico Eugene Wigner foi mais longe, em seu ensaio "The Unreasonable Effectiveness of Mathematics in the Natural Sciences" (A eficácia irracional da matemática nas ciências naturais), ao afirmar: "O milagre da adequação da linguagem matemática à formulação das leis da física é um presente maravilhoso que nós não entendemos nem merecemos."

Esse sentimento de reverência remonta à história da matemática. Segundo a lenda, foi o que Pitágoras sentiu por volta de 550 a.C., quando ele e seus discípulos descobriram que a música era governada por proporções de números inteiros. Imagine-se, por exemplo, dedilhando uma corda de violão. Ao vibrar, a corda emite determinada nota. Aperte então um traste na metade exata da corda e a acione novamente. A parte vibratória da corda está agora com metade do comprimento anterior – uma proporção de 1 para 2 – e soa precisamente uma oitava mais alta que a nota original (a distância musical de uma nota para outra na escala de dó-ré-mi-fá-sol-lá-si). Se, em vez disso, a corda vibratória estiver com dois terços do comprimento original, a nota subirá em um quinto (o intervalo de dó para sol; pense nas duas primeiras notas do tema de *Star Wars*). E se a parte vibratória estiver três quartos mais longa, a nota sobe um quarto (o intervalo entre as duas primeiras notas de *Lá vem a noiva*). Os antigos músicos gregos conheciam os conceitos melódicos de oitavas, quartos e quintos e os consideravam belos. Esse vínculo inesperado entre música (a harmonia deste mundo) e números (a harmonia de um mundo imaginário) levou os pitagóricos à crença mística de que *tudo* são números. Eles acreditavam, segundo se diz, que até os planetas em suas órbitas faziam música, a música das esferas.

Desde então, muitos dos maiores matemáticos e cientistas da história têm passado por episódios de febre pitagórica. No caso do astrônomo Johannes Kepler e do físico Paul Dirac, estes foram bastante intensos. E os levaram a procurar, imaginar e sonhar com as harmonias do universo. No final, impeliu-os a fazer suas próprias descobertas, as quais mudaram o mundo.

O PRINCÍPIO DO INFINITO

Para ajudar você a entender para onde nos dirigimos, deixe-me dizer algumas palavras sobre o que é o cálculo, o que ele pretende (metaforicamente falando) e o que o distingue do restante da matemática. Felizmente, uma ideia única, grande e bonita permeia o assunto do início ao fim. Uma vez que nos conscientizemos dessa ideia, a estrutura do cálculo se organiza como variações de um tema unificado.

Infelizmente, a maioria dos cursos de cálculo enterra o tema sob uma avalanche de fórmulas, procedimentos e truques computacionais. Pensando bem, nunca o vi explicitado em lugar nenhum, ainda que faça parte da cultura do cálculo e todos os especialistas o conheçam implicitamente. Vamos chamá-lo de Princípio do Infinito. Ele nos guiará em nossa jornada, assim como guiou o desenvolvimento do próprio cálculo, conceitual e historicamente. Estou tentado a revelá-lo agora, mas a esta altura não faria muito sentido. Será mais fácil analisar o assunto se perguntarmos o que o cálculo pretende... e como consegue o que pretende.

Em poucas palavras, o cálculo pretende simplificar problemas difíceis. É totalmente obcecado pela simplicidade. Isso pode ser surpreendente para você, considerando que o cálculo tem fama de ser complicado. E não há como negar que alguns de seus compêndios mais importantes têm mais de mil páginas e pesam tanto quanto tijolos. Mas não sejamos críticos. O cálculo não pode mudar sua feição. Seu volume é inevitável. Parece complicado porque lida com problemas complicados. Na verdade, tem abordado e resolvido alguns dos problemas mais importantes e difíceis que nossa espécie já encontrou.

O sucesso do cálculo vem da divisão de problemas complicados em partes mais simples. Estratégia que, claro, não é exclusivamente dele. Todos os bons solucionadores de problemas sabem que problemas difíceis se tornam mais fáceis quando fatiados em segmentos. A característica de fato radical e distintiva do cálculo é levar a estratégia de dividir e conquistar ao máximo – *até o infinito*. Em vez de fatiar um grande problema em um punhado de pequenos pedaços, ele continua a fatiar incansavelmente, até pulverizar o problema nas menores partes concebíveis. Feito isso, o cálculo soluciona o problema original de todas as partes minúsculas, o que geralmente é uma tarefa muito mais fácil que resolver o gigantesco obstáculo original. O desafio restante é recompor as pequenas partes, agora já resolvidas. O que tende a ser um passo muito mais difícil, mas pelo menos não tão difícil quanto o problema original.

Assim, o cálculo se desenvolve em duas partes: fatiamento e recomposição. Em termos matemáticos, o processo de fatiamento envolve uma subtração infinitamente leve, usada para quantificar as diferenças entre as partes. Essa primeira metade do processo é chamada de cálculo *diferencial*. O processo de reconstrução sempre envolve uma adição infinita, que reintegra as partes ao todo original. Essa metade do processo é chamada de cálculo *integral*.

Tal estratégia pode ser usada em qualquer coisa que, ao nosso ver, seja possível dividir incessantemente. Essas coisas infinitamente divisíveis são chamadas de *continua* (contínuas), palavra proveniente do latim *con* ("com") e *tenere* (no caso, "manter"), significando algo que se mantém ininterrupto ou unido. Pense na borda de um círculo perfeito, em uma viga de aço em uma ponte suspensa, em uma tigela de sopa esfriando na mesa da cozinha, na trajetória parabólica de um dardo em voo ou no tempo que você já viveu. Uma forma, um objeto, um líquido, um movimento, um intervalo de tempo são todos contínuos, ou quase. Portanto, são considerados grãos para o moinho do cálculo.

Observe aqui o ato da fantasia criativa. Sopa e aço não são realmente contínuos. Na escala da vida cotidiana parecem ser, mas, na escala de átomos ou supercordas, não são. O cálculo ignora o inconveniente causado pelos átomos e outras entidades não divisíveis; não porque não existam, mas porque é útil fingir que não existem. Como veremos, o cálculo tem certa propensão a ficções úteis.

De modo mais amplo, os tipos de entidade modelados como *continua* pelo cálculo incluem quase tudo em que se possa pensar. O cálculo foi usado para descrever como uma bola rola continuamente por uma rampa, como um raio de sol viaja continuamente pela água, como o fluxo contínuo de ar em torno de uma asa mantém um beija-flor ou um avião voando ou como a concentração de partículas do vírus HIV na corrente sanguínea de um paciente cai continuamente nos dias que se seguem ao início da terapia medicamentosa combinada. Em todos os casos, a estratégia permanece a mesma: divida um problema complicado mas contínuo em partes infinitamente mais simples, resolva cada uma em separado e depois as recomponha.

Agora, enfim, estamos prontos para apresentar a grande ideia.

O Princípio do Infinito

Para desvendar qualquer forma, objeto, movimento, processo ou fenômeno contínuo – por mais selvagem e complicado que ele pareça –, pense no tema como uma série infinita de partes mais simples, analise-as e as recomponha para que o todo original faça sentido.

O GOLEM DO INFINITO

O problema de tudo isso é a necessidade de lidar com o infinito, algo mais fácil de falar que de fazer. Embora o uso cuidadosamente controlado do infinito seja o segredo do cálculo e a fonte de seu enorme poder profético, é também sua maior dor de cabeça. Assim como o monstro de Frankenstein ou o Golem, do folclore judeu, o infinito tende a escapar do controle de seu mestre. Como em qualquer história de arrogância, a criatura inevitavelmente se volta contra seu criador.

Os criadores do cálculo estavam cientes do perigo, mas ainda achavam o infinito irresistível. É verdade que o monstro ocasionalmente enlouquecia, deixando paradoxos, confusões e estragos filosóficos em seu rastro. Entretanto, após cada um desses episódios, os matemáticos sempre conseguiam subjugá-lo, racionalizando seu comportamento e o levando de volta ao trabalho. No final, tudo corria bem. O cálculo dava as respostas certas, mesmo quando seus criadores não conseguiam explicar por quê. O desejo de aproveitar o infinito e explorar seu poder é um fio narrativo que percorre os 2.500 anos de história do cálculo.

Toda essa conversa sobre desejo e confusão pode parecer fora de lugar, considerando que a matemática em geral é retratada como exata e impecavelmente racional. É racional, mas no início nem sempre. A criação é intuitiva; a razão vem depois. Na história do cálculo, mais que em outras áreas da matemática, a lógica sempre foi suplantada pela intuição. O que torna a matéria especialmente humana e acessível, e seus gênios mais parecidos com o restante de nós.

CURVAS, MOVIMENTO E MUDANÇA

O Princípio do Infinito organiza a história do cálculo em torno de um tema metodológico. Mas o cálculo diz respeito tanto a mistérios quanto a metodologias. Três mistérios, acima de tudo, estimularam seu desenvolvimento: o mistério das curvas, o mistério do movimento e o mistério da mudança.

A fecundidade desses mistérios é um testemunho do valor da curiosidade pura. Quebra-cabeças sobre curvas, movimento e mudança podem parecer sem importância à primeira vista, até irremediavelmente esotéricos. Mas, como abordam riquíssimas questões conceituais e como a matemática está tão profundamente entrelaçada no tecido do universo, a solução para esses mistérios teve impactos de longo alcance no curso da civilização e em nossa vida cotidiana. Como veremos nos próximos capítulos, colhemos os benefícios dessas investigações sempre que ouvimos música em nossos celulares, não perdemos tempo em filas de supermercados graças a um scanner a laser no caixa ou encontramos nosso caminho com um dispositivo GPS.

Tudo começou com o mistério das curvas. Estou usando o termo "curvas" em sentido bastante amplo, de modo a abranger qualquer tipo de linha curva, superfície curva ou sólido curvo. Pense em um elástico, em um anel, em uma bolha flutuante, nos contornos de um vaso ou em um salame. Para manter tudo o mais simples possível, os primeiros geômetras geralmente se concentravam em versões abstratas e idealizadas de formas curvas, ignorando a espessura, a rugosidade e a textura. A superfície de uma esfera matemática, por exemplo, era imaginada como uma membrana infinitesimalmente fina, lisa e perfeitamente redonda, sem a espessura, o relevo ou a pelagem da casca do coco. Mas mesmo sob essas premissas idealizadas, as formas curvas apresentavam dificuldades conceituais desconcertantes, por não serem constituídas de peças retas. Triângulos, quadrados e cubos eram fáceis. Formados de linhas retas e superfícies planas que se juntavam em um pequeno número de cantos, descobrir seu perímetro, área ou volume de superfície não era difícil. Geômetras de todo o mundo – nas antigas sociedades da Babilônia, do Egito, da China, da Índia, da Grécia e do Japão – sabiam resolver esses problemas. Mas coisas redondas eram brutais. Ninguém conseguia calcular a área da superfície de uma esfera nem qual volume ela poderia conter. Até mesmo calcular a circunferência ou a área de um círculo era, nos velhos tempos, algo intransponível. Não havia nem como começar. Não havia peças retas às quais se agarrar. Tudo o que era curvo era inescrutável.

E foi assim que o cálculo começou: a partir da curiosidade e frustração dos geômetras pela forma esférica. Círculos, globos e outras formas curvas eram o Himalaia da época. Não que oferecessem desafios práticos importantes – pelo menos não no início –, mas despertavam a sede por aventuras característica do espírito humano. Assim como os exploradores que escalam o monte Everest, os geômetras queriam entender as curvas simplesmente porque elas existiam.

O avanço ocorreu porque os estudiosos insistiam que as curvas *eram*, na verdade, compostas de peças retas. Não era verdade, mas eles podiam fazer de conta que era. No entanto, havia um obstáculo: as peças teriam de ser infinitesimalmente pequenas e infinitamente numerosas. Dessa concepção fantástica nasceu o cálculo integral. Foi o primeiro uso do Princípio do Infinito. A história de como se desenvolveu ocupará vários capítulos, mas sua essência já está aqui, de forma embrionária, sob a forma de um insight simples e intuitivo: se ampliarmos enormemente um zoom sobre um círculo (ou sobre qualquer outra coisa esférica), a parte sob o microscópio começará a parecer reta e plana. Assim, pelo menos em princípio, deveria ser possível calcular o que quer que fosse sobre uma forma circular adicionando os pequenos pedaços retos. Descobrir exatamente como fazer isso – algo nada fácil – exigiu os esforços dos maiores matemáticos do mundo ao longo de muitos séculos. Mas, coletivamente, e por vezes em meio a amargas rivalidades, eles enfim obtiveram avanços na compreensão do enigma das curvas. Os frutos desse trabalho incluem a matemática necessária para desenhar – com aspecto realista – cabelos, roupas e rostos de personagens em filmes animados por computador, assim como os cálculos indispensáveis para que médicos realizem uma cirurgia em um paciente virtual antes de operarem o paciente de verdade. Veremos isso com mais detalhes no capítulo 2.

A busca por resolver o mistério das curvas chegou ao ápice quando ficou claro que elas eram muito mais que diversões geométricas: eram a chave para desvendar os segredos da natureza. Surgiam naturalmente no arco parabólico de uma bola em voo, na órbita elíptica descrita por Marte ao redor do Sol e na forma convexa de uma lente capaz de quebrar e focalizar a luz onde fosse necessária – algo que foi fundamental para o acelerado desenvolvimento de microscópios e telescópios no final da Renascença.

Assim teve início a segunda grande obsessão: o fascínio pelos mistérios dos movimentos da Terra e do Sistema Solar. Por meio da observação e de experiências engenhosas, os cientistas revelaram padrões numéricos tentadores nas coisas mais simples em movimento. Mediram o balanço de um pêndulo, cronometraram a descida acelerada de uma bola rolando por uma rampa e descreveram a imponente procissão de planetas no céu. Os padrões que descobriram os deixaram arrebatados. Johannes Kepler foi invadido por um "frenesi sagrado", segundo suas próprias palavras, quando descobriu as leis do movimento planetário, que pareciam sinais da obra de Deus. De uma perspectiva mais secular, os padrões revelados reforçavam o conceito de uma natureza profundamente matemática, defendido pelos pitagóricos. O problema era que ninguém conseguia explicar os maravilhosos padrões recém-descobertos, pelo menos não com a matemática então existente. Aritmética e geometria não estavam à altura da tarefa, mesmo nas mãos dos maiores estudiosos.

Outro problema era que os movimentos não eram constantes. Uma bola rolando por uma rampa mudava de velocidade e um planeta girando em torno do Sol mudava a direção de seu curso. Pior ainda, os planetas se moviam mais rápido quando se aproximavam do Sol e diminuíam a velocidade à medida que se afastavam dele. Não havia uma forma conhecida de lidar com movimentos que mudavam o tempo todo. Matemáticos anteriores tinham formulado a matemática para o tipo mais trivial de movimento, ou seja, a uma velocidade *constante*, em que distância é igual à taxa vezes o tempo. Mas como a velocidade mudava continuamente, as apostas foram canceladas. O movimento, tanto quanto as curvas, estava mostrando ser um monte Everest conceitual.

Como veremos nos capítulos intermediários deste livro, os grandes avanços no cálculo que se seguiram surgiram do esforço dos matemáticos para solucionar o mistério do movimento. Exatamente como no caso das curvas, o Princípio do Infinito veio socorrê-los. Dessa vez, o ato de fantasia foi fingir que o movimento, a uma velocidade variável, era constituído de movimentos infinitos e infinitesimalmente breves, realizados a uma velocidade *constante*. Para visualizar o que isso significa, imagine estar em um carro com um motorista que dirige aos solavancos. Ansiosamente, você observa o velocímetro se deslocando para cima e para baixo a cada solavanco. No entanto, mesmo o motorista mais desastrado não conseguiria fazer a agulha do velocímetro se mover muito no espaço de um milésimo de segundo. E em um intervalo de tempo bem menor – infinitesimal –, a agulha não se moverá. Ninguém consegue pisar no acelerador tão rápido.

Essas ideias se fundiram na metade mais jovem do cálculo, o cálculo diferencial. Era precisamente o que se fazia necessário para trabalhar com as variações infinitesimalmente pequenas de tempo e distância que surgiam no estudo do movimento em constante mudança, bem como os infinitésimos segmentos retos de curvas que surgiram com a geometria analítica, o novo estudo de curvas definidas por equações algébricas que foi a coqueluche na primeira metade dos anos 1600. Sim, em certa época, a álgebra foi uma mania, como veremos, e uma dádiva para todos os campos da matemática, incluindo a geometria. Mas também gerou um emaranhado de novas curvas a serem exploradas. Os mistérios das curvas e do movimento acabaram colidindo. Em meados do século XVII, estavam no centro do cálculo, entrechocando-se, criando um caos matemático. Fora do tumulto, o cálculo diferencial começou a florescer, não sem controvérsias. Alguns matemáticos foram acusados de estarem brincando com o infinito. Outros ridicularizaram a álgebra, que para eles era uma crosta de símbolos. Com tantas discussões, o progresso foi lento e espasmódico.

Então, em um dia de Natal, nasceu um menino. Esse jovem messias do cálculo era um herói improvável. Nascido prematuro e órfão de pai, foi abandonado pela mãe quando tinha 3 anos. Garoto solitário, imerso em pensamentos sombrios, tornou-se um homem reservado e desconfiado. Ainda assim, Isaac Newton deixaria no mundo uma marca jamais igualada antes ou depois dele.

Primeiramente, ele solucionou o Santo Graal do cálculo, descobrindo como juntar novamente os segmentos de uma curva – e como fazê-lo de modo fácil, rápido e sistemático. Combinando os símbolos da álgebra com o poder do infinito, ele encontrou um meio de representar qualquer curva como uma soma de curvas simples infinitas, descritas pelas potências de uma variável x, como x^2, x^3, x^4 e assim por diante. Usando apenas esses ingredientes, ele podia preparar qualquer curva que quisesse, colocando uma pitada de x, um borrifo de x^2 e uma colher de sopa de x^3. Era como uma receita base, uma prateleira de especiarias, um açougue e uma horta, tudo junto. Com sua descoberta, ele podia resolver qualquer problema já proposto sobre formas ou movimentos.

Em seguida, Newton decifrou o código do universo. Ele descobriu que qualquer tipo de movimento é sempre executado a passo infinitesimal e conduzido de momento a momento por leis matemáticas escritas na linguagem do cálculo. Com apenas algumas equações diferenciais (suas leis de movimento e gravidade), ele conseguiu explicar tudo, desde a trajetória de uma bala de canhão até as órbitas dos planetas. Seu surpreendente "sistema do mundo" unificou o céu e a terra, deu início ao Iluminismo e mudou a cultura ocidental. O impacto sobre os filósofos e poetas da Europa foi imenso. Ele chegou a influenciar Thomas Jefferson e a Declaração de Independência dos Estados Unidos da América, como veremos. Em nossa época, as ideias de Newton alicerçaram o programa espacial, proporcionando a matemática necessária para o cálculo de trajetórias. Também municiaram o trabalho feito na Nasa pela matemática afro-americana Katherine Johnson e suas colaboradoras (as heroínas do livro e do filme *Estrelas além do tempo*).

Com os problemas das curvas e do movimento já equacionados, o cálculo passou para sua terceira obsessão: o mistério da mudança. "Nada é constante senão a mudança" é um clichê, mas não deixa de ser verdadeiro. Em um dia chove, no outro faz sol. O mercado de ações sobe e desce. Encorajados pelo paradigma newtoniano, praticantes de cálculo que vieram depois propuseram a pergunta: existiriam leis de mudança semelhantes às leis de movimento estabelecidas por Newton? Existiriam leis para o crescimento populacional, o alastramento de epidemias ou o fluxo do sangue em uma artéria? Poderia o cálculo ser usado para descrever como sinais elétricos se propagam pelos nervos ou para predizer o fluxo de trânsito em uma rodovia?

Ao seguir essa agenda ambiciosa, sempre em cooperação com outras áreas da ciência e da tecnologia, o cálculo contribuiu para a modernização do mundo. Usando observações e experimentos, os cientistas elaboraram as leis da mudança e depois usaram o cálculo para resolvê-las e fazer previsões. Em 1917, por exemplo, Albert Einstein aplicou o cálculo a um modelo simples de transições atômicas para prever um efeito notável chamado emissão estimulada (*stimulated emission*, em inglês), que é o que o *s* e o *e* representam na palavra *laser*, um acrônimo para *light amplification by stimulated emission of radiation* (amplificação de luz por emissão estimulada de radiação). Einstein teorizou que, sob determinadas circunstâncias, a luz que passa através da matéria poderia estimular a produção de mais luz no mesmo comprimento de onda e movendo-se na mesma direção, criando uma cascata de luz por meio de uma reação em cadeia que resultaria em um feixe luminoso intenso e coeso. Algumas décadas depois, a exatidão dessa previsão foi comprovada. Os primeiros lasers de trabalho foram construídos no início dos anos 1960. Desde então, têm sido usados em um sem-número de aplicações, como leitores de CD, armamento guiado, scanners de códigos de barras e equipamentos médicos.

Na medicina, as leis da mudança não são tão bem compreendidas quanto na física. Porém, mesmo quando aplicado a modelos rudimentares, o cálculo tem sido capaz de salvar vidas. No capítulo 8, por exemplo, veremos como um modelo de equação diferencial desenvolvido por um imunologista e um pesquisador da aids contribuiu para a criação da moderna terapia de três drogas para pacientes infectados pelo HIV. As ideias fornecidas pelo modelo anularam a visão predominante de que o vírus permanecia adormecido no corpo; na verdade, travava uma violenta batalha com o sistema imunológico a cada minuto de cada dia. Com a nova compreensão que o cálculo ajudou a estabelecer, a infecção pelo HIV foi transformada de uma sentença de morte quase certa para uma doença crônica administrável – pelo menos para aqueles com acesso à terapia medicamentosa combinada.

É certo que alguns aspectos do nosso mundo em constante mudança estão além das aproximações e expectativas otimistas inerentes ao Princípio do Infinito. No domínio subatômico, por exemplo, os físicos não podem mais pensar em um elétron como uma partícula clássica seguindo um caminho suave da mesma maneira que um planeta ou uma bala de canhão. De acordo com a mecânica quântica, as trajetórias tornam-se instáveis, desfocadas e mal definidas na escala microscópica; portanto, precisamos descrever o comportamento dos elétrons como ondas de probabilidade em vez de trajetórias newtonianas. Ao fazermos isso, no entanto, o cálculo retorna triunfantemente, governando a evolução das ondas de probabilidade mediante algo chamado equação de Schrödinger.

É incrível, mas verdadeiro: mesmo no domínio subatômico, onde a física newtoniana perde a validade, o cálculo newtoniano ainda funciona. Aliás, funciona espetacularmente bem, unindo-se à mecânica quântica para prever os notáveis efeitos subjacentes aos diagnósticos por imagem, desde a ressonância magnética e a tomografia computadorizada até a esdrúxula tomografia por emissão de pósitrons.

Está na hora de olharmos mais de perto a linguagem do universo. Naturalmente, o melhor lugar para começarmos é o infinito.

1

INFINITO

Os primórdios da matemática tiveram como alicerces preocupações cotidianas. Os pastores precisavam acompanhar seus rebanhos. Os agricultores precisavam pesar os grãos obtidos nas colheitas. Os cobradores de impostos tinham que decidir quantas vacas ou galinhas cada camponês devia ao rei. De tais demandas práticas surgiram os números. No princípio, eram contabilizados nos dedos das mãos e dos pés. Mais tarde, foram entalhados em ossos de animais. Quando sua representação evoluiu de riscos para símbolos, os números facilitaram tudo, desde tributação e comércio até contabilidade e censo demográfico. Vemos evidências disso nas tábuas de barro da Mesopotâmia, escritas há mais de cinco mil anos: fileiras e mais fileiras de entradas com os símbolos em forma de cunha conhecidos como cuneiformes.

Juntamente com os números, as formas também eram importantes. No Egito Antigo, a medição de linhas e ângulos era de suma importância. Todos os anos, os agrimensores tinham de redesenhar os limites dos campos dos agricultores, pois as inundações do Nilo os destruíam no verão. Mais tarde, essa atividade deu nome ao estudo das formas em geral: o termo "geometria" vem das palavras gregas *gē*, "terra", e *metrēs*, "medidor".

No início, a geometria tinha arestas duras e era angulosa. Sua predileção por linhas, planos e ângulos retos refletia suas origens utilitárias – triângulos eram úteis como rampas; pirâmides, como monumentos e túmulos; e retângulos, como tampos de mesa, altares e terrenos. Construtores e carpinteiros usavam ângulos retos para trabalhar com fios de prumo. Além disso, o conhecimento da geometria linear era indispensável a marinheiros, arquitetos e padres, para orientar pesquisas, navegações, confecção de calendários, previsão de eclipses e construções de templos e santuários.

Embora a geometria fosse fixada na retidão, uma curva sempre sobressaía, a mais perfeita de todas: o círculo. Vemos círculos nos anéis dos troncos das árvores, nas ondulações dos lagos, nas formas do Sol e da Lua. Círculos nos rodeiam na natureza. E, quando olhamos para círculos, eles olham de volta para nós, literalmente. Lá estão eles nos olhos de nossos entes queridos, nos contornos circulares de suas pupilas e íris. Os círculos abrangem o prático e o emocional, como rodas e alianças, e também são místicos. Seu eterno retorno sugere o ciclo das estações, reencarnação, vida eterna e amor sem fim. Não é de admirar que os círculos tenham se destacado desde que a humanidade começou a estudar as formas.

Matematicamente, os círculos personificam a mudança sem mudança. Um ponto que se move acompanhando a circunferência de um círculo muda de direção sem jamais mudar sua distância do centro. É um modo de mudar e contornar da maneira mais leve possível. Além disso, claro, os círculos são simétricos. Se você girar um círculo em torno de seu centro, ele parecerá inalterado. Essa simetria rotacional talvez explique por que são tão onipresentes. Sempre que a direção é irrelevante para algum aspecto da natureza, é provável que círculos apareçam. Considere o que acontece quando uma gota de chuva atinge uma poça: pequenas ondulações se expandem para fora a partir do ponto de impacto. Como se propagam em todas as direções e como partem do mesmo ponto, as ondulações *têm* de ser circulares. A simetria assim o exige.

Os círculos também podem dar origem a outras formas curvas. Se espetarmos um eixo na altura do diâmetro de um círculo e imaginarmos o círculo girando ao redor desse eixo em um espaço tridimensional, a rotação criará uma esfera – a forma de um globo ou de uma bola. Se um círculo for movido verticalmente para a terceira dimensão ao longo de uma linha reta perpendicular ao seu plano, formará um cilindro – a forma de uma lata ou de uma caixa de chapéu. Se for encolhendo no topo ao mesmo tempo que se move na vertical, produzirá um cone; caso pare de encolher antes de formar um vértice, criará um cone truncado (a forma de um abajur).

Círculos, esferas, cilindros e cones fascinavam os primeiros geômetras, que os achavam muito mais difíceis de analisar do que triângulos, retângulos, quadrados, cubos e outras formas compostas de linhas retas e planos. Eles especulavam sobre como poderiam calcular as áreas de superfícies curvas e os volumes de sólidos curvos, mas não faziam ideia de como resolver esses problemas. Foram derrotados pela esfericidade.

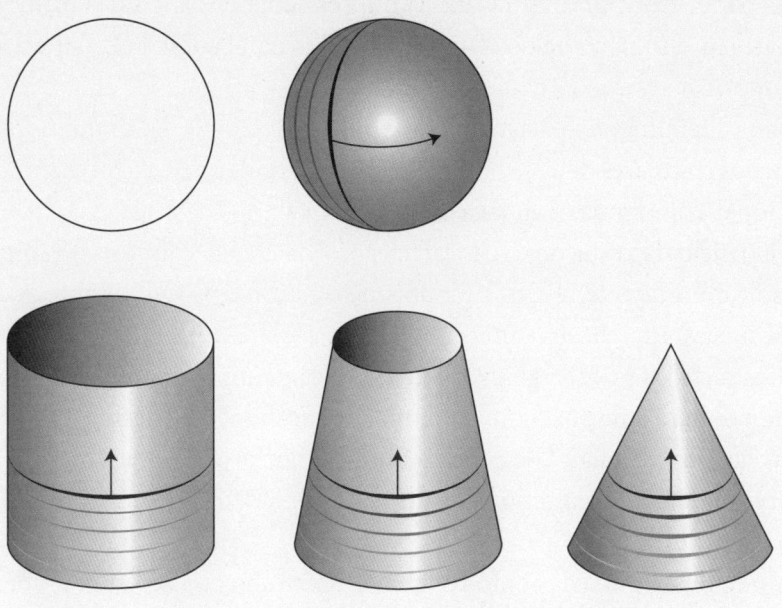

O INFINITO COMO CONSTRUTOR DE PONTES

O cálculo surgiu como um ramo da geometria. Por volta de 250 a.C., na Grécia Antiga, era uma pequena e apaixonante startup matemática devotada ao mistério das curvas. O ambicioso plano de seus devotos era usar o infinito para construir uma ponte entre curvas e retas. Uma vez estabelecido esse elo, esperavam eles, os procedimentos da geometria linear poderiam ser transportados pela ponte e utilizados para desvendar o mistério das curvas. Com a ajuda do infinito, todos os problemas antigos poderiam ser resolvidos. Pelo menos, essa era a intenção.

Na época, esse plano deve ter parecido absurdo. O infinito tinha uma reputação dúbia. Era visto como algo assustador, não útil. Pior ainda, era nebuloso e desconcertante. O que seria exatamente? Um número? Um lugar? Um conceito?

Entretanto, como veremos a seguir, o infinito acabou sendo uma dádiva divina. Considerando todas as descobertas e tecnologias que acabaram surgindo a partir do cálculo, a ideia de usar o infinito para resolver problemas geométricos difíceis deve ser classificada como uma das melhores de todos os tempos.

É claro que nada disso poderia ter sido previsto em 250 a.C. Ainda assim, o infinito realizou algumas façanhas impressionantes. Uma das primeiras e melhores foi a solução de um enigma de longa data: como calcular a área de um círculo.

A PROVA DA PIZZA

Antes de entrar em detalhes, permita-me esboçar o procedimento. A estratégia é imaginar o círculo como uma pizza. Fatiaremos então essa pizza em infinitos pedaços e os reorganizaremos magicamente, formando um retângulo. Isso nos dará a resposta que estamos procurando, pois deslocar fatias não muda sua área original. E sabemos como encontrar a área de um retângulo: multiplicando sua largura por sua altura. O resultado será uma fórmula para a área de um círculo.

Para que esse procedimento funcione, a pizza precisa ser uma pizza idealizada, matemática, perfeitamente plana e redonda, com uma borda infinitesimalmente fina. Sua circunferência, abreviada pela letra C, é a medida do contorno da pizza. Circunferência não é algo que normalmente preocupe os amantes de pizza, mas, se quisermos, podemos medir C com uma fita métrica.

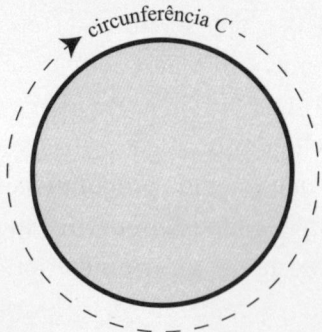

Outra medida de interesse é o raio da pizza, r, definido como a distância do centro a cada ponto da borda. Em particular, r também mede o comprimento do lado reto de uma fatia, supondo que todas sejam iguais e fatiadas do centro para a borda.

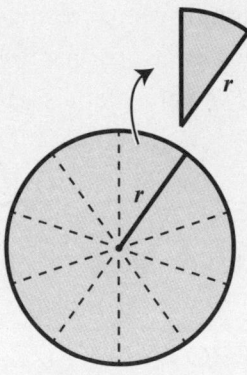

Suponha que iniciemos dividindo a pizza em quatro. Eis um modo de reordená-los que não parece muito promissor.

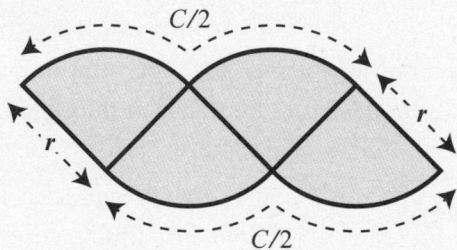

O novo formato ficou estranho, com ondulações no topo e na base. Com certeza não é um retângulo. Portanto, não é tão fácil estimar sua área. Parece que estamos andando para trás. Entretanto, como em qualquer drama, o herói precisa enfrentar dificuldades antes de triunfar. A tensão dramática está aumentando.

Enquanto estamos parados neste ponto, porém, convém observar dois aspectos que serão válidos durante todo o processo e, no final, proverão as dimensões do retângulo que estamos procurando. O primeiro é que metade da borda se tornou a parte superior curvilínea da nova forma, e a outra metade, a parte inferior. Portanto, a parte superior curvilínea tem um comprimento igual a metade da circunferência, $C/2$, assim como a parte inferior, conforme mostra a imagem. Esse comprimento acabará se transformando no maior lado do retângulo, como veremos. O segundo ponto a notar é que os lados retos inclinados da forma bulbosa são simplesmente os lados das fatias de pizza originais, portanto seu comprimento ainda é r. Esse comprimento acabará se transformando no lado mais curto do retângulo.

O motivo de ainda não termos visto o retângulo desejado é que não cortamos fatias em número suficiente. Se cortarmos oito fatias e as reorganizarmos, nossa imagem começará a parecer mais retangular.

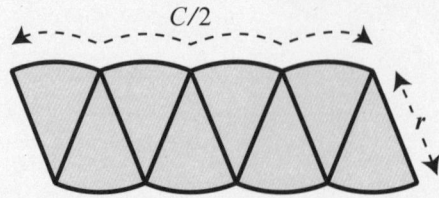

De fato, a pizza já começa a se parecer com um paralelogramo. Nada mau – pelo menos ficou quase retilínea. E as curvaturas nas partes superior e inferior estão menos projetadas do que antes. Achataram-se quando usamos mais fatias. Como antes, a figura tem um comprimento curvilíneo $C/2$ nas partes superior e inferior e as laterais (comprimento r) inclinadas.

Para melhorar ainda mais a imagem, suponha que cortemos ao meio, longitudinalmente, uma das fatias laterais e desloquemos essa metade para o lado oposto.

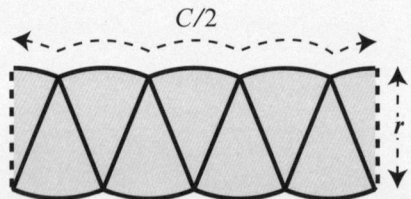

O formato agora lembra muito um retângulo. Claro que ainda não é perfeito, com as partes superior e inferior abauladas em função da curvatura da borda, mas pelo menos estamos progredindo.

Como cortar mais peças parece estar ajudando, vamos continuar. Com 16 fatias e outro corte longitudinal em uma das fatias laterais – como fizemos anteriormente –, obtemos o seguinte:

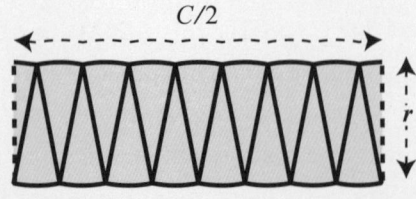

Quanto mais fatias cortamos, mais achatamos as curvas criadas pela borda. Nossas manobras estão produzindo uma sequência de formas que, magicamente, já evocam um retângulo. Como as formas continuam a se aproximar desse retângulo, vamos chamá-lo de retângulo *delimitador*.

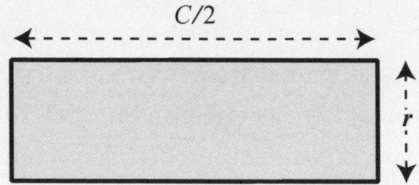

O resultado de tudo isso é que agora podemos encontrar facilmente a área desse retângulo delimitador. Basta multiplicar a largura pela altura. Só nos resta encontrar essa altura e essa largura nos termos das dimensões do círculo. Bem, como as fatias estão em pé, a altura é simplesmente o raio r do círculo original. E a largura é metade da circunferência do círculo; isso ocorre porque metade da circunferência foi usada para fazer a parte superior do retângulo e a outra metade foi usada na parte inferior, assim como em todos os estágios intermediários do trabalho com as formas que lembram bulbos. Assim, a largura é metade da circunferência, $C/2$. Juntando tudo, a área do retângulo limitador é dada por sua altura vezes sua largura, a saber: $A = r \times C/2 = rC/2$. E como mover as fatias de pizza não alterou sua área, esta também deve ser a área do círculo original.

Esse resultado para a área de um círculo, $A = rC/2$, foi demonstrado inicialmente (com um método similar, mas muito mais cuidadoso) pelo antigo matemático grego Arquimedes (287-212 a.C.), em seu ensaio "Medição de um círculo".

O aspecto mais inovador da prova foi o modo como o infinito prestou sua contribuição. Quando tínhamos somente 4 fatias, ou 8, ou 16, o melhor que podíamos fazer era reagrupar a pizza em um imperfeito formato bulboso. Após um início pouco promissor, quanto mais fatias cortássemos, mais retangular a forma se tornava. Mas foi só no limite de um número infinito de fatias que a forma se tornou de fato retangular. Essa é a grande ideia subjacente ao cálculo. No infinito, tudo se torna mais simples.

LIMITES E O ENIGMA DO MURO

Um limite é como uma meta inatingível. Você pode se aproximar cada vez mais, porém nunca chegará lá.

Por exemplo: na prova da pizza, conseguimos tornar as formas bulbosas cada vez mais retangulares cortando várias fatias e reagrupando-as. Mas nunca poderíamos torná-las verdadeiramente retangulares. Poderíamos apenas nos aproximar desse estado de perfeição. Por sorte, no cálculo, a inacessibilidade do limite quase nunca tem importância. Podemos solucionar os problemas em que trabalhamos fazendo de conta que seria possível alcançar o limite e vendo o que a fantasia sugere. Na verdade, muitos dos pioneiros no assunto fizeram exatamente isso, e efetuaram grandes descobertas assim. Lógico? Não. Imaginativo? Sim. Eficiente? Muito.

Um limite é um conceito sutil mas fundamental no cálculo. É nebuloso, pois não faz parte da vida cotidiana. Talvez a analogia mais próxima seja o Enigma do Muro. Se você caminhar metade do caminho até um muro, depois caminhar metade da distância restante e depois metade desta, e assim por diante, haverá finalmente um passo que o leve até o muro?

A resposta é clara: não. Afinal, o Enigma do Muro estipula que a cada passo você caminhe metade da distância até o muro, não a distância toda. Mesmo que você dê um milhão de passos, sempre haverá um espaço entre você e o muro. Mas também é claro que você pode se aproximar arbitrariamente do muro. O que significa que, se der um número suficiente de passos, você poderá chegar a 1 centímetro do muro, ou a 1 milímetro, ou a 1 nanômetro – ou a qualquer outra distância diferente de zero. Mas nunca chegará ao muro. Aqui, o muro faz o papel de limite. Foram necessários cerca de 2 mil anos para que o conceito de limite fosse rigorosamente definido. Até então, os pioneiros do cálculo se arranjavam muito bem usando a própria intuição.

Portanto, não se preocupe se os limites parecem um conceito vago. Vamos conhecê-los melhor quando os observarmos em ação. Sob uma perspectiva moderna, eles são importantes porque constituem os alicerces sobre os quais o cálculo foi construído.

Se a metáfora do muro parece desanimadora e pouco humana (quem quer se aproximar de um muro?), tente esta analogia: qualquer coisa que se aproxime de um limite é como um herói envolvido em uma busca interminável. Não é um exercício de total futilidade, como a tarefa sem esperança enfrentada por Sísifo, condenado por toda a eternidade a rolar uma pedra colina acima apenas para vê-la rolar de volta para baixo. Mais propriamente, quando um processo matemático avança na direção de um limite (como as formas recortadas se aproximando do retângulo delimitador), é como se um protagonista estivesse lutando por algo que sabe ser impossível, mas, encorajado por seu progresso constante, não perdesse a esperança de sucesso.

A PARÁBOLA DO 0,333...

Para reforçar a ideia de que tudo se torna mais simples no infinito, e que os limites são como objetivos inatingíveis, considere o seguinte exemplo da aritmética. É o problema de converter uma fração – por exemplo, ⅓ – em um decimal equivalente (nesse caso, ⅓ = 0,333...). Lembro-me vividamente de quando minha professora de matemática do oitavo ano, a Sra. Stanton, nos ensinou a fazer isso. O fato foi memorável porque, de repente, ela começou a falar sobre o infinito.

Até aquele momento, eu jamais ouvira um adulto mencionar o infinito. Meus pais, com certeza, não tinham qualquer uso para o conceito. A coisa parecia um segredo que somente nós, garotos, conhecíamos. No playground, o assunto era mencionado o tempo todo, em insultos e demonstrações de superioridade:

– Você é burro!
– Ah, é? E você é burro vezes dois!
– E você é burro vezes infinito!
– E você é burro vezes infinito mais um!
– Isso é o mesmo que infinito, seu idiota!

Esses episódios edificantes me convenceram de que o infinito não se comportava como um número comum. Não ficava maior quando se adicionava 1 a ele. Nem adicionar outro infinito ajudava. Suas propriedades imbatíveis o tornavam ótimo para ganhar discussões no pátio da escola. Quem o usasse primeiro vencia.

Mas nenhum professor jamais havia falado sobre o infinito até que a Sra. Stanton levantou o assunto naquele dia. Todo mundo na classe já conhecia os decimais, do tipo usado para quantias de dinheiro, como 10,28 dólares, com seus dois dígitos após a vírgula decimal. Portanto, por comparação, os decimais infinitos, com dígitos infinitos após a vírgula, pareciam estranhos no início. Mas pareceram naturais assim que começamos a estudar frações.

Aprendemos que a fração ⅓ pode ser escrita como 0,333..., em que os três pontos significavam que o número 3 se repetia indefinidamente. Isso fazia sentido para mim, pois quando tentei calcular ⅓ usando o algoritmo de divisão longa, empaquei em um *loop* infinito: 3 não se encaixa em 1, então finja que o 1 é 10; o 3 cabe em 10 três vezes, o que deixa uma sobra de 1; então me vi de volta na posição de início, ainda tentando dividir 3 por 1. Não havia como sair do circuito. Eis por que o algarismo 3 continua se repetindo em 0,333...

Os três pontos no final da série 0,333... têm duas interpretações. A interpretação ingênua é que existem infinitos números 3 agrupados lado a lado à direita da vírgula decimal. Não podemos anotá-los todos, claro, já que são infinitos. Mas com os três pontos queremos dizer que estão todos lá, pelo menos em nossa mente. Chamarei isso de interpretação do *infinito completo*. A vantagem dessa interpretação é sua facilidade e razoabilidade, contanto que estejamos dispostos a não pensar muito sobre o significado de infinito.

A interpretação mais sofisticada é a de que 0,333... representa um limite, como o retângulo delimitador, no caso das fatias de pizza, ou como o muro, no caso do infeliz caminhante. Exceto que, aqui, 0,333... representa o limite das casas decimais sucessivas que geramos fazendo uma divisão longa na fração ⅓. À medida que o processo de divisão continua por mais e mais etapas, gera mais e mais números 3 na expansão decimal de ⅓. Continuando o processo, podemos produzir uma aproximação tão próxima de ⅓ quanto desejarmos. Se não estivermos satisfeitos com o valor ⅓ $\approx$ 0,3 ($\approx$ é o símbolo matemático para "aproximadamente igual"), podemos sempre progredir para ⅓ $\approx$ 0,33, e assim por diante. Chamarei isso de interpretação de *infinito potencial*. É "potencial" no sentido de que as aproximações podem, em tese, prosseguir tanto quanto se queira. Não há nada que nos impeça de continuar com 1 milhão, 1 bilhão ou qualquer outro número de etapas. A vantagem dessa interpretação é que nunca precisaremos invocar noções tolas como o infinito. Podemos nos ater ao finito.

Para trabalhar com equações como ⅓ = 0,333..., não importa a abordagem escolhida. Ambas são igualmente defensáveis e produzem os mesmos resultados matemáticos em qualquer cálculo. Mas há outras situações na matemática em que a interpretação completa do infinito pode causar um caos lógico. Foi o que eu quis dizer no prefácio, quando levantei o espectro do Golem do infinito. Às vezes o modo como pensamos sobre os resultados de um processo que se aproxima de um limite realmente faz diferença. Fingir que o processo termina e que, de alguma forma, atinge o nirvana do infinito pode nos causar problemas, às vezes.

A PARÁBOLA DO POLÍGONO INFINITO

Como exemplo instrutivo, suponha que marquemos certo número de pontos em um círculo, espaçados igualmente, e os conectemos um ao outro com linhas retas. Com três pontos, obtemos um triângulo equilátero; com quatro, um quadrado; com cinco, um pentágono. E assim por diante, percorrendo uma sequência de formas retilíneas chamadas polígonos regulares.

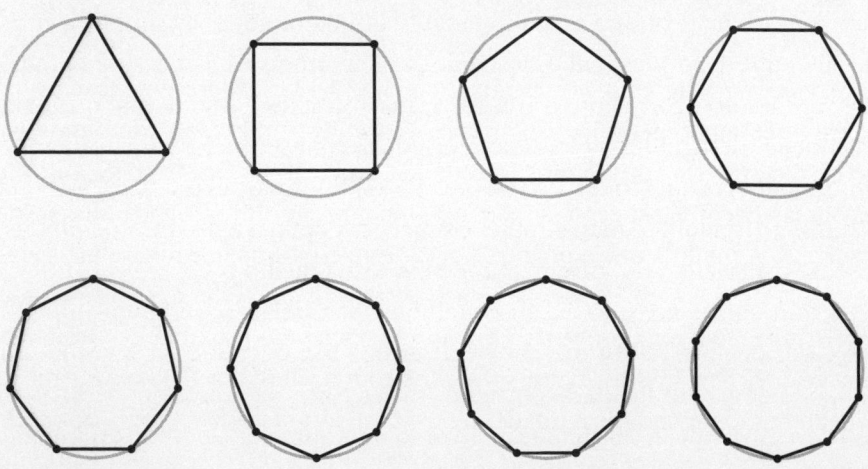

Repare que quanto mais pontos usamos, mais arredondados e mais próximos do círculo se tornam os polígonos. Enquanto isso, as laterais ficam mais curtas e mais numerosas. Ao acompanharmos a sequência, observamos que os polígonos se aproximam do formato do círculo, tendo este como limite.

Assim, o infinito está unindo dois mundos novamente. Dessa vez, nos levando do retilíneo para o redondo, dos polígonos agudos aos círculos suaves, enquanto na prova da pizza, ao transformar um círculo em um retângulo, caminhamos do redondo para o retilíneo.

Obviamente, em qualquer estágio finito, um polígono é apenas um polígono. Ainda não é e nunca se tornará um círculo. Fica cada vez mais perto de se tornar um círculo, mas nunca chega lá de fato. Como aqui estamos lidando com o infinito potencial, não com o infinito completo, tudo é incontestável sob o prisma do rigor lógico.

Mas e se pudéssemos chegar ao infinito completo? O polígono infinito resultante, com lados infinitesimalmente curtos, *seria* um círculo? É tentador pensar assim, pois o polígono seria suave, com todos os cantos como que lixados. Tudo se tornaria perfeito e bonito.

O FASCÍNIO E O PERIGO DO INFINITO

Há uma lição geral aqui: os limites costumam ser mais simples que as aproximações que conduzem a eles. Um círculo é mais simples e mais gracioso que qualquer dos polígonos pontiagudos que dele se aproximam. O mesmo vale para a prova da pizza, na qual o retângulo limitador era mais simples e mais elegante que as formas bulbosas, com suas curvaturas e cúspides desagradáveis. O mesmo ocorre com a fração ⅓, mais simples e bonita que qualquer das frações desagradáveis que brotavam dela, com seus feios numeradores e denominadores, tais como $3/10$, $33/100$ e $333/1000$. Em todos esses casos, a forma ou número limitante é mais simples e simétrica que suas aproximações finitas.

Esse é o fascínio do infinito. Tudo lá se torna melhor.

Tendo em mente essa lição, voltemos à parábola do polígono infinito. Devemos dar um salto no escuro e dizer que um círculo é na verdade um polígono com infinitos lados infinitesimais? Não. Não devemos fazer isso, não devemos ceder a essa tentação. Fazê-lo seria cometer o pecado do infinito completo, o que nos condenaria ao inferno lógico.

Para entender por quê, suponha que acreditemos, por um momento, que um círculo é de fato um polígono infinito com lados infinitesimais. Qual é o comprimento desses lados? Comprimento zero? Nesse caso, o infinito multiplicado por zero – o comprimento combinado de todos esses lados – deve ser igual à circunferência do círculo. Mas agora imagine um círculo com o dobro da circunferência. O infinito vezes zero também teria que ser igual a essa circunferência maior. Assim, o infinito vezes zero teria de ser tanto a circunferência quanto o dobro da circunferência. Um absurdo! Simplesmente não existe um modo consistente de definir o infinito vezes zero; portanto, não há uma forma sensata de considerar um círculo um polígono infinito.

No entanto, há algo muito atraente nessa percepção. Tal como o pecado original bíblico, é muito difícil resistir ao pecado original do cálculo – a tentação de considerar um círculo um polígono infinito com lados infinitesimalmente curtos –, e pelo mesmo motivo. A sedução do conhecimento proibido, com percepções inalcançáveis por meios comuns. Durante milhares de anos os geômetras pelejaram para calcular a circunferência de um círculo. Se um círculo pudesse ser substituído por um polígono composto de lados retos minúsculos, o problema ficaria muito mais fácil.

Ouvindo o sibilar dessa serpente – mas se refreando um pouco e utilizando o infinito potencial em vez do (mais tentador) infinito completo –, os matemáticos conseguiram solucionar o problema da circunferência, além de outros mistérios das curvas. Nos próximos capítulos, veremos como o fizeram. Mas primeiro precisamos chegar a um entendimento mais profundo dos perigos do infinito completo. Trata-se de um pecado com porta de entrada para muitos outros, incluindo o pecado sobre o qual nossos professores foram os primeiros a nos alertar.

O PECADO DE DIVIDIR POR ZERO

Por todo o mundo, os estudantes aprendem que dividir por zero é proibido. Devem ficar espantados com a existência desse tabu. Supõe-se que os números sejam ordenados e bem-comportados. Aulas de matemática são eventos de lógica e raciocínio. Mesmo assim, no transcorrer de uma aula, é possível fazer perguntas simples a respeito de números que simplesmente não funcionam nem fazem sentido. Dividir por zero é uma delas.

A raiz do problema é o infinito. Dividir por zero evoca o infinito do mesmo modo que um tabuleiro *ouija* supostamente invoca espíritos de outro mundo. É arriscado. Não vá lá.

Para os que não conseguem resistir e querem entender por que o infinito se oculta nas sombras, imagine dividir 6 por um número pequeno e próximo de zero, mas que não seja realmente zero. Digamos 0,1. Não há nenhum tabu nisso. A resposta para 6 dividido por 0,1 é 60, um número de tamanho considerável. Divida 6 por um número ainda menor, digamos 0,01, e a resposta aumenta: agora é 600. Se ousarmos dividir 6 por um número muito mais próximo de zero, digamos 0,0000001, a resposta é muito maior; em vez de 60 ou 600, agora temos 60.000.000. A tendência é clara. Quanto menor o divisor, maior a resposta. No limite, quando o divisor se aproxima de zero, a resposta se aproxima do infinito. Essa é a verdadeira razão pela qual não podemos dividir por zero. Os fracos dizem que a resposta é indefinida, mas na verdade é infinita.

Tudo isso pode ser visualizado como se vê a seguir. Imagine dividir uma linha de 6 centímetros em pedaços de 0,1 centímetro de comprimento. O resultado são 60 peças enfileiradas.

0,1

Da mesma forma (mas não vou nem tentar ilustrar isso), a mesma linha pode ser fatiada em 600 peças com 0,01 centímetro de comprimento ou 60.000.000 de peças, cada qual com 0,0000001 centímetro de comprimento.

Se levarmos ao limite esse frenesi de cortes, chegaremos à bizarra conclusão de que uma linha de 6 centímetros é composta de um número *infinito* de peças de comprimento *zero*. Talvez isso soe plausível. Afinal, a linha é composta de um número infinito de pontos de comprimento zero.

Mas o que é filosoficamente inquietante é que o mesmo argumento se aplica a uma linha de *qualquer* comprimento. De fato, não há nada de especial no número 6. Poderíamos ter afirmado que uma linha com 3 centímetros de comprimento, 49,57 centímetros ou 2.000.000.000 centímetros é composta de um número infinito de pontos com comprimento zero. Evidentemente, multiplicar zero pelo infinito pode nos proporcionar todo e qualquer resultado concebível: 6, 3, 49,57 ou 2.000.000.000. O que é aterrorizante, matematicamente falando.

O PECADO DO INFINITO COMPLETO

A transgressão que nos arrastou para essa bagunça foi simular que poderíamos de fato *alcançar* o limite, que poderíamos tratar o infinito como um número possível. No século IV a.C., o filósofo grego Aristóteles advertiu que pecar com o infinito dessa maneira poderia nos levar a todo tipo de problemas lógicos. Ele criticou o que chamou de infinito completo e argumentou que apenas o infinito potencial fazia sentido.

Dentro do contexto de cortar uma linha em pedaços, o infinito potencial significaria que a linha poderia ser cortada em quantos pedaços fossem desejados, mas ainda sempre em um número finito e com comprimento diferente de zero. O que é perfeitamente permitido e não leva a dificuldades lógicas.

O que não tem cabimento é imaginar que se pode chegar a um infinito completo enfileirando frações de comprimento zero. Isso, sentiu Aristóteles, provocaria um desfecho absurdo – como mostramos aqui, ao revelar que zero vezes infinito pode ter qualquer resposta. Diante disso, ele proibiu o uso do infinito completo em matemática e filosofia. Seu decreto foi endossado pelos matemáticos durante 2.200 anos.

Em algum lugar nos escuros recessos da pré-história, alguém percebeu que os números jamais terminam. E, com esse pensamento, o infinito nasceu. É a contrapartida numérica de algo profundamente enraizado em nossa psique, em nossos pesadelos de poços sem fundo e em nossas esperanças de vida eterna. O infinito está no âmago de muitos de nossos sonhos, medos e perguntas sem resposta: qual é o tamanho do universo? Quanto tempo é para sempre? Quão poderoso é Deus? Em todos os ramos do pensamento humano – da religião e da filosofia à ciência e à matemática –, o infinito vem desnorteando as melhores mentes do mundo há milênios. Foi banido, proibido e evitado. Sempre foi uma ideia perigosa. Durante a Inquisição, o monge renegado Giordano Bruno foi queimado vivo por sugerir que Deus, em Seu poder infinito, criou inumeráveis mundos.

OS PARADOXOS DE ZENÃO

Cerca de dois milênios antes da execução de Giordano Bruno, outro filósofo corajoso ousou contemplar o infinito. Zenão de Eleia (c. 490-430 a.C.) propôs uma série de paradoxos sobre espaço, tempo e movimento nos quais o infinito desempenhou um desconcertante papel principal. Tais enigmas, que anteviam ideias no coração do cálculo, são debatidos ainda hoje. Bertrand Russell os considerava imensamente sutis e profundos.

Três dos paradoxos de Zenão são particularmente famosos e relevantes. O primeiro deles, o Paradoxo da Dicotomia, é semelhante ao Enigma do Muro, porém muito mais frustrante. Segundo essa premissa, é impossível você se mover, pois antes de dar um único passo, você precisa dar meio passo. E antes que possa fazer isso, você precisa dar um quarto de passo, e assim por diante. Portanto, além de não alcançar o muro, você não pode nem mesmo sair do lugar.

Trata-se de um paradoxo brilhante. Quem pensaria que dar um passo exigiria concluir um número infinito de subtarefas? Pior ainda, não há uma *primeira* tarefa a ser concluída. A primeira tarefa não pode ser dar meio passo, pois antes disso você precisa concluir um quarto de passo e, antes ainda, um oitavo de passo, e assim por diante. Se você acha que tem muito o que fazer antes do café da manhã, imagine ter de terminar um número infinito de tarefas simplesmente para chegar à cozinha.

Outro paradoxo, conhecido como Aquiles e a Tartaruga, sustenta que um corredor veloz (Aquiles) jamais poderá alcançar um corredor lento (no caso, uma tartaruga) caso o corredor lento saia na frente em uma corrida.

Isso porque, quando Aquiles chegar ao ponto em que a tartaruga começou, a tartaruga terá se adiantado um pouco mais na trilha. E quando Aquiles chegar a esse novo local, a tartaruga terá se arrastado um pouco mais à frente. Como todos acreditamos que um corredor rápido *pode* ultrapassar um corredor lento, ou nossos sentidos estão nos enganando ou há algo errado na maneira como raciocinamos sobre movimento, espaço e tempo.

Nesses dois primeiros paradoxos, Zenão parecia estar argumentando contra a noção de que o espaço e o tempo são fundamentalmente contínuos, ou seja, que podem ser divididos infinitas vezes. Sua lúcida estratégia retórica (alguns dizem que ele a inventou) era a prova por contradição, conhecida por advogados e lógicos como *reductio ad absurdum* – redução ao absurdo. Em ambos os paradoxos, Zenão presumiu que espaço e tempo são contínuos; então, deduziu uma contradição a partir da suposição. Portanto, a suposição de continuidade deve ser falsa. Como o cálculo é baseado nessa mesma suposição, há muita coisa em jogo nessa luta. Mostrando onde Zenão errou, o cálculo refuta seus paradoxos.

Veja, por exemplo, como o cálculo soluciona o problema de Aquiles e a Tartaruga. Suponhamos que a tartaruga comece 10 metros à frente de Aquiles. Aquiles corre a uma velocidade de 10 m/s e a tartaruga se arrasta a 1 m/s. Aquiles leva um segundo para compensar a vantagem de 10 metros da tartaruga. Durante esse tempo, a tartaruga avançará mais 1 metro. Aquiles leva mais 0,1 segundo para compensar essa diferença, enquanto a tartaruga já se moveu mais 0,1 metro à frente. Continuando esse raciocínio, vemos que os tempos consecutivos de recuperação de Aquiles somam-se à série infinita:

$$1 + 0,1 + 0,01 + 0,001 + \ldots = 1,111\ldots \text{ segundos}$$

Reescrita como uma fração equivalente, essa quantidade de tempo é igual a $^{10}/_9$ segundos. É o tempo que Aquiles leva para alcançar a tartaruga e ultrapassá-la. Embora Zenão estivesse certo ao afirmar que Aquiles tinha tarefas infinitas para completar, não há nada de paradoxal nisso. Como a matemática demonstra, ele pode realizá-las em uma quantidade finita de tempo.

Essa linha de raciocínio se qualifica como um argumento de cálculo. Acabamos de somar uma série infinita e calculamos um limite, como fizemos anteriormente quando discutimos o porquê de $0,333\ldots = \frac{1}{3}$. Sempre que trabalhamos com decimais infinitos, fazemos cálculos (ainda que a maioria das pessoas ache que não passa de aritmética de ensino médio).

A propósito, o cálculo não é a única maneira de resolver esse problema. Podemos usar álgebra. Para fazê-lo, precisamos primeiramente descobrir em que ponto da pista está cada corredor no tempo arbitrário t segundos após o início da corrida. Como Aquiles corre a uma velocidade de 10 m/s, e como distância é igual à taxa vezes o tempo, sua distância na pista é de $10t$. Já a tartaruga teve uma vantagem de 10 metros e corre a uma velocidade de 1 m/s, então sua distância ao longo da pista é de $10 + t$. Para determinar o momento em que Aquiles ultrapassa a tartaruga, precisamos posicionar em igualdade as duas expressões, porque essa é a forma algébrica de perguntar quando Aquiles e a tartaruga estarão no mesmo lugar ao mesmo tempo. A equação resultante é:

$$10t = 10 + t.$$

Para resolver essa equação, subtraia t de ambos os lados. O que nos dá $9t = 10$. Divida então ambos os lados por 9. O resultado, $t = {}^{10}/_{9}$ segundos, é o mesmo que encontramos com os decimais infinitos.

Portanto, sob a perspectiva do cálculo, o Paradoxo de Aquiles e a Tartaruga não existe. Se espaço e tempo são contínuos, tudo funciona muito bem.

ZENÃO DIGITAL

Em um terceiro paradoxo, o Paradoxo da Flecha, Zenão argumentou contra uma possibilidade alternativa – a de que espaço e tempo são fundamentalmente discretos (constituídos por unidades distintas), afirmando que são compostos de pequenas unidades indivisíveis, algo como pixels de espaço e tempo. O paradoxo é assim: se espaço e tempo são discretos, uma flecha em voo jamais poderia se mover, pois a cada instante (um pixel de tempo) a flecha estaria em algum local definido (um conjunto específico de pixels no espaço). Assim, em qualquer momento definido, a flecha não está se movendo. E também não está se movendo entre instantes porque, por suposição, *não há* tempo entre instantes. Portanto, em nenhum momento a flecha está se movendo.

Na minha cabeça, esse é o paradoxo mais sutil e interessante. Filósofos ainda debatem seu status, mas na minha opinião Zenão está certo em dois terços de seu raciocínio. Em um mundo em que espaço e tempo são discretos, uma flecha em voo *se comportaria* como disse Zenão. Estranhamente se materializaria em um lugar após outro, à medida que o tempo avançasse em etapas discretas. E ele também acertou ao dizer que nossos sentidos nos informam que o mundo real não é assim, pelo menos não como normalmente o percebemos.

Mas Zenão errou ao dizer que o movimento seria impossível em um mundo como esse. Todos sabemos isso, por nossas experiências com vídeos em nossos dispositivos digitais. Nossos telefones celulares, DVRs e telas de computadores transformam tudo em pixels discretos e mesmo assim, ao contrário da assertiva de Zenão, o movimento se realiza perfeitamente nessas paisagens distintas. Contanto que os pixels sejam distribuídos adequadamente, não conseguiremos diferenciar um movimento suave de sua representação digital. Se observarmos um vídeo de alta resolução mostrando uma flecha em voo, de fato veremos uma flecha pixelada se materializando em cada imagem discreta. Contudo, graças às nossas limitações perceptivas, teremos a impressão de uma trajetória contínua. Nossos sentidos às vezes nos enganam.

Se a imagem estiver muito pontilhada, é claro, *veremos* a diferença entre o que é contínuo e o que é discreto. E geralmente o efeito nos incomoda. Pense em como um antigo relógio analógico difere de uma monstruosidade digital de hoje. Em um relógio analógico, o segundo ponteiro gira de modo lindamente uniforme, representando o tempo como um fluxo, ao passo que em um relógio digital o segundo ponteiro anda em movimentos discretos – tique-taque-tique-taque –, como se o tempo avançasse aos pulos.

O infinito pode construir uma ponte entre essas concepções muito diferentes de tempo. Imagine um relógio digital que avança mediante trilhões de pequenos cliques por segundo em vez de um salto brusco. Já não poderíamos perceber a diferença entre esse relógio digital e um analógico. O mesmo ocorre com filmes e vídeos: contanto que os quadros pisquem rapidamente (digamos, 30 quadros por segundo), teremos a impressão de fluxo contínuo. E se houvesse um número *infinito* de quadros por segundo, o fluxo seria realmente perfeito.

Pense em como uma música é gravada e reproduzida. Minha filha mais nova ganhou recentemente um antiquado toca-discos em seu aniversário de 15 anos. Agora ela pode ouvir Ella Fitzgerald em vinil. Trata-se de uma experiência analógica por excelência. Todas as notas e improvisos de Ella deslizam tão suavemente quanto quando ela os cantou; e seu tom sobe graciosamente de suave a alto. Mas, em uma reprodução digital, todos os aspectos da música são reduzidos a minúsculos e discretos bits e convertidos em um código binário de 0 segundo e 1 segundo. Embora as diferenças conceituais sejam gigantescas, nossos ouvidos não as percebem.

Assim, na vida cotidiana, o abismo entre o discreto e o contínuo pode ser frequentemente transposto por uma boa aproximação. Para muitos propósitos práticos, o discreto pode substituir o contínuo contanto que o tamanho das partes seja reduzido o bastante. No mundo ideal do cálculo, podemos fazer melhor. Tudo o que for contínuo pode ser dividido *exatamente* (não apenas aproximadamente) em inúmeras partes infinitesimais. Trata-se do Princípio do Infinito. Com limites e infinito, o discreto e o contínuo se tornam uma coisa só.

ZENÃO ENCONTRA O QUANTUM

O Princípio do Infinito nos pede para fingirmos que tudo pode ser fatiado e picado de forma infinita. Já vimos como esses conceitos podem ser úteis. Imaginar pizzas que possam ser cortadas em pedaços arbitrariamente finos nos permitiu encontrar a área exata de um círculo. A pergunta surge então de modo *natural*: essas coisas infinitesimalmente pequenas existem no mundo real?

A mecânica quântica tem algo a dizer sobre isso. Trata-se do ramo da física moderna que descreve como a natureza se comporta em suas menores escalas. Suas teorias, as mais precisas jamais criadas, são lendárias por sua estranheza. A terminologia que utiliza, com seu zoológico de léptons, quarks e neutrinos, parece algo criado por Lewis Carroll. Os comportamentos que descreve são frequentemente estranhos. Na escala atômica, podem acontecer coisas que jamais ocorreriam no mundo macroscópico.

Consideremos, por exemplo, o Enigma do Muro sob uma perspectiva quântica. Se fosse um elétron, o caminhante poderia atravessar o muro – efeito conhecido como tunelamento quântico. Isso realmente ocorre. É difícil entender a coisa em termos clássicos, mas a explicação quântica é que os elétrons são descritos por ondas de probabilidade. Tais ondas obedecem a uma equação formulada em 1925 pelo físico austríaco Erwin Schrödinger. A solução para a equação de Schrödinger mostra que uma pequena porção da onda de probabilidade de elétrons existe no lado oposto de uma barreira impenetrável. Isso significa que há uma probabilidade pequena, mas diferente de zero, de que o elétron seja detectado no lado oposto da barreira, como se tivesse entrado em um túnel através da parede. Com a ajuda do cálculo, podemos encontrar a taxa de ocorrência desses eventos de tunelamento. Experiências confirmam as previsões. O tunelamento é real. Partículas alfa escapam dos núcleos de urânio à taxa prevista e produzem o efeito conhecido como radioatividade. O tunelamento também desempenha um papel importante nos processos de fusão nuclear que fazem o Sol brilhar. Portanto, a vida na Terra depende parcialmente do tunelamento, que tem também muitos usos tecnológicos, como a microscopia de varredura de tunelamento, que permite aos cientistas focalizar e manipular átomos individuais.

Sendo criaturas gigantescas, formadas por trilhões e trilhões de átomos, nossa intuição não funciona para eventos na escala atômica. Felizmente, o cálculo pode substituir a intuição. Aplicando o cálculo e a mecânica quântica, os físicos abriram uma janela teórica no mundo microscópico. Os frutos de suas ideias incluem lasers, transístores, chips em nossos computadores e LEDs em nossas TVs de tela plana.

Embora seja conceitualmente radical em muitos aspectos, na formulação de Schrödinger a mecânica quântica mantém a suposição tradicional de que espaço e tempo são contínuos. Maxwell fez a mesma suposição em sua teoria da eletricidade e magnetismo. O mesmo fez Newton em sua teoria da gravidade e Einstein na teoria da relatividade. Todo o cálculo e, portanto, toda a física teórica dependem da suposição de espaço e tempo contínuos, que tem sido retumbantemente bem-sucedida até agora.

Mas há razões para acreditar que, em escalas muito menores do universo, bem abaixo da escala atômica, o espaço e o tempo podem finalmente perder seu caráter contínuo. Não sabemos ao certo como é por lá, mas podemos conjecturar. O espaço e o tempo podem se tornar tão pixelados quanto Zenão imaginou em seu Paradoxo da Flecha, mas o mais provável é que degenerem em uma barafunda desordenada por força da incerteza quântica. Em escalas tão pequenas, o espaço e o tempo podem fervilhar e se revolver aleatoriamente. Podem flutuar como uma espuma borbulhante.

Embora não exista consenso sobre como visualizar o espaço e o tempo nessas escalas derradeiras, há um consenso universal sobre o tamanho provável dessas escalas. Elas nos são impostas por três constantes fundamentais da natureza. Uma delas é a constante gravitacional (G), que mede a força da gravidade no universo; apareceu primeiro na teoria da gravidade de Newton e depois na teoria geral da relatividade de Einstein. É provável que ocorra também em alguma futura teoria que as desbanque. A segunda constante, denominada ℏ (pronuncia-se "h cortado"), reflete a força dos efeitos quânticos. Aparece, por exemplo, no princípio da incerteza de Heisenberg e na equação de onda da mecânica quântica de Schrödinger. A terceira constante é a velocidade da luz, c. É o limite de velocidade do universo. Nenhum sinal de qualquer tipo pode viajar mais rápido que c. Essa velocidade deve necessariamente entrar em qualquer teoria do espaço e do tempo, porque une ambos pelo princípio de que a distância é igual à taxa vezes o tempo, em que c desempenha o papel de taxa ou velocidade.

Em 1899, o pai da teoria quântica, um físico alemão chamado Max Planck, notou que havia uma única maneira de combinar as constantes fundamentais de modo a produzir uma escala de comprimento. Esse comprimento único, concluiu ele, era uma medida natural para o universo. Em sua homenagem, foi chamado de comprimento de Planck. E é obtido pela seguinte combinação algébrica:

$$\text{Comprimento de Planck} = \sqrt{\frac{\hbar G}{c^3}}.$$

Quando inserimos os valores medidos de G, $\hbar$ e c, vemos que o comprimento de Planck é de cerca de 10^{-35} metros, uma distância estupendamente pequena, 100 milhões de trilhões de vezes menor que o diâmetro de um próton. O tempo correspondente de Planck é o tempo que a luz levaria para percorrer essa distância, que é de 10^{-43} segundos. Abaixo dessas escalas, o espaço e o tempo não mais fariam sentido. Elas são o fim da linha.

Tais números limitam a espessura em que poderíamos cortar o espaço ou o tempo. Para você ter uma ideia do nível de precisão de que estamos falando, considere quantos dígitos seriam necessários para se fazer uma das comparações mais extremas que se possa imaginar. Tome a maior distância possível, que é o diâmetro estimado do universo conhecido, e divida-o pela menor distância possível, o comprimento de Planck. A proporção insuportavelmente extrema de distâncias obtida é um número com apenas 60 dígitos. Quero enfatizar isso – *apenas* 60 dígitos. É o máximo de que jamais precisaríamos para expressar uma distância em termos de outra. Usar mais dígitos que isso – digamos, 100, para nem falar de dígitos infinitos – seria um exagero colossal, *muito* mais do que o necessário para descrever quaisquer distâncias reais existentes no mundo material.

Entretanto, no cálculo, usamos dígitos infinitos o tempo todo. Já no ensino médio, os alunos devem pensar em números como 0,333..., cuja expansão decimal continua para sempre. Chamamos esses números de reais, mas não há nada de real neles. O requisito de especificar um número real por um número infinito de dígitos após o ponto decimal é exatamente o que significa *não* ser real, pelo menos na medida em que entendemos a realidade por meio da física contemporânea.

Se números reais não são reais, por que os matemáticos os amam tanto? E por que as crianças são forçadas a aprender sobre eles? Porque o cálculo precisa deles. Desde o início, o cálculo insistiu teimosamente que tudo – espaço e tempo, matéria e energia, todos os objetos que já existiram ou existirão – deve ser considerado contínuo. Assim, tudo pode e deve ser quantificado por números reais. Nesse mundo imaginário e idealizado, fingimos que tudo pode ser dividido cada vez mais, de modo infinito. Toda a teoria do cálculo se baseia nessa suposição. Sem ela, não poderíamos calcular limites e, sem limites, o cálculo seria interrompido. Se tudo o que já usamos fossem decimais com apenas 60 dígitos de precisão, a linha numérica seria esburacada. Haveria buracos nos locais em que o pi, a raiz quadrada de 2 ou qualquer outro número que precise de dígitos infinitos após o ponto decimal deveria existir. Mesmo uma fração simples como ⅓ ficaria faltando, pois também exige um número infinito de dígitos (0,333...) para identificar sua localização na linha numérica. Se quisermos pensar na totalidade dos números como uma linha contínua, esses números têm de ser números reais. Podem ser uma aproximação da realidade, mas funcionam incrivelmente bem. A realidade é muito difícil de modelar de qualquer outra forma. Com decimais infinitos, como em tudo mais no cálculo, o infinito torna tudo mais simples.

2
O HOMEM QUE DOMOU O INFINITO

CERCA DE 200 ANOS DEPOIS DE ZENÃO refletir sobre a natureza do espaço, do tempo, do movimento e do infinito, outro pensador achou o infinito irresistível. Seu nome era Arquimedes. Já o conhecemos quando mencionamos a área de um círculo, mas ele é lendário por muitos outros motivos.

Para começar, há muitas histórias engraçadas sobre ele. Várias o retratam como o primeiro nerd da matemática. O historiador Plutarco, por exemplo, conta que Arquimedes às vezes ficava tão absorvido pela geometria que "se esquecia de comer e negligenciava sua pessoa" (o que, com certeza, parece verdade; para muitos de nós, matemáticos, refeições e higiene pessoal não são as maiores prioridades). Plutarco continua dizendo que, quando Arquimedes se perdia na matemática, tinha de ser "levado pela violência absoluta para se banhar". É curioso saber que ele era um banhista tão relutante, já que um banho é o cenário da única história sobre ele que todo mundo conhece. De acordo com o arquiteto romano Vitrúvio, Arquimedes ficou tão empolgado com uma repentina percepção que teve no banho que pulou da banheira e correu nu pela rua, gritando: *Eureca!* ("Descobri!", em grego).

Outras histórias o retratam como um mago militar, um cientista-guerreiro, um esquadrão da morte de um homem só. Segundo essas lendas, quando sua cidade natal, Siracusa, estava sitiada pelos romanos, em 212 a.C., Arquimedes – então com quase 70 anos – colaborou na defesa da cidade usando seus conhecimentos de roldanas e alavancas para confeccionar armas fantásticas, "máquinas de guerra" como ganchos e guindastes gigantescos, que podiam levantar os navios romanos e varrer seus marinheiros do convés como se fossem grãos de areia espanados de um sapato. Plutarco descreveu a cena aterradora: "Um navio era frequentemente elevado a grande altura (coisa terrível de ver) e balançado de um lado para o outro até os marinheiros serem todos atirados para fora, quando então era arremessado contra as rochas ou deixado cair."

Todos os estudantes de ciências e engenharia se lembram de Arquimedes por seu princípio do empuxo (um corpo imerso em um fluido sofre um empuxo igual ao peso do fluido deslocado). E por sua lei da alavanca (objetos posicionados em lados opostos de uma balança vão se equilibrar somente, e tão somente, se seus pesos estiverem em uma proporção inversa a suas distâncias do ponto de apoio). Ambas as ideias têm inúmeras aplicações práticas. O princípio de flutuabilidade de Arquimedes explica por que alguns objetos flutuam e outros não. Está subjacente a toda a arquitetura naval, à teoria da estabilidade dos navios e aos projetos de plataformas de perfuração de petróleo no mar. Você confia na lei da alavanca – mesmo que não saiba disso – todas as vezes que usa um cortador de unhas ou um pé de cabra.

Arquimedes foi um formidável fabricante de máquinas de guerra e sem dúvida um engenheiro brilhante, mas o que de fato o coloca no panteão dos cientistas é o que fez pela matemática. Ele pavimentou o caminho para o cálculo integral, cujas ideias mais profundas são claramente visíveis em seu trabalho. Essas ideias, no entanto, permaneceram no limbo ao longo de quase dois milênios. Dizer que Arquimedes estava à frente de seu tempo é dizer pouco. Alguém já esteve *mais* à frente de seu tempo?

Duas estratégias aparecem repetidamente em seu trabalho. A primeira foi o entusiástico uso do Princípio do Infinito. Para sondar os mistérios de círculos, esferas e outras formas curvas, ele sempre os aproximava de formas retilíneas, representadas com muitas peças retas e planas, facetadas como joias lapidadas. Ao imaginar peças cada vez menores, ele se aproximou cada vez mais da verdade, levando a exatidão ao limite com um sem-número de peças. Tal estratégia exigia que ele fosse um mago com somas e quebra-cabeças, pois teve de adicionar muitos números ou peças para chegar às suas conclusões.

Outro notável estratagema de Arquimedes foi combinar matemática com física, o ideal com o real. Especificamente, ele uniu geometria, o estudo de formas, à mecânica, o estudo de movimento e força. Às vezes usava a geometria para elucidar a mecânica; outras vezes, o fluxo seguia na direção inversa, com argumentos mecânicos fornecendo percepções sobre a forma pura. Usando ambas as estratégias com habilidade consumada, Arquimedes conseguiu penetrar profundamente no mistério das curvas.

COMPRIMINDO O PI

Quando caminho até meu escritório ou levo meu cachorro para passear à noite, o pedômetro no meu iPhone monitora a distância que percorro. O cálculo é simples: o aplicativo calcula o comprimento da minha passada com base na minha altura, conta quantos passos eu dei e multiplica os dois números. A distância percorrida é igual ao comprimento da passada vezes o número de passos dados.

Arquimedes usou uma ideia semelhante para calcular a circunferência de um círculo e estimar o pi. Pense no círculo como uma pista de caminhada. São necessários muitos passos para completar uma volta. O caminho seria algo parecido com isto:

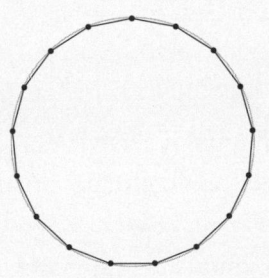

Cada passo é representado por uma minúscula linha reta. Multiplicando o número de passos pelo comprimento de cada uma, podemos calcular o comprimento da pista de forma aproximada. Trata-se apenas de uma estimativa, claro, pois o círculo não é formado de linhas retas; é formado de arcos. Quando substituímos um arco por uma linha reta, estamos tomando um atalho. A aproximação, portanto, *subestima* o comprimento real da pista circular. Mas, pelo menos em teoria, dando passos suficientes e tornando-os pequenos o suficiente podemos calcular aproximadamente a extensão da pista com a precisão desejada.

Arquimedes fez uma série de cálculos desse tipo, iniciando com um caminho constituído por seis etapas retas:

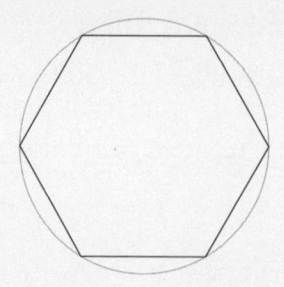

Começou com um hexágono por entender que esse polígono era um ponto de partida conveniente para chegar aos cálculos mais árduos à frente. A vantagem do hexágono era que seu perímetro era facilmente calculável: seis vezes o raio do círculo. Por que seis? Porque o hexágono contém seis triângulos equiláteros, sendo cada lado igual ao raio do círculo.

E seis lados do triângulo perfazem o perímetro do hexágono.

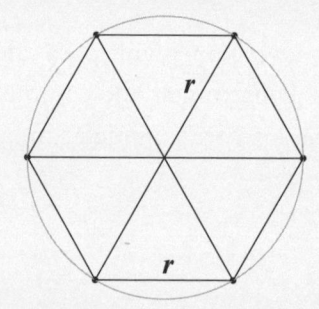

Portanto, o perímetro é igual a seis vezes o raio; em símbolos, $p = 6r$. Assim, como a circunferência C do círculo é maior que o perímetro do hexágono p, concluímos que $C > 6r$.

Esse argumento proporcionou a Arquimedes um limite básico para o que chamaremos de pi – escrito como a letra grega π e definido como a razão entre a circunferência e o diâmetro do círculo. Como o diâmetro d é igual a $2r$, a desigualdade $C > 6r$ implica que

$$\pi = \frac{C}{d} = \frac{C}{2r} > \frac{6r}{2r} = 3.$$

Assim, o argumento do hexágono demonstra que $\pi > 3$.

Claro que 6 é um número ridiculamente pequeno de passos. O hexágono resultante, portanto, não passa de uma caricatura grosseira de um círculo. Mas Arquimedes estava apenas começando. Depois que entendeu o que o hexágono lhe dizia, ele encurtou e dobrou os passos. Fez isso desviando o circuito para o ponto médio de cada arco, ou seja, dando dois passos curtos em vez de um longo.

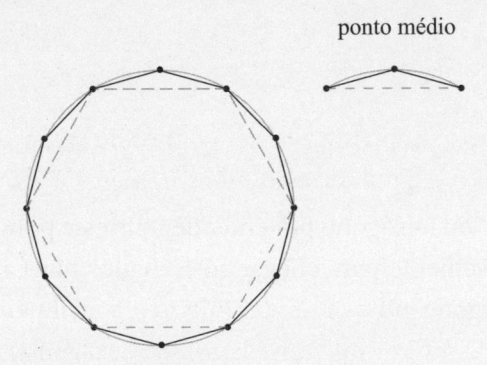

ponto médio

Fez isso repetidamente. Homem obcecado, passou de 6 passos para 12, depois para 24, depois para 48 e, finalmente, para 96, diminuindo o comprimento dos passos até uma precisão enlouquecedora.

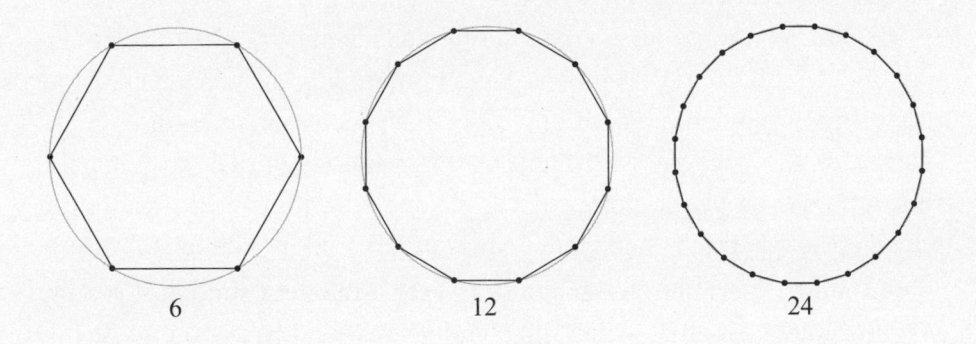

6   12   24

Infelizmente, tornava-se cada vez mais difícil calcular os passos à medida que encolhiam, pois se fazia necessário invocar o teorema de Pitágoras para encontrá-los – o que exigia o cálculo de raízes quadradas, tarefa ingrata para ser feita à mão. Além disso, para garantir que estava sempre subestimando a circunferência, ele tinha de se certificar de que as frações aproximadas limitavam as incômodas raízes quadradas por baixo quando ele precisava que fossem subestimadas, e por cima quando precisava que fossem superestimadas.

O que estou tentando dizer é que seu cálculo de π foi heroico, tanto lógica quanto aritmeticamente. Usando um polígono de 96 ângulos no interior do círculo e um de 96 ângulos fora do círculo, ele conseguiu provar que π é maior que $3 + {}^{10}\!/_{71}$ e menor que $3 + {}^{10}\!/_{70}$.

Mas esqueça a matemática por um minuto. Apenas saboreie visualmente este resultado:

$3 + \frac{10}{71} < \pi < 3 + \frac{10}{70}$.

O desconhecido, e impossível de ser conhecido valor de π, está preso em um torno numérico, espremido entre dois números quase idênticos, exceto que o primeiro tem o denominador 71 e o último, 70. O último resultado, $3 + {}^{10}\!/_{70}$, reduz para ${}^{22}\!/_{7}$, a famosa aproximação de π que os alunos aprendem ainda hoje e que alguns, infelizmente, confundem com o π propriamente dito.

A técnica usada por Arquimedes (com base em trabalhos anteriores do matemático grego Eudoxo) é agora conhecida como método de exaustão, em função do modo como prende o número desconhecido pi entre dois números conhecidos. Os limites se estreitam a cada duplicação, esgotando assim o espaço de movimentação para o pi.

Os círculos são as curvas mais simples da geometria. Medi-las, no entanto – quantificando suas propriedades numéricas –, surpreendentemente transcende a geometria. Por exemplo, você não encontrará menção ao π nos *Elementos*, de Euclides, escritos uma ou duas gerações antes de Arquimedes. Encontrará uma prova, por exaustão, de que a proporção da área de um círculo pelo quadrado de seu raio é a mesma para todos os círculos. Mas nenhum indício de que a proporção universal esteja próxima de 3,14. A omissão de Euclides foi um sinal de que algo mais profundo se fazia necessário. Entender o valor numérico do π requer um novo tipo de matemática, capaz de lidar com formas curvas. Como medir o comprimento de uma linha curva, a área de uma superfície curva ou o volume de um sólido curvo – essas foram as perguntas que consumiram Arquimedes e o levaram a dar os primeiros passos em direção ao que chamamos agora de cálculo integral. O pi foi seu primeiro triunfo.

O TAO DO PI

Pode parecer estranho para as mentes modernas que o pi não apareça na fórmula de Arquimedes para a área de um círculo, $A = rC/2$, e que ele nunca tenha escrito uma equação como $C = \pi d$ para relacionar a circunferência de um círculo e o seu diâmetro. Ele evitou fazer tudo isso porque o pi não era um número para ele. Era simplesmente a razão de dois comprimentos, uma proporção entre a circunferência de um círculo e seu diâmetro. Era uma magnitude, não um número.

Hoje já não fazemos distinção entre magnitude e número, mas era algo importante na antiga matemática grega. Parece ter surgido da tensão entre o discreto (representado por números inteiros) e o contínuo (representado por formas). Os detalhes históricos são obscuros, mas acredita-se que em alguma época entre Pitágoras e Eudoxo, entre o sexto e o quarto séculos a.C., alguém provou que a diagonal de um quadrado era incomensurável com seu lado; ou seja, que a razão entre os dois comprimentos não poderia ser expressa como a razão de dois números inteiros. Traduzindo para a linguagem moderna: alguém descobriu a existência de números irracionais. A suspeita é que tal descoberta tenha chocado e decepcionado os gregos, pois desmentia o credo pitagórico. Se números inteiros e suas proporções nem sequer podiam medir algo tão básico quanto a diagonal de um quadrado perfeito, *nem tudo* eram números. Essa decepção desanimadora pode explicar por que os matemáticos gregos posteriores sempre deram mais importância à geometria que à aritmética. Os números já não eram confiáveis. Haviam se tornado inadequados como base para a matemática.

Com o objetivo de descrever quantidades contínuas e raciocinar a seu respeito, os antigos matemáticos gregos perceberam que precisariam inventar algo mais poderoso que números inteiros. Assim, desenvolveram um sistema baseado em formas e suas proporções, que se valia das medições de objetos geométricos – comprimentos de linhas, áreas de quadrados, volumes de cubos –, que foram chamadas de magnitudes. Eles as viam como algo distinto dos números e superior a eles.

Foi por isso, acredito eu, que Arquimedes manteve o pi a distância. Não sabia o que fazer com ele. Era uma criatura estranha e transcendente, mais exótica que qualquer número.

Hoje aceitamos o pi como um número – um número real, um decimal infinito. E um número fascinante. Meus filhos ficavam intrigados quando observavam uma travessa para tortas, pendurada em nossa cozinha, que tinha os dígitos de pi contornando a borda e espiralando em direção ao centro, encolhendo à medida que rodopiavam rumo ao abismo. Para eles, o fascínio tinha a ver com a sequência de dígitos aparentemente aleatórios, o infinito em uma travessa. Os primeiros dígitos na infinita expansão decimal do pi são:

3,14159265358979323846264338327950288419716939937510582097 49...

Jamais conheceremos todos os números do pi. Mas eles estão por aí, esperando para serem descobertos. Até o momento em que este livro foi escrito, 22 trilhões de dígitos foram contados pelos computadores mais rápidos do mundo. No entanto, 22 trilhões não são nada comparados à infinidade de dígitos que definem o pi real. Pense em como isso é filosoficamente perturbador. Eu disse que os dígitos do pi estão por aí, mas onde exatamente? Eles não existem no mundo material. Existem em algum domínio platônico, juntamente com conceitos abstratos como verdade e justiça.

Há algo de muito paradoxal a respeito do pi. Por um lado, é um número que representa ordem, personificada na forma de um círculo, tida há muito como símbolo de perfeição e eternidade. Por outro lado, o pi é indisciplinado, de aparência desgrenhada. Seus dígitos não obedecem a nenhuma regra óbvia, pelo menos que possamos perceber. O pi é evasivo, misterioso e sempre fora de alcance. Essa combinação entre ordem e desordem é o que o torna tão fascinante.

Fundamentalmente um filho do cálculo, o pi é definido como o limite inatingível de um processo sem fim. Mas, ao contrário de uma sequência de polígonos que se aproxima firmemente de um círculo ou de um caminhante infeliz a meio caminho de um muro, não há um final à vista para o pi, nenhum limite que possamos conhecer. Mesmo assim, o pi existe. Lá está ele, definido tão nitidamente quanto a razão de dois comprimentos que podemos ver bem diante de nós: a circunferência de um círculo e seu diâmetro. Essa razão identifica o pi do modo mais claro possível. No entanto, o número em si escorrega por entre nossos dedos.

Com suas partes *yin* e *yang*, o pi é como uma miniatura de todo o cálculo. Um portal entre o redondo e o reto. Um único número, mas infinitamente complexo. Um equilíbrio entre a ordem e o caos. O cálculo, por sua vez, usa o infinito para estudar o finito, o ilimitado para estudar o limitado e o reto para estudar o curvo. O Princípio do Infinito, a chave para desvendar o mistério das curvas, surgiu primeiramente no mistério do pi.

O CUBISMO ENCONTRA O CÁLCULO

Ainda guiado pelo Princípio do Infinito, Arquimedes se aprofundou no mistério das curvas em seu tratado "A quadratura da parábola". Uma parábola é, por exemplo, o traçado descrito no ar por um arremesso de três pontos no basquete, ou pela água que jorra de um bebedouro. No mundo real, esses arcos são apenas aproximadamente parabólicos. Uma verdadeira parábola, para Arquimedes, seria uma curva obtida ao se cortar um cone com uma superfície plana. Imagine um cutelo cortando um copo de papel cônico. Dependendo do ângulo em que o cone é cortado, o cutelo poderá fazer diferentes tipos de curvas. Um corte paralelo à base formará um círculo:

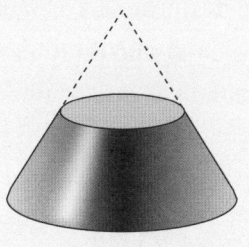

Um corte um pouco mais inclinado produzirá uma elipse:

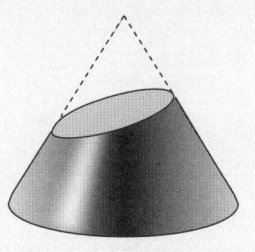

Um corte com o mesmo grau de inclinação do cone produzirá uma parábola:

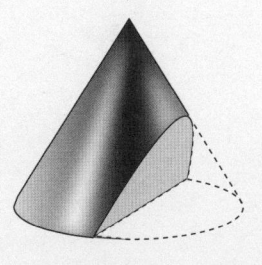

Vista no mesmo plano do corte, a parábola aparecerá como uma curva graciosa e simétrica, com uma linha de simetria no meio. Essa linha é chamada de eixo da parábola.

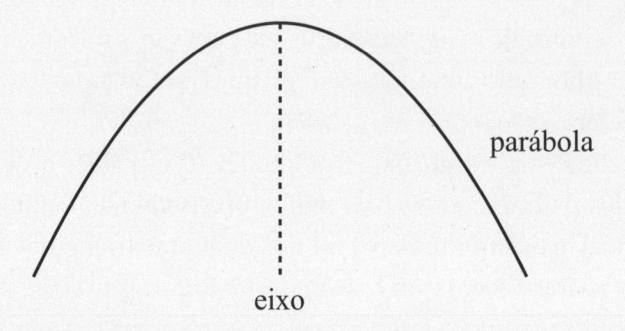

parábola

eixo

Em seu tratado, Arquimedes propôs a si mesmo o desafio de calcular a quadratura de um segmento parabólico. Em linguagem mais moderna, um segmento de parábola é a região curva situada entre a parábola e uma linha que a corte obliquamente.

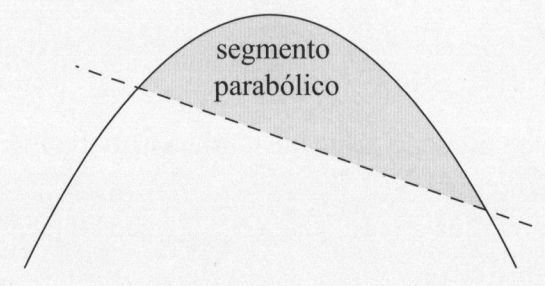

segmento parabólico

Encontrar a quadratura significa expressar a área desconhecida em termos da área conhecida de uma forma mais simples, como um quadrado, um retângulo, um triângulo ou qualquer outra figura retilínea.

A estratégia usada por Arquimedes foi impressionante. Ele imaginou o segmento parabólico como infinitos fragmentos triangulares juntados como peças de louça quebrada.

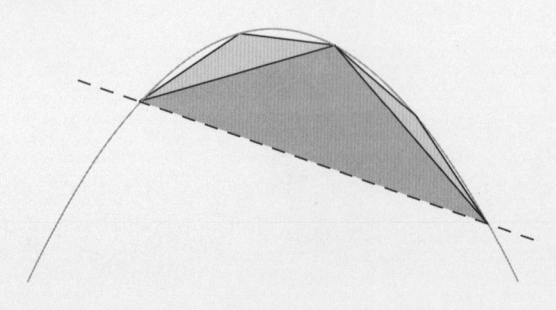

Os fragmentos surgem em uma interminável hierarquia de tamanhos: um triângulo grande, dois triângulos menores, quatro menores ainda, e assim por diante. O objetivo de Arquimedes era descobrir as áreas de todos e depois juntá-las para calcular a área curva que o interessava. Foi preciso um salto caleidoscópico de imaginação artística para ver um segmento parabólico suavemente curvado, um mosaico de formas pontiagudas. Se fosse pintor, Arquimedes teria sido o primeiro cubista.

Para executar sua estratégia, Arquimedes teve primeiro de calcular as áreas de todos os fragmentos. Mas como, precisamente, definir esses fragmentos? Afinal, existem inúmeros modos de juntar triângulos para formar um segmento parabólico, assim como existem inúmeras maneiras de quebrar um prato em pedaços irregulares. O triângulo maior poderia ser assim, assim ou assim:

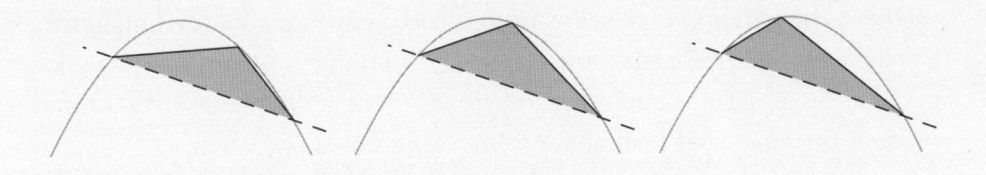

Ele teve então uma ideia brilhante – brilhante porque estabeleceu uma regra, um padrão consistente que se estendia de um nível a outro da hierarquia: deslizou para cima a linha oblíqua da base do segmento, mantendo-a paralela a si mesma até que tocasse a parábola em apenas um único ponto, próximo ao topo.

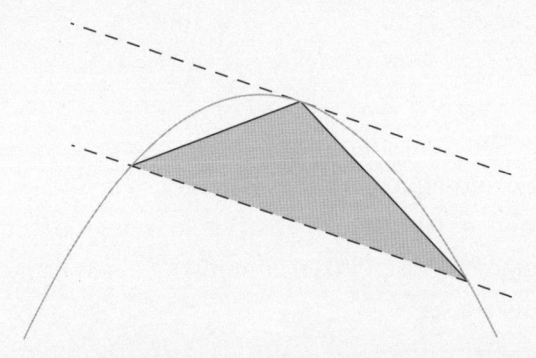

Esse ponto especial de contato é chamado de ponto de tangência (da raiz latina *tangere*, que significa "tocar") e define o terceiro ângulo do triângulo grande; os outros dois são os pontos onde a linha oblíqua corta a parábola.

Arquimedes usou a mesma regra para definir os triângulos em *todos* os estágios da hierarquia. No segundo estágio, por exemplo, os triângulos ficaram assim:

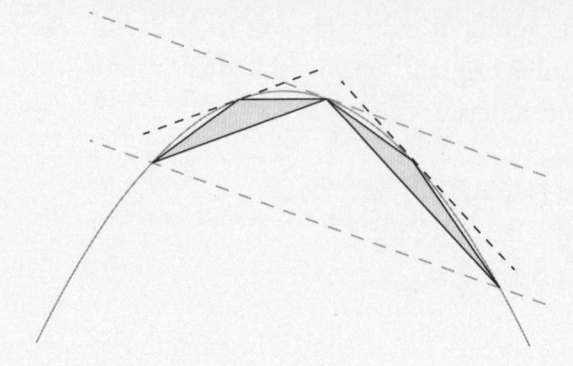

Repare que os lados do triângulo grande desempenham agora o papel da linha oblíqua usada antes.

Em seguida, Arquimedes utilizou fatos geométricos conhecidos sobre parábolas e triângulos para relacionar um nível da hierarquia ao nível seguinte. Provou assim que cada triângulo recém-criado tinha ⅛ da área do triângulo gerador. Se dissermos então que o primeiro triângulo, maior, ocupa uma unidade de área – esse triângulo servirá como nosso padrão de área –, seus dois triângulos derivados ocuparão juntos ⅛ + ⅛ = ¼ de área.

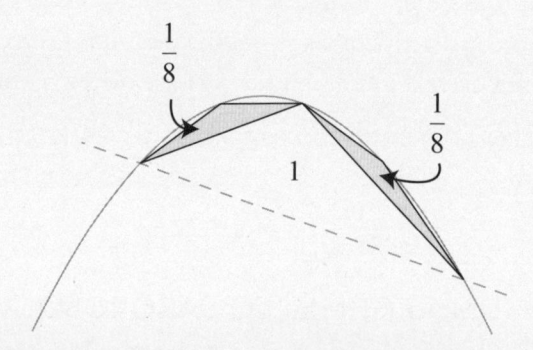

A cada estágio subsequente, a mesma regra se aplica: os triângulos derivados sempre ocupam ¼ da área ocupada pelo triângulo gerador. Portanto, a área total do segmento parabólico recomposta a partir da infinita hierarquia de fragmentos deverá ser:

$$\text{Área} = 1 + \frac{1}{4} + \frac{1}{16} + \frac{1}{64} + \dots,$$

uma série infinita em que cada termo tem ¼ da área do termo precedente.

Existe um atalho para somar esse tipo de série infinita, conhecido no meio como série geométrica. O truque é cancelar todos, exceto um, de seus infinitos termos, multiplicando ambos os lados da equação da área por 4 e subtraindo da soma original. Veja o resultado de multiplicar cada termo por 4 na série infinita anterior:

$$4 \times Área = 4 \left(1 + \frac{1}{4} + \frac{1}{16} + \frac{1}{64} + \ldots\right)$$
$$= 4 + \frac{4}{4} + \frac{4}{16} + \frac{4}{64} + \ldots$$
$$= 4 + 1 + \frac{1}{4} + \frac{1}{16} + \ldots$$
$$= 4 + Área.$$

A mágica ocorre entre a penúltima e a última linhas acima. O lado direito da última linha é igual a $4 + Área$ pois a soma original, $Área = 1 + \frac{1}{4} + \frac{1}{16} + \ldots$, renasceu como uma fênix nos termos seguintes a 4 na penúltima linha. Assim:

$$4 \times Área = 4 + Área.$$

Subtraia uma $Área$ de ambos os lados para obter $3 \times Área = 4$. Portanto,

$$Área = \frac{4}{3}.$$

Em outras palavras, o segmento parabólico tem ⁴⁄₃ da área do triângulo grande.

UM ARGUMENTO SABOROSO

Arquimedes não teria aprovado o truque anterior. Ele chegou ao mesmo resultado por um caminho diferente, recorrendo a um estilo de argumentação sutil muitas vezes descrito como dupla *reductio ad absurdum*, uma prova dupla por contradição. Ele provou que a área de um segmento parabólico não poderia ser menor que ⁴⁄₃ nem maior que ⁴⁄₃; então deveria ser *igual* a ⁴⁄₃. Como Sherlock Holmes explicou mais tarde: "Quando se elimina o impossível, o que resta, *por mais improvável que pareça*, deve ser a verdade."

O que é conceitualmente fundamental aqui é que Arquimedes eliminou o impossível com argumentos baseados em um número *finito* de fragmentos, demonstrando que a área somada poderia chegar tão próxima de ⁴⁄₃ quanto se desejasse – uma aproximação maior que qualquer tolerância prescrita –, simplesmente removendo um número suficiente deles. Ele nunca teve de convocar o infinito. Portanto, sua demonstração era irrefutável. Ainda hoje atende aos mais altos padrões de rigor.

A essência desse argumento fica mais fácil de entender se o colocarmos em termos cotidianos. Suponhamos que três indivíduos desejam repartir quatro pedaços idênticos de queijo.

A solução mais prática seria dar uma fatia de queijo a cada pessoa e dividir a fatia restante em três pedaços e distribuí-los. O que é justo. No final, cada um ficaria com $1 + ⅓ = ⁴⁄₃$ de fatia.

Mas suponhamos que os três indivíduos sejam matemáticos circulando em torno da mesa de comida antes de um seminário, de olho nos quatro pedaços de queijo. O mais inteligente deles, chamado Arquimedes, por coincidência, poderia sugerir a seguinte solução: "Vou pegar um pedaço e vocês pegam um cada um. Sobrará um pedaço para repartirmos. Euclides, divida o pedaço restante em quatro porções, não em três, e cada um de nós fica com ¼ do pedaço restante. Vamos continuar a fazer isso – sempre dividindo o que sobrar em quatro porções –, até que o último pedacinho não interesse a ninguém. Certo? Eudoxo, pare de choramingar."

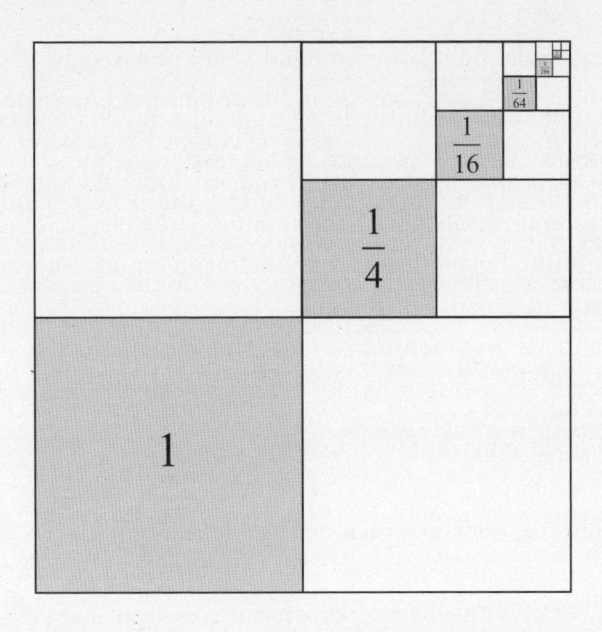

Quantas fatias de queijo, no total, cada um deles obteria se esse processo se prolongasse indefinidamente? Um modo de responder à pergunta seria contar quantas fatias cada pessoa obteve. Após a primeira rodada, cada qual tem uma fatia. Depois da segunda, quando uma das fatias foi dividida em quatro, cada indivíduo recebeu 1 + ¼ de fatia. Após a terceira rodada, quando os quartos foram divididos em 16 pedaços, o total para cada um somou 1 + ¼ + ¹⁄₁₆ fatias. E assim por diante. Desse modo, cada um dos três matemáticos receberia 1 + ¼ + ¹⁄₁₆ + … fatias ao todo, se o fatiamento prosseguisse para sempre. E como essa quantidade representa ⅓ dos quatro pedaços originais, isso deve significar que 1 + ¼ + ¹⁄₁₆ + … é igual a ⅓ de 4, que é ⁴⁄₃.

Em seu tratado "A quadratura da parábola", Arquimedes utilizou um argumento muito semelhante, incluindo um diagrama com quadrados de tamanhos diferentes, mas nunca invocou o infinito ou usou a contrapartida dos três pontos […] acima para indicar que a soma prosseguia infinitamente. Em vez disso, formulou seu argumento em termos de somas finitas, de modo a ser impecavelmente rigoroso. Sua observação principal foi que o pequeno quadrado no canto superior direito – o que sobrou – poderia ser ainda muito menor, se houvesse um número suficientemente grande, mas finito, de rodadas. Por raciocínio semelhante, a soma finita $1 + ¼ + ¹⁄_{16} + … + ¼^n$ (o total de queijo que cada pessoa recebe) pode ser aproximada de ⁴⁄₃ tanto quanto se deseje, tornando n grande o suficiente. Assim sendo, a única resposta possível é ⁴⁄₃.

O MÉTODO

Em um de seus ensaios, Arquimedes faz algo que poucos gênios fazem: convida-nos a entrar e nos revela como pensa (estou usando o tempo presente aqui porque o ensaio é muito íntimo, temos a impressão de que ele está falando conosco hoje). A essa altura, começo a sentir uma afeição real por ele. Afinal, ele nos revela sua intuição particular, atitude sensível e gentil, e diz esperar que futuros matemáticos a utilizem para resolver problemas que lhe escaparam. Esse segredo é hoje conhecido como o Método, do qual nunca ouvi falar nas aulas de cálculo. Não o ensinamos mais. Entretanto, achei a história e sua ideia subjacente fascinante e espantosa.

Arquimedes fala sobre o assunto em uma carta a seu amigo Eratóstenes, bibliotecário em Alexandria e único matemático da época capaz de entendê-lo. Arquimedes confessa que, embora seu Método "não forneça uma real demonstração" dos resultados que lhe interessam, ajuda-o a equacionar o que é verdadeiro. Reforça sua intuição. Diz ele: "É mais fácil oferecer uma prova quando adquirimos previamente algum conhecimento das perguntas, por meio do método, do que encontrá-la sem qualquer conhecimento prévio." Em outras palavras: explorando aqui e ali, brincando com o Método, ele obtém alguma familiaridade com o território. O que o guia até a prova irrefutável.

Trata-se de uma descrição admiravelmente honesta a respeito de como é trabalhar com matemática criativa. Para os matemáticos, primeiro vem a intuição. O rigor das provas aparece mais tarde. O papel essencial da intuição e da imaginação é frequentemente deixado de lado nos cursos de geometria do ensino médio. Mas é essencial para todos os matemáticos criativos.

Arquimedes conclui manifestando a esperança de que "haverá algumas pessoas entre as gerações presentes e futuras que, mediante o método aqui explicado, conseguirão encontrar teoremas que ainda não descobrimos". Isso quase me traz lágrimas aos olhos. Esse gênio insuperável, sentindo a finitude de sua vida contra a infinitude da matemática, reconhece que há muito a ser feito, que existem "outros teoremas que ainda não descobrimos". Todos sentimos isso, todos nós, matemáticos. Nosso assunto é interminável. Humilhou até Arquimedes.

A primeira menção ao Método aparece no início do ensaio sobre a quadratura da parábola e antes da prova cubista dos fragmentos. Arquimedes confessa que foi o Método que o levou à prova e ao número $4/3$.

O que é o Método e o que há de tão pessoal, brilhante e transgressivo nele? O Método é *mecânico*. Arquimedes encontra a área do segmento parabólico *sopesando-a* em sua mente; pensa então na região parabólica curvada como um objeto material (estou visualizando-a como uma fina folha de metal cortada cuidadosamente na forma parabólica desejada) e depois a coloca em um dos pratos de uma balança imaginária. Se você preferir, pense nela repousando sobre uma das extremidades de uma gangorra imaginária. Em seguida, ele descobre como equilibrá-la contra uma forma que ele já sabe pesar: um triângulo. A partir desse ponto, deduz a área do segmento parabólico original.

Trata-se de uma abordagem ainda mais imaginativa que a técnica cubista/geométrica/de fragmentos e triângulos que discutimos anteriormente, pois nesse caso ele inclui a gangorra imaginária no cálculo e a projeta para se adaptar às dimensões da parábola. Isso levará à resposta que Arquimedes procura.

Ele começa com o segmento parabólico e o inclina, para se assegurar de que o eixo de simetria da parábola está na posição vertical.

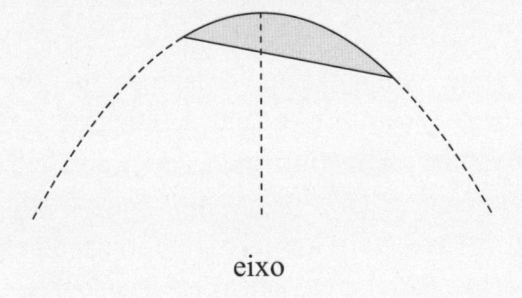

eixo

Em seguida, constrói a gangorra ao redor. O manual de instruções diz o seguinte: *Desenhe o triângulo grande dentro do segmento parabólico, como antes, e o identifique como* ABC. Como na prova cubista, esse triângulo servirá novamente como padrão de área. O segmento parabólico será comparado a ele e terá ⁴⁄₃ de sua área.

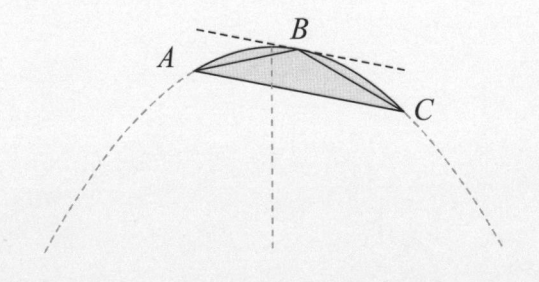

Em seguida, inclua o segmento parabólico em um triângulo muito maior, *ACD*.

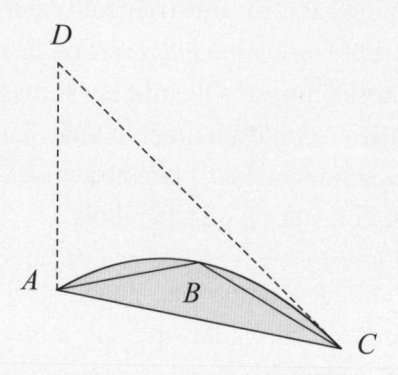

O lado superior do triângulo é uma linha tangente à parábola no ponto *C*. Sua base é a linha *AC*. Seu lado esquerdo é uma linha vertical que se estende para cima de *A* até encontrar o lado superior no ponto *D*. Usando a geometria euclidiana padrão, Arquimedes prova que esse enorme triângulo externo *ACD* tem quatro vezes a área do triângulo interno *ABC* (esse fato será importante mais tarde. Vamos deixá-lo de lado por enquanto).

O próximo passo é construir o restante da gangorra – sua alavanca, seus dois assentos e seu ponto central (fulcro). A alavanca é a linha que une os dois assentos. Essa linha começa em *C*, passa por *B*, emerge do enorme triângulo externo em *F* (fulcro) e continua à esquerda até atingir o ponto *S* (o assento). A condição que define *S* é estar tão longe de *F* quanto de *C*. Em outras palavras, *F* é o ponto médio da linha *SC*.

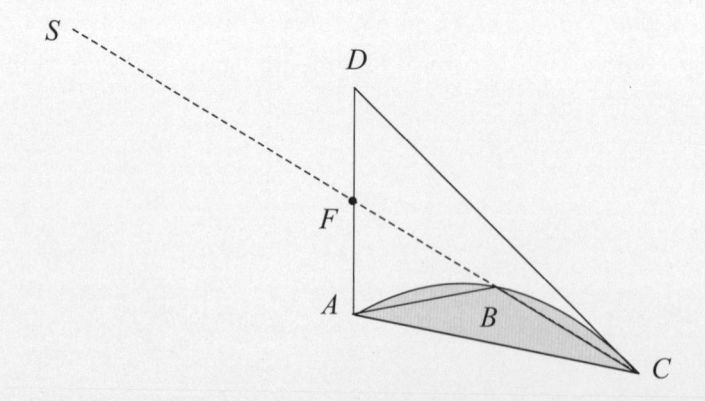

Chegou a hora da constatação impressionante que está por trás de toda a concepção. Usando fatos conhecidos sobre parábolas e triângulos, Arquimedes prova que pode equilibrar o enorme triângulo externo contra o segmento parabólico se pensar neles como *uma linha vertical de cada vez*. Ele os considera como sendo ambos compostos de infinitas linhas paralelas. Tais linhas são como ripas ou hastes infinitesimalmente finas. Eis um típico par delas, definido por uma única linha vertical que atravessa as duas formas. Nessa linha, uma haste curta conecta a base à parábola.

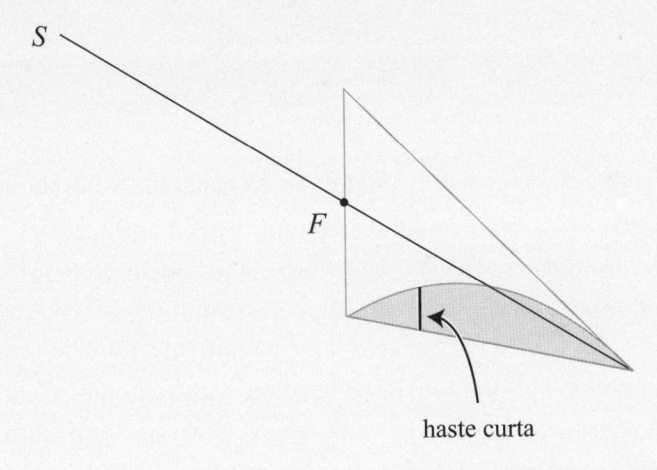

haste curta

E uma haste longa conecta a base ao lado superior do triângulo grande externo.

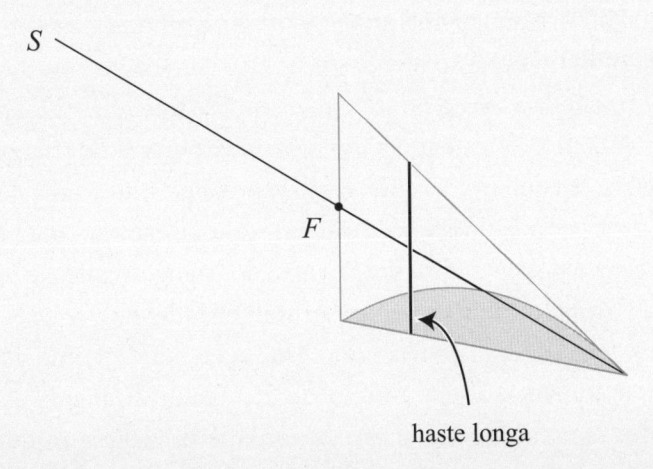

haste longa

A incrível constatação de Arquimedes é que essas hastes se equilibram perfeitamente – como crianças brincando em uma gangorra, desde que sentadas nos lugares certos. Ele prova que, se deslizar a haste curta até o ponto S e deixar a haste longa no lugar, elas se equilibrarão.

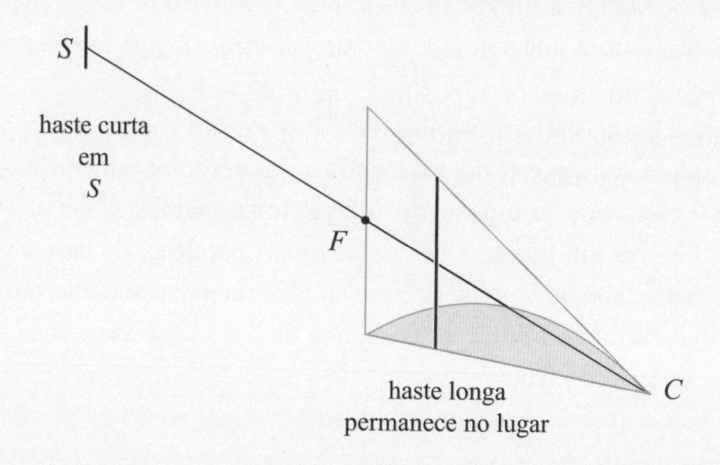

S

haste curta
em
S

F

haste longa
permanece no lugar

C

O mesmo se aplica a *qualquer* fatia vertical. Seja qual for a que você use, a haste curta sempre equilibrará a alta se você a deslizar para S e deixar a haste alta no lugar.

Em seguida, Arquimedes troca as hastes infinitamente numerosas do triângulo grande externo por um ponto equivalente chamado centro de gravidade do triângulo. Serve como substituto. No que diz respeito às gangorras, o triângulo grande age como se toda a sua massa estivesse concentrada naquele único centro de gravidade. Esse local, como Arquimedes demonstrou em outro trabalho, situa-se na linha *FC*, em um ponto exatamente três vezes mais próximo do fulcro *F* do que *S*.

Assim, como toda a massa do triângulo repousa três vezes mais próxima do ponto de articulação, o segmento parabólico deve pesar ⅓ do triângulo grande para que ambos se equilibrem; é a lei da alavanca. Portanto, a área do segmento parabólico deve pesar ⅓ da área do triângulo grande externo *ACD*. Como esse triângulo externo possui quatro vezes a área do triângulo interno *ABC* (o fato que deixamos de lado anteriormente), Arquimedes deduz que o segmento parabólico deve ter ⁴⁄₃ da área do triângulo *ABC* nele contido, como descobrimos anteriormente somando a série infinita de fragmentos triangulares!

Espero ter conseguido transmitir a verdadeira viagem psicodélica que é esse argumento. Em vez de um ceramista recompondo fragmentos, aqui Arquimedes age mais como um açougueiro. Ele retalha a carne da região parabólica em tiras verticais infinitesimalmente finas, uma tira de cada vez, e as pendura em um gancho em S. O peso total da carne permanece o mesmo de quando era um segmento parabólico intacto. Ele apenas rasgou o naco original em inúmeras tiras verticais e finas, todas penduradas em um mesmo gancho (é uma imagem por demais estranha. Talvez devêssemos ficar com gangorras).

Por que chamei esse argumento de transgressivo? Porque lida com o infinito completo. Em um estágio, Arquimedes descreve abertamente o triângulo externo como sendo "composto de todas as linhas paralelas" em seu interior. Ou seja, há uma infinidade contínua de linhas paralelas, de hastes verticais, o que, claro, é tabu na matemática grega. Ele está pensando abertamente no triângulo como uma infinidade completa de hastes. Ao fazer isso, está soltando as amarras do Golem.

Da mesma forma, Arquimedes descreve o segmento parabólico como sendo "composto de todas as linhas paralelas desenhadas dentro da curva". Lidar com o infinito completo reduz o status desse raciocínio, na opinião dele, a uma heurística – um meio de encontrar uma resposta, não uma prova de sua correção. Em sua carta a Eratóstenes, ele minimiza o Método, dizendo que este oferece apenas "uma espécie de indicação" de que a conclusão é verdadeira.

Seja qual for seu status lógico, o Método de Arquimedes pode ser considerado um *e pluribus unum*. Essa frase latina, lema nacional dos Estados Unidos, significa "entre muitos, um". De linhas retas infinitamente numerosas que compõem a parábola, surge uma área. Pensando nessa área como uma massa, Arquimedes a desloca, linha por linha, para o assento na extremidade esquerda da gangorra. A infinidade de linhas é assim representada por uma única massa apoiada em um único ponto. A unidade substitui os muitos e os representa, perfeita e fielmente.

O mesmo se aplica ao triângulo externo de contrapeso à direita da gangorra. De seu *continuum* de linhas verticais, um ponto é escolhido – seu centro de gravidade, que também representa o todo. E o infinito se condensa em uma unidade: *e pluribus unum*. Exceto que aqui não se trata de poesia nem de política. Trata-se do início do cálculo integral. Triângulos e regiões parabólicas são aparente e misteriosamente equivalentes – em um sentido que Arquimedes não conseguiu tornar rigoroso – a infinidades de linhas verticais.

Embora seu flerte com o infinito pareça constrangê-lo, Arquimedes tem a coragem de admitir isso. Qualquer um que tente medir uma forma curva para encontrar o comprimento de seus limites, sua área ou seu volume precisa lidar com o limite de uma soma infinita de pedaços infinitesimalmente pequenos. Almas cuidadosas podem tentar contornar essa necessidade, refinando-a com o método da exaustão, mas no fundo não há como escapar. Lidar com formas curvas significa lidar com o infinito, de um modo ou de outro. Arquimedes tem a mente aberta quanto a isso. Quando necessário, veste suas provas em trajes respeitáveis, exibindo somas finitas e o método da exaustão, mas em particular admite sopesar formas em sua mente, sonhando com alavancas e centros de gravidade, equilibrando regiões e sólidos linha a linha, uma peça infinitesimal de cada vez.

Arquimedes aplicou o Método a muitos outros problemas sobre formas curvas. Usou-o, por exemplo, para descobrir o centro de gravidade de um hemisfério sólido, um paraboloide, assim como segmentos de elipsoides e hiperboloides. Seu resultado favorito, do qual gostava tanto que pediu para que fosse esculpido em sua lápide, dizia respeito à área da superfície e ao volume de uma esfera.

Imagine uma esfera perfeitamente encaixada em uma caixa cilíndrica.

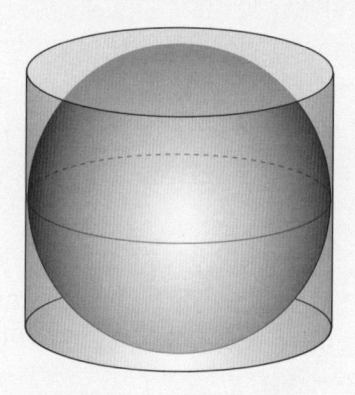

Usando o Método, Arquimedes descobriu que a esfera possui ⅔ do volume da caixa, bem como ⅔ de sua área de superfície (presumindo-se que a tampa e a base sejam incluídas na área de superfície da caixa). Observe que ele não forneceu *fórmulas* para o volume, nem para a área da superfície da esfera, como faríamos hoje. Em vez disso, formulou seus resultados como proporções, no clássico estilo grego. Tudo foi expresso como proporção. Uma área foi comparada com outra área, um volume com outro volume. E quando a razão entre eles envolvia pequenos números inteiros, como ocorre aqui com 3 e 2 (e como ocorreu com 4 e 3 na quadratura da parábola), ele deve ter sentido um prazer especial. Afinal, essas razões – 3 : 2 e 4 : 3 – tinham um significado especial para os antigos gregos, em função de seu papel central na teoria pitagórica da harmonia musical. Lembre-se de que quando duas cordas idênticas mas com comprimentos na razão 3 : 2 são tocadas, elas se harmonizam lindamente, separadas na afinação por um intervalo conhecido como quinta. Da mesma forma, cordas em uma razão 4 : 3 produzem uma quarta. Essas coincidências numéricas entre harmonia e geometria devem ter encantado Arquimedes.

Seu ensaio "Sobre a esfera e o cilindro" sugere como ele estava empolgado: "Essas propriedades eram agora naturalmente inerentes às figuras, mas permaneciam desconhecidas para aqueles que antes da minha época se dedicavam ao estudo da geometria." Ignore o orgulho dele e concentre-se na afirmação de que as propriedades que ele descobriu "eram naturalmente inerentes às figuras, mas permaneciam desconhecidas". Aqui ele está expressando uma filosofia da matemática, desejada por todos os matemáticos em atividade: sentir que estamos *descobrindo* a matemática. Que os resultados estão esperando por nós. Que sempre foram inerentes às figuras, não os estamos inventando. Ao contrário de Bob Dylan ou Toni Morrison, não estamos criando canções ou romances que nunca existiram antes: estamos descobrindo fatos que já existem, que são inerentes aos objetos que estudamos. Embora tenhamos liberdade criativa para inventar objetos – para criar idealizações como esferas, círculos e cilindros perfeitos –, uma vez que o façamos, eles ganham vida própria.

Quando leio sobre como Arquimedes expressa seu prazer em revelar a área da superfície e o volume da esfera, parece que sinto as mesmas coisas que ele. Ou melhor, que *ele* estava sentindo as mesmas coisas que eu e *todos* os meus colegas sentimos quando trabalhamos com matemática. Embora alguns digam que o passado é um país estrangeiro, pode não ser estrangeiro em todos os aspectos. As pessoas sobre as quais lemos em Homero e na Bíblia se parecem muito conosco. E o mesmo parece ser verdade para os matemáticos antigos, ou pelo menos para Arquimedes, o único que nos deixou entrar em seu coração.

Vinte e dois séculos atrás, Arquimedes escreveu uma carta a seu amigo Eratóstenes, o bibliotecário de Alexandria, enviando-lhe uma mensagem matemática que praticamente ninguém tinha condições de avaliar, mas torcendo para que de alguma forma sua intuição, seu Método, conseguisse navegar com segurança pelos mares do tempo e ajudasse as futuras gerações de matemáticos a "encontrar outros teoremas que ainda não descobrimos". As probabilidades estavam contra ele. Como sempre, a devastação do tempo foi cruel. Reinos caíram e bibliotecas foram queimadas. Manuscritos se deterioraram. Pelo que se sabia, nenhuma cópia do Método havia sobrevivido à Idade Média. Embora Leonardo da Vinci, Galileu, Newton e outros gênios do Renascimento e da revolução científica se debruçassem sobre o que sobrara dos tratados de Arquimedes, eles jamais tiveram a oportunidade de ler o Método. O texto parecia irremediavelmente perdido.

De repente, como que por milagre, foi encontrado.

Em outubro de 1998, um livro de orações medieval foi leiloado na casa de leilões Christie's e vendido a um colecionador anônimo por 2,2 milhões de dólares. Quase invisíveis sob orações latinas, viam-se tênues diagramas geométricos e um texto matemático escrito no grego do século X. Tratava-se de um palimpsesto – um papiro ou pergaminho cujo texto é apagado para dar lugar a outro. No século XIII, o grego original fora raspado e substituído por um texto litúrgico latino. Felizmente, não foi obliterado. Nesse pergaminho está a única cópia restante do Método de Arquimedes.

O Palimpsesto de Arquimedes, como é hoje conhecido, foi encontrado em 1899 em uma biblioteca greco-ortodoxa de Constantinopla. Atravessou o período da Renascença e da revolução científica oculto sob um livro de orações no Mosteiro de São Sabas, em Belém, na Palestina. Atualmente está depositado no Museu de Arte Walters, em Baltimore, Estados Unidos, onde tem sido amorosamente restaurado e examinado com as mais modernas tecnologias de imagem.

ARQUIMEDES HOJE: DA ANIMAÇÃO DIGITAL ÀS CIRURGIAS FACIAIS

O legado de Arquimedes está vivo hoje. Pense nos filmes de animação digital que as crianças adoram ver. Os personagens de filmes como *Shrek*, *Procurando Nemo* e *Toy Story* parecem naturais em parte porque incorporam uma constatação arquimediana: qualquer superfície suave pode ser convincentemente representada por triângulos. Aqui temos, por exemplo, três triangulações da cabeça de um manequim:

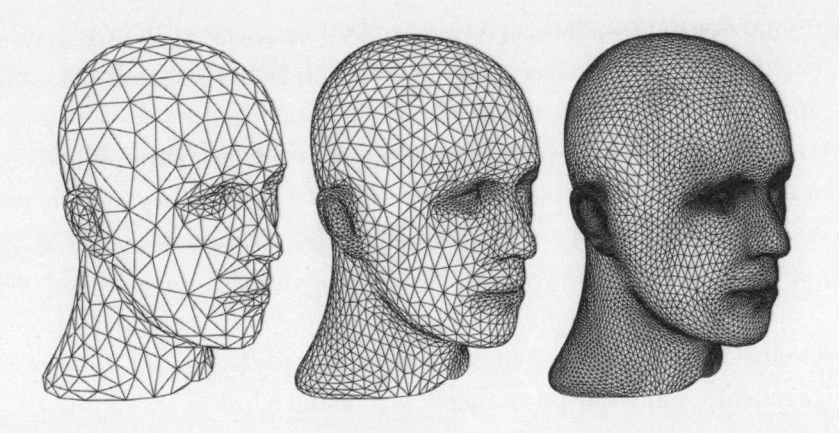

Quanto mais triângulos forem usados e quanto menores forem, melhor a representação.

O que vale para manequins também vale para ogros, peixes-palhaço e caubóis de brinquedo. Assim como Arquimedes usou um mosaico de infinitos fragmentos triangulares para representar o segmento de uma parábola suavemente curvada, os animadores modernos da DreamWorks criaram a barriga redonda do Shrek e suas lindas orelhinhas com dezenas de milhares de polígonos. Uma quantidade ainda maior foi necessária para uma cena em que Shrek luta contra bandidos locais: cada um de seus quadros exigiu mais de 45 milhões de polígonos. Mas não havia qualquer vestígio deles no filme pronto. Como o Princípio do Infinito nos ensina, o reto e o recortado podem representar o curvo e o liso.

Quando *Avatar* foi lançado, quase uma década depois, em 2009, o nível de detalhamento poligonal se tornara mais extravagante. Por insistência do diretor, James Cameron, os animadores usaram cerca de 1 milhão de polígonos para desenhar cada planta do mundo imaginário de Pandora. Considerando que o filme foi ambientado em uma luxuriante floresta virtual, o número de plantas era *enorme*... assim como o número de polígonos. Não é de admirar que a produção de *Avatar* tenha custado 300 milhões de dólares. Foi o primeiro filme da história a utilizar polígonos aos bilhões.

Os primeiros filmes gerados por computador usavam muito menos polígonos. No entanto, na época, os cálculos foram surpreendentes. Tomemos como exemplo *Toy Story*, lançado em 1995. Naquela época, um único animador levava uma semana para sincronizar uma tomada de oito segundos. O filme todo levou quatro anos e 800 mil horas no computador para ser concluído. Como Steve Jobs, cofundador da Pixar, declarou à revista *Wired*, que aborda tecnologias emergentes: "Há mais Ph.D.s trabalhando neste filme do que em qualquer outro da história do cinema."

Logo após *Toy Story*, foi lançado *O jogo de Geri*, primeiro filme de animação por computador com um protagonista humano. Essa história triste mas divertida, de um velho solitário que joga xadrez com ele mesmo em um parque, ganhou o Oscar de melhor curta-metragem de animação em 1998.

Como outros personagens gerados por computador, Geri foi construído a partir de formas angulares. Na página 73, vimos um gráfico computacional mostrando um rosto feito com um número de triângulos cada vez maior. De modo semelhante, os animadores da Pixar criaram a cabeça de Geri a partir de um poliedro complexo, uma forma tridimensional que lembrava uma gema lapidada, com cerca de 4.500 cantos e facetas planas. Para criar uma representação cada vez mais detalhada, os animadores subdividiram repetidamente essas facetas, em um processo que consumia muito menos memória do computador que os anteriores e permitia animações muito mais rápidas. Na época, foi um avanço revolucionário na animação digital. Mas em espírito seguiu Arquimedes. Lembremo-nos de que, para calcular o pi, Arquimedes começou com um hexágono, subdividiu cada lado e empurrou seus pontos médios para fora do círculo, gerando um dodecágono. Depois de outra subdivisão, o dodecágono se tornou um polígono de 24 lados, depois um de 48 lados e, finalmente, um de 96 lados, cada vez mais avançando sobre o alvo, o círculo delimitador. Da mesma forma, os animadores de *Geri* foram se aproximando da testa enrugada do personagem, de seu nariz protuberante e das dobras de pele em seu pescoço subdividindo incessantemente um poliedro. Repetindo o processo várias vezes, conseguiram dar ao velho Geri a aparência desejada: a de um boneco que transmitia uma ampla gama de sentimentos humanos.

Poucos anos depois, a DreamWorks, uma concorrente da Pixar, avançou ainda mais em realismo e expressão emocional ao contar a história de um ogro malcheiroso, irritadiço e heroico chamado Shrek.

Embora nunca tenha existido fora de um computador, Shrek era praticamente humano. O que se deve, em parte, ao fato de os animadores terem reproduzido com extremo cuidado a anatomia humana. Sob a pele virtual do ogro, eles construíram músculos, gordura e juntas virtuais. Isso foi feito com tanto cuidado que, quando Shrek abria a boca para falar, a pele de seu pescoço formava um queixo duplo.

O que nos leva a outra área em que a aproximação poligonal idealizada por Arquimedes tem se mostrado útil: a cirurgia facial para oclusão dental defeituosa, mandíbulas desalinhadas e outras malformações congênitas. Em 2006, os matemáticos aplicados alemães Peter Deuflhard, Martin Weiser e

Stefan Zachow relataram os resultados de seu trabalho com cálculo e modelagem computacional para antever os resultados de cirurgias faciais complexas.

O primeiro passo da equipe foi confeccionar mapas precisos da estrutura óssea dos pacientes, escaneando sua cabeça com tomografia computadorizada (TC) ou ressonância magnética (RM). Os resultados forneceram informações sobre a configuração tridimensional dos ossos faciais, com as quais os pesquisadores criaram um modelo computadorizado do rosto do paciente. O modelo não foi apenas geometricamente preciso; foi biomecanicamente preciso. Incorporou estimativas realistas das propriedades da pele e de tecidos moles, como gordura, músculos, tendões, ligamentos e vasos sanguíneos. O modelo computadorizado permitiu que os cirurgiões realizassem operações em pacientes virtuais, assim como os pilotos de caça aprimoram suas habilidades em simuladores de voo. Ossos virtuais do rosto, mandíbula e crânio puderam ser cortados, reajustados, aumentados ou removidos. Após ter calculado os movimentos dos tecidos moles posteriores do rosto, o computador se reconfigurava em resposta às tensões produzidas pela nova estrutura óssea.

Os resultados das simulações foram úteis de várias maneiras. Primeiro, alertaram os cirurgiões para possíveis efeitos adversos dos procedimentos em estruturas vulneráveis, como nervos, vasos sanguíneos e raízes dos dentes. Além de prever como os tecidos moles se reposicionariam após a cura do paciente, o modelo também revelou como ficaria o rosto do paciente no pós-operatório. Outra vantagem foi permitir que os cirurgiões se preparassem melhor, à luz dos resultados simulados, para as cirurgias reais. Sem esquecer que os pacientes também poderiam tomar melhores decisões a respeito dos procedimentos.

Os ensinamentos de Arquimedes foram postos em prática quando os pesquisadores modelaram a superfície bidimensional lisa do crânio com um número enorme de triângulos. O tecido mole, por sua vez, apresentou seus próprios desafios geométricos. Ao contrário do crânio, o tecido mole forma um volume tridimensional, preenchendo o complicado espaço à frente do crânio e por trás da pele do rosto. A equipe o representou com centenas de milhares de tetraedros, os equivalentes tridimensionais dos triângulos. Na imagem a seguir, a superfície do crânio é aproximada com 250 mil triângulos (pequenos demais para serem vistos) e o volume de tecidos moles, com 650 mil tetraedros.

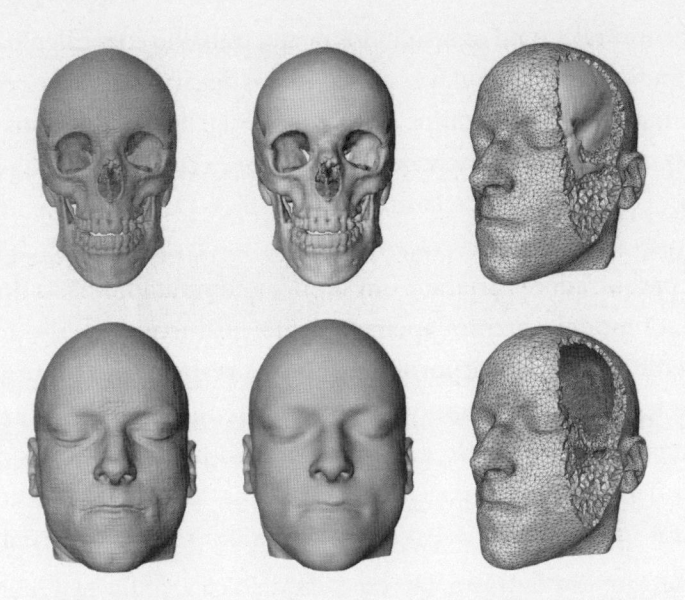

O conjunto de tetraedros permitiu que os pesquisadores previssem como os tecidos moles do paciente se deformariam após a cirurgia. Grosso modo, o tecido mole é um material deformável porém elástico, um pouco como borracha ou lycra. Quando você belisca sua bochecha, ela muda de forma; quando você a solta, ela volta ao normal. Desde o século XIX, matemáticos e engenheiros usam o cálculo para analisar como diferentes materiais se comportam quando empurrados, puxados ou cortados de várias maneiras. A teoria é mais desenvolvida nas áreas tradicionais da engenharia, nas quais é usada para analisar pressões e deformações em pontes, edifícios, asas de aviões e muitas outras estruturas feitas de aço, concreto, alumínio e outros materiais duros. Os pesquisadores alemães adaptaram a abordagem tradicional aos tecidos moles e descobriram que funcionava bem o suficiente para ser valiosa, tanto para os cirurgiões quanto para os pacientes.

A ideia básica era a seguinte: pensar no tecido mole como uma rede de tetraedros interligados como contas a fios elásticos. As contas representam pequenas porções de tecido; os fios elásticos, as ligações químicas que unem seus átomos e moléculas. Como ligações resistem a alongamentos e compressões, são consideradas elásticas. Durante uma operação virtual, um cirurgião corta ossos no rosto virtual e reposiciona alguns segmentos ósseos. Ao serem movidos para outro local, esses segmentos esticam os tecidos aos quais estão conectados, que, por sua vez, esticam os tecidos vizinhos. A malha se reconfigura em função do efeito cascata. À medida que pedaços de tecido se movem, modificam as forças que exercem sobre seus vizinhos, esticando ou comprimindo as ligações entre eles. Os vizinhos afetados se reajustam e assim por diante. Manter o controle de todas as forças e deslocamentos resultantes é um cálculo monstruoso que só pode ser feito por computadores. Passo a passo, um algoritmo atualiza a miríade de forças e movimenta os minúsculos tetraedros em conformidade. Por fim, todas as forças se contrabalançam e o tecido se acomoda em seu novo equilíbrio, revelando a nova forma do rosto do paciente.

Em 2006, Deuflhard, Weiser e Zachow testaram as previsões de seu modelo em relação aos resultados clínicos de cerca de 30 casos cirúrgicos. Descobriram que o modelo funcionava notadamente bem. Para dar uma ideia de seu sucesso, ele previa corretamente – com aproximação de 1 milímetro – a posição de 70% da pele facial dos pacientes. Entre 5% e 10% da superfície da pele se desviaram mais de 3 milímetros da localização prevista no pós-operatório. Em outras palavras, o modelo era confiável. E com certeza melhor que adivinhação.

Veja o exemplo de um paciente antes e após a cirurgia. Os quatro painéis mostram seu perfil antes da operação (extrema esquerda), o modelo computacional de seu rosto naquele momento, o resultado previsto da cirurgia e, finalmente, o resultado real. Confira a posição do maxilar do paciente antes e depois. Os resultados falam por si.

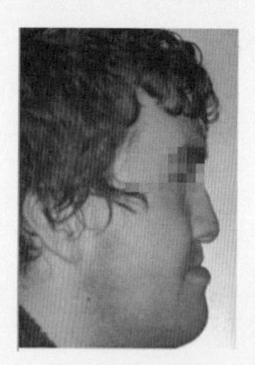

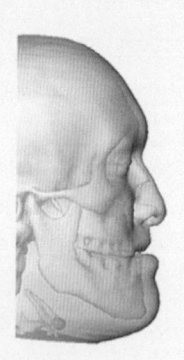

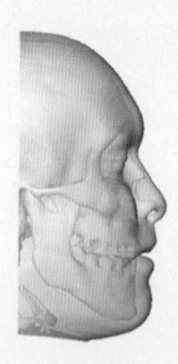

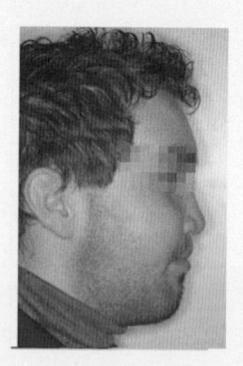

O MISTÉRIO DO MOVIMENTO

Estou escrevendo isto no dia seguinte a uma nevasca. Ontem foi 14 de março, Dia do Pi, e tivemos mais de 30 centímetros de neve. Hoje de manhã, enquanto desobstruía pela quarta vez a entrada da minha garagem, observei com ciúme um pequeno trator com um limpador de neve montado à frente, que atravessava facilmente a calçada no outro lado da rua. Usando uma lâmina rotativa em parafuso, o veículo puxava a neve para dentro da máquina e a ejetava no quintal da casa em frente.

Esse uso de um parafuso rotativo para impulsionar alguma coisa remonta a Arquimedes, pelo menos segundo a lenda. Em sua homenagem, hoje chamamos o dispositivo de parafuso arquimediano. Diz-se que Arquimedes o imaginou durante uma viagem ao Egito (embora a ideia possa ter sido usada muito antes, pelos assírios); foi concebido para captar água e levá-la até uma vala de irrigação situada acima. Hoje, dispositivos de assistência cardíaca usam bombas com um parafuso arquimediano para apoiar a circulação quando o ventrículo esquerdo do coração está comprometido.

Mas, aparentemente, Arquimedes não desejava ser lembrado por suas bombas com parafuso rotativo, suas máquinas de guerra ou quaisquer outras invenções práticas; ele não deixou nada escrito sobre elas. Orgulhava-se mesmo de suas descobertas na área da matemática. Nada mais adequado, portanto, que refletir sobre seu legado no Dia do Pi. Nos 1.200 anos transcorridos desde que Arquimedes encurralou o pi, as aproximações numéricas ao pi foram aprimoradas muitas vezes, mas sempre usando as técnicas matemáticas que ele introduziu: aproximações por polígonos ou séries infinitas. De modo mais amplo, seu legado foi o primeiro uso de um processo definido para quantificar a geometria das formas curvas. Nisso, ele foi incomparável, e assim permanece até hoje.

Ainda que a geometria das formas curvas tenha nos trazido até aqui, precisamos saber também como as coisas se movem neste mundo – como o tecido humano muda após uma cirurgia, como o sangue flui através de uma artéria, como uma bola voa pelo ar. A esse respeito, Arquimedes permaneceu mudo. Ele nos deu a ciência da estática, dos corpos se equilibrando em alavancas e flutuando estavelmente na água. Era um mestre do equilíbrio. O território adiante envolvia os mistérios do movimento.

3
DESCOBRINDO AS LEIS DO MOVIMENTO

Quando Arquimedes morreu, o estudo matemático da natureza quase morreu com ele. Mil e oitocentos anos se passaram antes que um novo Arquimedes aparecesse. Foi na Itália renascentista, onde um jovem matemático chamado Galileu Galilei retomou o estudo no ponto em que Arquimedes havia parado. Observando como as coisas se moviam quando voavam ou quando caíam no chão, ele procurou regras numéricas para tais movimentos. Fez experiências cuidadosas e análises inteligentes. Ao cronometrar o balanço de pêndulos e rolar bolas por rampas suaves, encontrou regularidades maravilhosas em ambos os movimentos. Paralelamente, um jovem matemático alemão chamado Johannes Kepler estudava como os planetas vagavam pelos céus. Ambos os cientistas ficaram fascinados com os padrões que observavam, sentindo a presença de algo muito mais profundo. Sabiam que era importante, mas não conseguiam entender seu significado. As leis do movimento que descobriam estavam escritas em uma língua estrangeira. Essa linguagem, ainda desconhecida, foi a primeira dica que a humanidade recebeu a respeito do cálculo diferencial.

Antes dos trabalhos de Galileu e Kepler, os fenômenos naturais raramente eram entendidos em termos matemáticos. Arquimedes havia revelado os princípios matemáticos do equilíbrio e do empuxo em suas leis sobre a alavanca e a hidrostática. Essas leis, no entanto, estavam restritas a situações de imobilidade. Aventurando-se para além do mundo estático de Arquimedes,

Galileu e Kepler estudaram como as coisas se moviam. Seus esforços para entender o que viam estimularam a invenção de um tipo de matemática capaz de lidar com o movimento a taxas variáveis. Essa nova matemática analisaria por que uma bola rola cada vez mais rápido ao deslizar em uma rampa, por que os planetas ganham velocidade ao se aproximarem do Sol e perdem velocidade ao se afastarem dele.

Em 1623, Galileu descreveu o universo como "este grande livro... continuamente aberto ao nosso olhar", mas advertiu que "o livro não pode ser entendido a menos que se aprenda a compreender sua linguagem e a ler as letras em que foi composto. Está escrito na linguagem da matemática, e seus caracteres são figuras geométricas como triângulos e círculos, sem as quais é humanamente impossível entender uma única palavra; sem elas, vagueamos em um labirinto escuro". Kepler manifestou uma reverência ainda maior pela geometria, que descreveu como "coeterna com a mente divina". Ele acreditava que a geometria "dotara Deus com padrões para a criação do mundo".

O grande desafio para Galileu, Kepler e outros matemáticos do início do século XVII era estender sua amada geometria – tão bem adaptada a um mundo em repouso – a um mundo em movimento. Os problemas que enfrentavam, aliás, eram mais do que matemáticos – eles também tiveram de superar resistências filosóficas, científicas e teológicas.

O MUNDO SEGUNDO ARISTÓTELES

Antes do século XVII, movimento e mudança eram pouco compreendidos. Não apenas eram difíceis de serem estudados, como considerados extremamente desagradáveis. Platão havia ensinado que o objetivo da geometria era obter "conhecimento daquilo que existe eternamente, e não daquilo que por um momento existe e depois perece". Seu desprezo filosófico pelo transitório retornou em escala maior na cosmologia de seu aluno mais ilustre, Aristóteles.

Segundo o ensino aristotélico, que dominou o pensamento ocidental por quase dois milênios (e que o catolicismo abraçou depois que Tomás de Aquino expurgou suas partes pagãs), o céu era eterno, imutável e perfeito. A Terra permanecia imóvel no centro da criação de Deus, enquanto o Sol, a Lua, as estrelas e os planetas giravam ao seu redor em círculos perfeitos, levados pela rotação das esferas celestes. De acordo com essa cosmologia, tudo no reino terrestre abaixo da Lua era corrompido e atormentado por podridão, morte e decadência. Os caprichos da vida, assim como a queda de folhas, eram por sua própria natureza fugazes, erráticos e desordenados.

Embora a cosmologia centrada na Terra parecesse tranquilizadora e ajuizada, o movimento dos planetas apresentava um problema estranho. A palavra "planeta", em sua origem grega, significa "andarilho". Na Antiguidade, os planetas eram chamados de estrelas errantes. Em vez de manter seus lugares no céu, como as estrelas fixas no Cinturão de Órion e as da "concha" da Ursa Maior, que nunca se moviam em relação umas às outras, os planetas pareciam vagar pelos céus, passando de uma constelação a outra no transcorrer de semanas e meses. Na maior parte do tempo, moviam-se para leste em relação às estrelas, mas ocasionalmente pareciam desacelerar, parar e recuar para oeste, algo que os astrônomos chamavam de movimento retrógrado.

Marte, por exemplo, era visto nesse movimento retrógrado por aproximadamente onze semanas, no decurso de quase dois anos pelos céus. Hoje é possível capturar fotos dessa reversão. Em 2005, o astrofotógrafo Tunç Tezel tirou uma série de 35 instantâneos de Marte, cada qual com uma semana de diferença, e alinhou as imagens com as estrelas ao fundo. Na combinação resultante, os onze pontos do meio mostram Marte recuando.

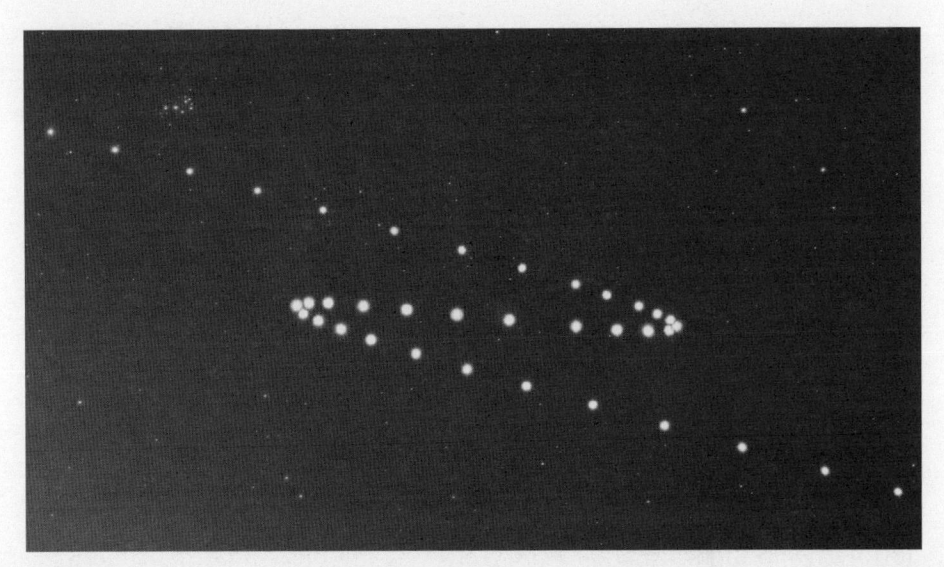

Hoje compreendemos que o "movimento retrógrado" é uma ilusão. Ela é provocada pelo nosso ponto de vista, a partir da Terra, ao passarmos por Marte, que se move mais lentamente.

observar movimento retrógrado de 3 a 5

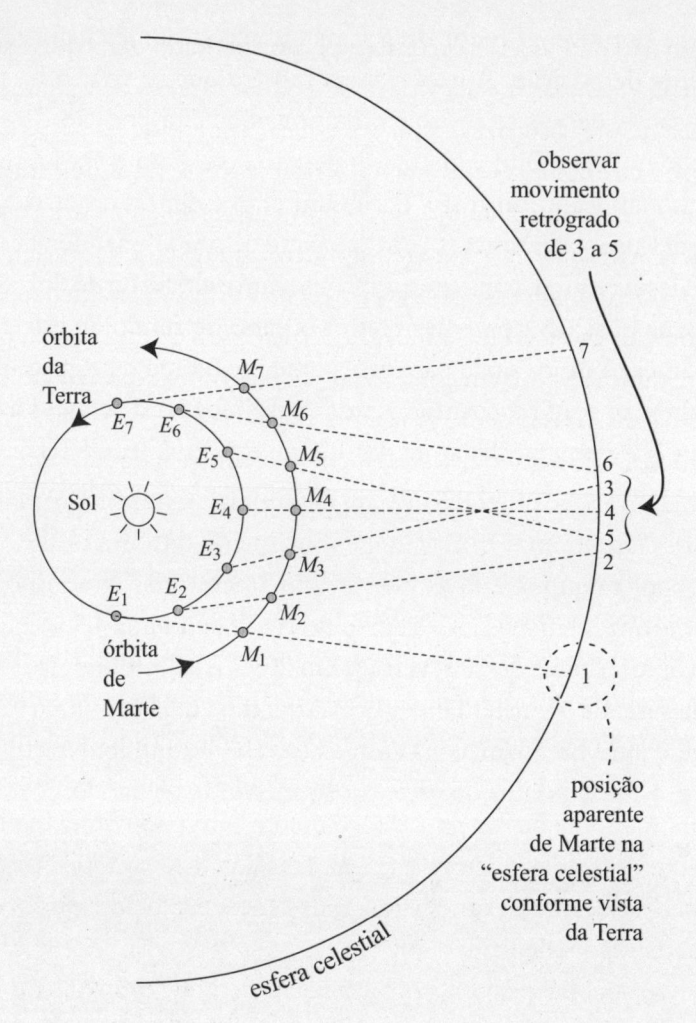

órbita da Terra

Sol

órbita de Marte

posição aparente de Marte na "esfera celestial" conforme vista da Terra

esfera celestial

É o que acontece quando ultrapassamos um carro em uma rodovia. Imagine-se dirigindo em uma longa estrada no deserto, com montanhas ao longe. À medida que você se aproxima de um carro mais lento a sua frente, este parece avançar se observado contra o pano de fundo das montanhas. Porém, quando você o ultrapassa, o carro mais lento parece, momentaneamente, estar *recuando* em relação às montanhas. Então, quando você se adianta o suficiente, o carro lento parece avançar de novo.

Esse tipo de observação levou o astrônomo grego Aristarco a propor um universo centrado no Sol quase dois milênios antes de Copérnico. Ele elucidou claramente o enigma do movimento retrógrado. Um universo centrado no Sol, entretanto, levantava dúvidas próprias. Se a Terra se move, por que não caímos? E por que as estrelas parecem fixas? Não deveriam. À medida que a Terra se move ao redor do Sol, as estrelas distantes parecem mudar ligeiramente de posição. A experiência mostra que se você olha para um objeto distante, depois se move e olha novamente, a posição desse objeto parece mudar. Esse efeito é chamado de paralaxe. Para testá-lo, mantenha o dedo bem em frente ao rosto. Feche um olho e depois o outro. Seu dedo parece se deslocar lateralmente contra o pano de fundo quando você muda o olho. Da mesma forma, conforme a Terra se move em torno do Sol, as estrelas mudam suas posições aparentes contra o pano de fundo de estrelas ainda mais distantes. A única saída para esse paradoxo (como o próprio Arquimedes percebeu ao reagir à cosmologia de Aristarco) seria se *todas* as estrelas estivessem *imensamente* distantes, infinitamente distantes da Terra. Assim o movimento do planeta não produziria nenhuma mudança detectável, pois a paralaxe seria pequena demais para ser medida. Na época, era difícil alguém aceitar tal hipótese. Ninguém poderia imaginar um universo tão imenso com estrelas tão remotas, muito mais distantes que os planetas. Hoje sabemos que esse é exatamente o caso, mas naquela época era algo inconcebível.

Assim sendo, a cosmologia centrada na Terra, apesar de todas as suas falhas, parecia a explicação mais plausível. Modificada adequadamente pelo astrônomo grego Ptolomeu com epiciclos, equantes e outros fatores de correção, a teoria podia descrever razoavelmente bem o movimento planetário e mantinha o calendário alinhado com os ciclos sazonais. O sistema ptolomaico era deselegante e complicado, mas funcionou bem a ponto de durar até o final da Idade Média.

Dois livros publicados em 1543 assinalaram uma reviravolta, o início da revolução científica. Nesse ano, o médico belga Andreas Vesalius relatou os resultados de suas dissecções de cadáveres humanos, prática proibida até então. Suas descobertas contradiziam 14 séculos de conhecimentos aceitos sobre a anatomia humana. No mesmo ano, o astrônomo polonês Nicolau Copérnico finalmente permitiu a publicação de sua radical teoria de que a Terra se movia em torno do Sol. Para fazê-lo, esperou até estar na iminência de morrer (morreu no momento em que o livro estava sendo publicado), pois temia que o fato de ter retirado o mundo do centro da criação divina enfurecesse a Igreja. Tinha razão em sentir medo. O matemático, filósofo e cosmólogo Giordano Bruno, que propôs, entre outras heresias, que o universo era infinitamente grande e abrigava infinitos mundos, foi julgado pela Inquisição e queimado em Roma no ano 1600.

SURGE GALILEU

Em 15 de fevereiro de 1564, na cidade de Pisa, Itália, em uma época em que a autoridade e o dogma estavam sendo desafiados por ideias perigosas, nasceu Galileu Galilei. Filho mais velho de uma família outrora nobre e agora desafortunada, Galileu foi obrigado pelo pai a estudar medicina, carreira muito mais lucrativa que a área de teoria musical, abraçada pelo próprio pai. Mas Galileu logo descobriu que sua paixão era a matemática e não tardou a dominar as teorias de Euclides e Arquimedes. Ele não se formou em medicina (sua família não teve como pagar pelo ensino), mas continuou a aprender matemática e ciências por conta própria. Após um golpe de sorte, que o levou a ser contratado como instrutor temporário em Pisa, ele subiu gradualmente na hierarquia acadêmica até a cátedra de matemática na Universidade de Pádua. Era um professor brilhante, claro, além de irreverente e dono de um humor cáustico. Os estudantes corriam para assistir às suas aulas.

Certo dia, Galileu conheceu uma mulher vivaz e muito mais jovem chamada Marina Gamba, com quem manteve um relacionamento amoroso longo e ilícito. Tiveram duas filhas e um filho, mas não se casaram; a união teria sido considerada desonrosa para Galileu, dada a juventude de Marina e sua baixa posição social. O custo de sustentar três filhos e uma irmã solteira com seu parco salário de professor de matemática obrigou Galileu a colocar as filhas em um convento, o que partiu seu coração. Sua favorita era a mais velha, Virginia, a alegria de sua vida. Mais tarde, ele a descreveu como "uma mulher de mente requintada, bondade singular e carinhosamente apegada a mim". Quando fez seus votos de freira, Virginia escolheu Maria Celeste como nome religioso, em homenagem à Virgem Maria e ao fascínio do pai pela astronomia.

Talvez Galileu seja lembrado, hoje, por seu trabalho com o telescópio e como defensor da teoria copernicana de que a Terra se move ao redor do Sol, em contraposição às opiniões de Aristóteles e da Igreja Católica. Embora não tenha inventado o telescópio, ele o aperfeiçoou, e foi a primeira pessoa a fazer grandes descobertas científicas com o instrumento. Em 1610 e 1611, ele descobriu que a Lua tinha montanhas, que o Sol tinha manchas e que Júpiter tinha quatro luas (outras foram descobertas desde então).

Essas observações contrariavam o dogma predominante. Montanhas na Lua significavam que o astro não era uma esfera brilhante e perfeita, como apregoava o ensino aristotélico. Manchas no Sol significavam que ele não era um corpo celeste perfeito. E como Júpiter e suas luas lembravam um pequeno sistema planetário, com quatro pequenas luas orbitando em torno de um planeta maior, ficou claro que nem todos os corpos celestes giravam somente em torno da Terra. Além disso, essas luas permaneciam na órbita de Júpiter enquanto ele se movia pelo céu. Na época, um dos argumentos contra a heliocentricidade era que, se a Terra orbitasse mesmo o Sol, deixaria a Lua para trás. Mas Júpiter e suas luas demonstravam que esse raciocínio devia ser falso.

Isso não significa que Galileu fosse ateu ou irreligioso. Era um bom católico e acreditava estar revelando a obra gloriosa de Deus como realmente era, em vez de confiar nos ensinamentos recebidos de Aristóteles e seus intérpretes escolásticos posteriores. A Igreja Católica, no entanto, não via a coisa dessa forma e condenou como heresia os escritos de Galileu. Levado a um tribunal da Inquisição em 1633, ordenaram-lhe que se retratasse, o que ele fez. Foi condenado então à prisão perpétua, punição imediatamente comutada para prisão domiciliar permanente em uma propriedade que tinha em Arcetri, nas colinas de Florença. Ele estava ansioso para rever sua amada filha Maria Celeste, mas, logo após seu retorno, ela adoeceu e morreu, com apenas 33 anos. Galileu ficou desolado e durante algum tempo perdeu todo o interesse no trabalho e na vida.

Passou os anos restantes em prisão domiciliar, um velho que perdia a visão e corria contra o tempo. De alguma forma, dois anos após a morte da filha, ele encontrou forças para resumir suas investigações inéditas, de décadas anteriores, sobre movimento. O livro resultante, *Discursos e demonstrações matemáticas referentes a duas novas ciências*, foi o ponto culminante do trabalho de sua vida e a primeira obra-prima da física moderna. Ele escreveu o livro em italiano, não em latim, para que pudesse ser compreendido por qualquer pessoa, e deu um jeito de contrabandeá-lo para a Holanda, onde foi publicado em 1638. Suas ideias radicais ajudaram a gerar a revolução científica e levaram a humanidade à iminência de descobrir o segredo do universo: o grande livro da natureza está escrito em cálculo.

CAIR, ROLAR E A LEI DOS NÚMEROS ÍMPARES

Galileu foi o primeiro praticante do método científico. Em vez de citar autoridades ou filosofar em uma poltrona, ele interrogava a natureza mediante meticulosas observações, experiências engenhosas e elegantes modelos matemáticos. Sua abordagem o levou a muitas descobertas notáveis. Uma das mais simples e mais surpreendentes foi esta: os números ímpares – 1, 3, 5, 7 e assim por diante – estão ocultos no modo como as coisas caem.

Antes de Galileu, Aristóteles havia afirmado que objetos pesados caíam por estarem procurando seu lugar natural no centro do cosmos. Galileu achou que eram palavras vazias. Em vez de especular *por que* as coisas caíam, ele decidiu quantificar *como* caíam. Para isso, precisava encontrar uma forma de medir a queda dos corpos ao longo de sua descida e rastrear onde estavam momento a momento.

Não foi fácil. Qualquer um que tenha deixado cair uma pedra do alto de uma ponte sabe que ela cai velozmente. Para acompanhar uma pedra caindo a cada momento em sua rápida descida, seria necessário um relógio muito preciso, um tipo ainda não disponível na época de Galileu, além de várias câmeras de vídeo de ótima qualidade, também não disponíveis no início da década de 1600.

Galileu encontrou uma solução brilhante: diminuiu a velocidade da queda. Em vez de largar a pedra do alto de uma ponte, ele a fez rolar lentamente por uma rampa. No jargão da física, esse tipo de rampa é conhecido como plano inclinado. Nas experiências originais de Galileu, era uma tábua longa e estreita, com um sulco entalhado ao longo do comprimento para balizar o deslocamento da bola. Ao reduzir a inclinação da rampa até deixá-la quase na horizontal, ele podia refrear a descida da bola tanto quanto quisesse, o que lhe permitia registrar onde estava a bola a cada momento, com os instrumentos disponíveis na época.

Para calcular a duração da descida, Galileu usou um relógio de água. Funcionava como um cronômetro. Para acionar o relógio, ele abria uma válvula, que liberava a água, que passava por um fino tubo a um ritmo constante e caía em um recipiente. Para parar o relógio, ele fechava a válvula. Pesando quanta água havia se acumulado durante a descida da bola, Galileu podia quantificar – "até um décimo de um batimento cardíaco" – quanto tempo havia decorrido desde a abertura da válvula.

Ele repetiu a experiência muitas vezes, ora variando a inclinação da rampa, ora modificando a distância percorrida pela bola. O que descobriu, segundo suas próprias palavras, foi o seguinte: "As distâncias percorridas durante intervalos iguais de tempo por um corpo que cai, a partir da posição de repouso, mantêm entre si a mesma proporção dos números ímpares que se sucedem a partir da unidade."

Para explicar mais claramente essa lei dos números ímpares, vamos supor que a bola role a determinada distância na primeira unidade de tempo. Na segunda unidade de tempo, ela rolará uma distância *três vezes* maior. Na unidade seguinte, rolará uma distância *cinco vezes* maior que na primeira unidade de tempo. É incrível: os números ímpares 1, 3, 5... e assim por diante são de alguma forma inerentes ao modo como os objetos rolam por uma ladeira. E como a queda é o limite do rolamento em uma inclinação que se aproxima da vertical, a mesma regra valerá para a queda.

Podemos imaginar como Galileu deve ter se sentido feliz ao descobrir essa regra. Mas repare como ele a explicou: com palavras, números e proporções, não com letras, fórmulas e equações. Nossa atual preferência pela álgebra sobre a linguagem falada pareceria inovadora na época, um modo de falar ou pensar *avant-garde* e sofisticado. Não seria a forma de Galileu se expressar e, se fosse, seus leitores não o entenderiam.

Para compreendermos a implicação mais importante da regra de Galileu, vejamos o que acontece se somarmos números ímpares consecutivos. Após uma unidade de tempo, a bola percorreu uma unidade de distância. Após a unidade de tempo seguinte, a bola percorreu mais três unidades de distância, totalizando 1 + 3 = 4 unidades percorridas desde o início do movimento. Após a terceira unidade de tempo, o total é 1 + 3 + 5 = 9 unidades de distância. Observe o padrão: os números 1, 4 e 9 são os quadrados de números inteiros consecutivos: $1^2 = 1$, $2^2 = 4$, $3^2 = 9$. Portanto, a regra dos números ímpares de Galileu parece sugerir que a distância total da queda é proporcional ao quadrado do tempo decorrido.

O charmoso relacionamento entre números ímpares e quadrados pode ser provado visualmente. Pense nos números ímpares como grupos de pontos em forma de L:

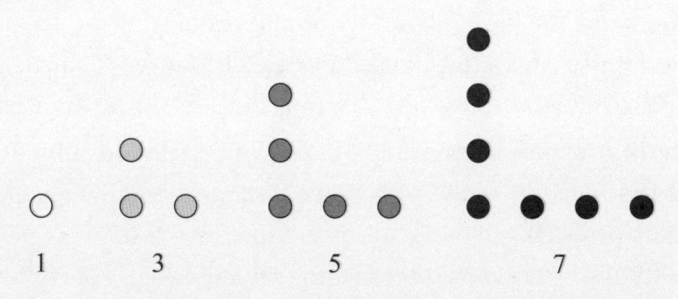

Então os posicione de modo a formar um quadrado. Por exemplo: 1 + 3 + 5 + 7 = 16 = 4 × 4, pois podemos agrupar os quatro primeiros números ímpares formando um quadrado de 4 por 4.

● ● ● ○
● ● ● ○
● ● ● ●
● ● ● ●

Juntamente com sua lei sobre a distância percorrida por um corpo em queda, Galileu também descobriu uma lei para sua velocidade. Como ele disse, a velocidade aumenta proporcionalmente ao tempo da queda. Vale notar que ele estava se referindo à velocidade do corpo em um instante – conceito aparentemente paradoxal. Em *Duas novas ciências*, ele se esforçou para explicar que, quando um corpo cai a partir do repouso, não pula repentinamente da velocidade zero para uma velocidade mais alta, como pensavam seus contemporâneos. Ele passa suavemente por todas as velocidades intermediárias – infinitamente numerosas – em um período finito de tempo, começando do zero e ganhando velocidade continuamente à medida que cai.

Assim, em sua lei dos corpos em queda, Galileu pensava na *velocidade instantânea*, conceito de cálculo diferencial que examinaremos no capítulo 6. Na época, não conseguiu precisá-la, mas sabia intuitivamente o que significava.

A ARTE DO MINIMALISMO CIENTÍFICO

Antes de deixarmos para trás as experiências de Galileu com planos inclinados, vale destacar a arte que as envolve. Ele induziu a natureza a uma bela resposta fazendo uma bela pergunta. Como um pintor expressionista abstrato, destacou o que lhe interessava e ignorou o restante.

Ao descrever seu aparato, por exemplo, ele diz que fez o "sulco muito reto, liso e polido" e rolou "ao longo do sulco uma bola de bronze dura, lisa e muito redonda". Por que Galileu estava tão preocupado com a lisura, a retidão, a dureza e a esfericidade? Porque queria que a bola rolasse nas condições mais simples e ideais que ele pudesse garantir. E fez todo o possível para reduzir possíveis complicações provocadas pelo atrito, por colisões da bola com as laterais do sulco (que poderiam ocorrer, caso este não estivesse bem reto), pela possível suavidade da bola (que poderia acarretar uma perda de energia se esta se deformasse demais) ou por qualquer outro fator que pudesse ocasionar desvios da situação ideal. Foram as escolhas estéticas corretas. Simples. Elegantes. E mínimas.

Comparemos com Aristóteles, que, desencaminhado por complicações, errou na lei da queda dos corpos. Ele afirmou que corpos pesados caíam mais rápido que os leves, com velocidades proporcionais ao peso. Isso ocorre com partículas minúsculas afundando em um meio espesso e viscoso, como melaço ou mel, mas não com balas de canhão ou de mosquete atravessando o ar. Aristóteles parece ter se preocupado tanto com as forças de arrasto produzidas pela resistência do ar (reconhecidamente importantes em relação à queda de penas, folhas, flocos de neve e outros objetos leves, que também oferecem uma quantidade incomum de área superficial para a pressão contrária do ar) que se esqueceu de testar sua teoria em objetos como pedras, tijolos e sapatos, coisas compactas e pesadas. Em outras palavras, concentrou-se demais no ruído (resistência do ar) e não o bastante no sinal (inércia e gravidade).

Galileu não se deixou distrair. Sabia que a resistência e a fricção do ar eram inevitáveis no mundo real – e o foram em suas experiências –, mas não decisivas. Antecipando-se às críticas de que as havia ignorado em sua análise, reconheceu que uma bala de mosquete não cai tão velozmente quanto uma bala de canhão. No entanto, observou que o erro envolvido é muito, muito menor que aquele produzido pela teoria de Aristóteles. No diálogo de *Duas novas ciências*, o alter ego de Galileu pede ao seu simplório questionador aristotélico que não "desvie a discussão de seu objetivo maior para se prender a alguma afirmativa minha que apresente um erro infinitesimal; e, sob esse erro infinitesimal, esconda um erro cometido por outra pessoa, tão grande quanto um cabo de navio".

Essa é a questão. Na ciência, cometer um erro infinitesimal é aceitável. Cometer um erro grande como um cabo de navio não é.

Galileu estudou em seguida o movimento de projéteis, como o voo de uma bala de mosquete ou uma bala de canhão. Que tipo de arco formam? Ocorreu-lhe então a ideia de que o movimento de um projétil era composto de dois tipos de movimento, que poderiam ser tratados de modo distinto: um movimento horizontal, paralelo ao chão e não influenciado pela gravidade; e um movimento vertical, para cima ou para baixo, sobre o qual a gravidade atuava e sua lei dos corpos em queda se aplicava. Juntando os dois tipos, ele descobriu que os projéteis seguem caminhos parabólicos. Você os vê sempre que joga um objeto para alguém ou toma água em um bebedouro.

Essa descoberta, que revelou outra conexão impressionante entre natureza e matemática, é mais uma pista de que o livro da natureza está escrito em linguagem matemática. Galileu ficou entusiasmado ao descobrir que a parábola, uma curva abstrata estudada por seu herói Arquimedes, existia no mundo real. A natureza usava geometria.

Para chegar a essa constatação, porém, Galileu novamente precisava saber o que desprezar. E, como antes, teve de ignorar a resistência do ar – o efeito de arrasto enquanto o projétil se move pelo ar e reduz sua velocidade. Para alguns tipos de projéteis (como uma pedra arremessada), o atrito é insignificante comparado à gravidade; para outros (como uma bola de praia ou de pingue-pongue), não é. Todas as formas de atrito, incluindo o arrasto causado pela resistência do ar, são sutis e difíceis de estudar. Até hoje, o atrito permanece misterioso e é um tópico de pesquisa ativa.

Para obter a parábola simples, Galileu precisava presumir que o movimento horizontal continuaria para sempre e nunca diminuiria a velocidade. O que era um exemplo de sua lei de inércia, segundo a qual um corpo em movimento permanece em movimento na mesma velocidade e na mesma direção, a menos que sofra a ação de uma força externa. No caso de um projétil real, a resistência do ar seria uma força externa. Mas para Galileu seria melhor ignorá-la, se quisesse captar a essência e a beleza do movimento das coisas.

DO BALANÇO DE UM CANDELABRO AO SISTEMA DE POSICIONAMENTO GLOBAL

Diz a lenda que Galileu fez sua primeira descoberta científica quando era estudante de medicina. Certo dia, enquanto assistia a uma missa na Catedral de Pisa, ele notou um candelabro que balançava ao sabor de correntes de ar. Galileu observou que o objeto levava sempre o mesmo tempo para completar suas oscilações, fosse o arco descrito grande ou pequeno. Ficou surpreso. Como poderiam arcos de tamanhos diferentes levarem o mesmo tempo para serem percorridos? Quanto mais pensava, porém, mais a coisa fazia sentido. Quando o arco era maior, o lustre se movia mais rápido.

Quando era menor, movia-se mais devagar. Talvez os efeitos se equilibrassem. Para testar a ideia, Galileu cronometrou o movimento do candelabro comparando-o à própria pulsação. Cada balanço, de fato, durava o mesmo número de batimentos cardíacos.

A lenda é maravilhosa e eu gostaria de acreditar nela, mas muitos historiadores duvidam que seja verdadeira. Chegou a nós por intermédio do primeiro e mais devotado biógrafo de Galileu, Vincenzo Viviani. Quando jovem, próximo ao final da vida do cientista, Viviani foi seu assistente e discípulo. Na época, Galileu já estava completamente cego e vivendo em prisão domiciliar. Sabe-se hoje que, com sua compreensível reverência ao velho mestre, Viviani embelezou algumas histórias ao escrever a biografia póstuma de Galileu.

Ainda que a história seja apócrifa (e pode não ser!), sabemos com certeza que Galileu realizava experiências com pêndulos já em 1602 e que escreveu sobre elas em 1638, em *Duas novas ciências*. Nesse livro, estruturado como um diálogo socrático, um dos personagens parece estar na catedral com o jovem estudante sonhador: "Já observei vibrações milhares de vezes, principalmente em igrejas, onde candeias suspensas por longas cordas foram inadvertidamente postas em movimento." O restante do diálogo aborda a alegação de que um pêndulo leva o mesmo tempo para percorrer arcos de tamanhos diferentes. Portanto, sabemos que Galileu estava totalmente familiarizado com o fenômeno descrito na história de Viviani. Se ele de fato descobriu o fenômeno quando ainda era adolescente, é uma incógnita.

De qualquer forma, a proposição de que o balanço de um pêndulo dura sempre o mesmo tempo não é exatamente verdadeira. Arcos mais longos tardam mais um pouco. Porém, se o arco for pequeno o suficiente – menor que 20 graus, digamos –, a proposição é quase verdade. Essa invariância de tempo em pequenas oscilações, conhecida hoje como *isocronismo* (das palavras gregas para "tempo igual") do pêndulo, constitui a base teórica para metrônomos e relógios de pêndulo – desde aqueles comuns, do vovô, até o Big Ben, em Londres. O próprio Galileu, em seu último ano de vida, projetou o primeiro relógio de pêndulo do mundo, mas morreu antes que pudesse ser montado. O primeiro relógio de pêndulo funcional surgiu 15 anos depois, inventado pelo matemático e físico holandês Christiaan Huygens.

Galileu ficou particularmente intrigado – e frustrado – por um fato curioso que descobriu sobre os pêndulos: a elegante relação entre seu comprimento e seu período (o tempo de uma oscilação completa, para a frente e para trás). Ele explicou: "Se alguém deseja fazer com que o tempo de vibração de um pêndulo seja o dobro do outro, deve fazer sua suspensão quatro vezes mais longa." Usando a linguagem das proporções, ele declarou a regra geral. "Para corpos suspensos por fios de diferentes comprimentos", escreveu ele, "os comprimentos estão um para o outro como os quadrados dos tempos." Infelizmente, Galileu jamais conseguiu derivar essa regra matematicamente. Tratava-se de um padrão empírico que clamava por uma explicação teórica. Ele trabalhou durante anos nisso, mas não conseguiu. Em retrospecto, era impossível que o fizesse. A explicação exigia um tipo de matemática que estava além do que ele ou seus contemporâneos conheciam. A derivação teria de esperar Isaac Newton e sua descoberta da língua falada por Deus, a linguagem das equações diferenciais.

Galileu admitiu que o estudo dos pêndulos "pode parecer para muitos excessivamente árido", embora fosse tudo menos árido, como demonstraram trabalhos posteriores. Em matemática, os pêndulos estimularam o desenvolvimento do cálculo pelos enigmas que propunham. Em física e engenharia, tornaram-se paradigmas de oscilação. Como o poema de William Blake que fala sobre ver o mundo em um grão de areia, físicos e engenheiros aprenderam a ver o mundo no balanço de um pêndulo. A mesma matemática se aplicava onde quer que oscilações ocorressem. Os tremores preocupantes de uma passarela, o chacoalhar de um carro com amortecedores gastos, o sacolejar de uma lavadora com carga desequilibrada, o matraquear de persianas em uma brisa suave, o estrondo da terra depois de um terremoto, o zumbido de 60 ciclos de lâmpadas fluorescentes – todas as áreas da ciência e da tecnologia têm hoje sua própria versão de movimentos para a frente e para trás, de retorno rítmico. O pêndulo é o avô de todos eles e seus padrões são universais. Árido não é a palavra certa para definir seu estudo.

Em alguns casos, as conexões entre pêndulos e outros fenômenos são tão exatas que as mesmas equações podem ser recicladas sem alterações. Somente os símbolos precisam ser reinterpretados; a sintaxe permanece a mesma. É como se a natureza voltasse repetidamente ao mesmo motivo, uma repetição pendular de um tema pendular. As equações para a oscilação de um pêndulo, por exemplo, são transferidas sem alterações para a rotação de geradores de eletricidade que produzem corrente alternada e a enviam para nossas casas e escritórios. Em homenagem a esse pedigree, os engenheiros elétricos se referem às suas equações para geradores como equações de oscilação.

As mesmas equações surgem nas oscilações quânticas de um dispositivo de alta tecnologia bilhões de vezes mais rápido e milhões de vezes menor que qualquer gerador ou relógio de ponto. Em 1962, Brian Josephson, então um estudante de 22 anos da Universidade de Cambridge, previu que, em temperaturas próximas ao zero absoluto, pares de elétrons supercondutores poderiam atravessar uma impenetrável barreira isolante – afirmação sem sentido à luz da física clássica. No entanto, o cálculo e a mecânica quântica deram vida a essas oscilações pendulares – ou, para ser menos místico, revelaram a possibilidade de sua ocorrência. Dois anos após Josephson ter previsto as oscilações fantasmagóricas, as condições necessárias para invocá-las foram estabelecidas no próprio laboratório da universidade e, de fato, elas existiam. O dispositivo resultante hoje é chamado de junção Josephson. Seus usos práticos são muitos, como, por exemplo, detectar campos magnéticos 100 bilhões de vezes mais fracos que os da Terra, o que ajuda os geofísicos a procurar petróleo no subsolo. Os neurocirurgiões usam conjuntos com centenas de junções Josephson para identificar locais com tumores cerebrais, assim como lesões causadoras de convulsões em pacientes com epilepsia. Ao contrário da cirurgia exploratória, os procedimentos não são invasivos, trabalham mapeando as variações sutis no campo magnético produzidas por circuitos elétricos anormais no cérebro. As junções Josephson poderão também, em tese, estabelecer uma base para a fabricação de chips extremamente rápidos para a próxima geração de computadores – e até desempenhar um papel importante na computação quântica, revolucionando a ciência da computação se algum dia ela se tornar realidade.

Os pêndulos também proporcionaram à humanidade a primeira forma de marcar o tempo com exatidão. Até o advento dos relógios de pêndulo, os melhores relógios eram lamentáveis. Perdiam ou ganhavam 15 minutos por dia, mesmo em condições ideais. Os relógios de pêndulo, 100 vezes mais precisos, ofereceram a primeira esperança real de resolver o maior desafio tecnológico da época de Galileu: encontrar um modo de determinar a longitude no mar. Ao contrário da latitude, que pode ser verificada olhando o Sol ou as estrelas, a longitude não tem contrapartida no ambiente físico. É uma ideia artificial e arbitrária. Mas o problema de medi-la era real. Na era das grandes explorações, os marinheiros que percorriam os oceanos para guerrear ou fazer trocas comerciais muitas vezes perdiam o rumo, ou encalhavam, por conta da confusão a respeito de onde estavam. Os governos de Portugal, Espanha, Inglaterra e

Holanda ofereciam grandes recompensas a quem resolvesse o problema da longitude. Era um desafio que suscitava as maiores preocupações.

Em seu último ano de vida, enquanto tentava criar um relógio de pêndulo, era isso que Galileu tinha em mente. Ele sabia – os cientistas sabiam desde os anos 1500 – que o problema da longitude poderia ser resolvido com um relógio muito preciso. Um navegador poderia acertar o relógio em seu porto de partida e levar o horário local para o mar. Para determinar a longitude do navio enquanto avançava para leste ou oeste, o navegador simplesmente consultaria o relógio no momento exato do meio-dia local, quando o sol estaria mais alto no céu. Como a Terra gira 360 graus de longitude em um dia de 24 horas, cada hora de discrepância entre a hora local e a hora da partida corresponderia a 15 graus de longitude. Em termos de distância, 15 graus equivalem a 1.600 quilômetros na linha do equador. Assim, para esse esquema ter alguma probabilidade de orientar um navio até seu destino com uma margem de erro tolerável – alguns quilômetros, digamos –, o relógio não poderia apresentar uma variação maior que alguns segundos por dia. E teria de manter essa precisão inabalável em meio a mares agitados e violentas variações de pressão atmosférica, temperatura, salinidade e umidade, fatores que poderiam enferrujar suas engrenagens, esticar suas molas ou espessar seus lubrificantes, atrasando, adiantando ou interrompendo a medição do tempo.

Galileu morreu antes que pudesse construir um relógio que resolvesse o problema da longitude. Em 1656, Christiaan Huygens apresentou seus relógios de pêndulo para a Royal Society, de Londres, como uma possível solução, mas foram considerados insatisfatórios por serem sensíveis demais às perturbações ambientais. Mais tarde, Huygens inventou um cronômetro marítimo cujas oscilações nos batimentos eram reguladas por uma roda de balanço e uma mola espiral, em vez de um pêndulo, um projeto inovador que abriu caminho para os relógios de bolso e de pulso modernos. No final, o problema da longitude foi resolvido por um novo tipo de relógio, desenvolvido em meados da década de 1700 por John Harrison, um inglês sem instrução formal. Ao ser testado no mar, na década de 1760, seu cronômetro H4 mediu a longitude com uma precisão de 16 quilômetros, o suficiente para ganhar o prêmio de 20 mil libras (equivalente a alguns milhões de dólares hoje) concedido pelo Parlamento britânico.

Em nossa época, o desafio de navegar no planeta ainda depende de uma precisa medição do tempo. Consideremos o sistema de posicionamento global. Assim como os relógios mecânicos eram a chave para o problema da longitude, os relógios atômicos são a chave para identificar a localização de qualquer coisa na Terra com precisão de alguns metros. Um relógio atômico é uma versão moderna do relógio pendular de Galileu. Como seu antepassado, o instrumento mede o tempo contando oscilações, mas, em vez de rastrear os movimentos de um pêndulo balançando para a frente e para trás, um relógio atômico conta as oscilações de átomos de césio que se alternam entre dois estados de energia, o que fazem 9.192.631.770 vezes por segundo. Embora o mecanismo seja diferente, o princípio é o mesmo: medir o tempo por meio de um movimento repetitivo.

E o tempo pode determinar uma localização. Quando você usa o GPS no celular ou na estrada, o dispositivo recebe sinais de pelo menos quatro dos 24 satélites do sistema de posicionamento global que orbitam o planeta cerca de 20 mil quilômetros acima de nós. Cada satélite carrega quatro relógios atômicos que são sincronizados a um bilionésimo de segundo um do outro. Os vários satélites visíveis para o seu receptor enviam ao aparelho um fluxo contínuo de sinais que medem o tempo em nanossegundos. Essa tremenda exatidão temporal é então convertida na tremenda exatidão espacial que esperamos do GPS.

O cálculo baseia-se na triangulação, antiga técnica de geolocalização baseada na geometria. No GPS, funciona da seguinte forma: quando os sinais de quatro satélites chegam ao seu receptor, o dispositivo GPS compara a hora em que foram recebidos com a hora em que foram transmitidos. Os quatro sinais são ligeiramente diferentes, pois os satélites estão a quatro distâncias diferentes de você. Seu dispositivo GPS multiplica essas quatro pequenas diferenças de tempo pela velocidade da luz para calcular a que distância você está dos quatro satélites acima. Como as posições dos satélites são conhecidas e controladas com extrema precisão, seu receptor GPS pode triangular essas quatro distâncias para determinar onde você se encontra na superfície terrestre. E também pode descobrir sua elevação e velocidade. Em essência, o GPS converte medições muito precisas de tempo em medições muito precisas de distância e, assim, em medições muito precisas de localização e movimentação.

O sistema de posicionamento global foi desenvolvido durante a Guerra Fria, pelos militares dos Estados Unidos. A intenção original era acompanhar os submarinos americanos carregados com mísseis nucleares, de modo a obter dados precisos sobre suas posições. Assim, caso decidissem iniciar um ataque nuclear, os militares americanos poderiam direcionar seus mísseis balísticos intercontinentais com bastante exatidão. Atualmente, as aplicações do GPS em tempos de paz incluem agricultura de precisão, aterrissagem cega de aviões em neblina pesada e sistemas de socorro aprimorados, que automaticamente calculam as rotas mais rápidas para ambulâncias e caminhões de bombeiros.

Mas o GPS é mais que um sistema de localização e orientação. O sistema permite uma sincronização de tempo da ordem de 100 nanossegundos, algo muito útil para coordenar transferências bancárias e outras transações financeiras. Também mantém as redes de telefones e dados sem fio sincronizadas, permitindo que compartilhem as frequências do espectro eletromagnético com mais eficiência.

Entrei em tantos detalhes porque o GPS é um excelente exemplo da utilidade oculta do cálculo, que quase sempre opera silenciosamente nos bastidores do nosso cotidiano. No caso do GPS, quase todos os aspectos do funcionamento do sistema dependem de cálculo. Pense na comunicação sem fio entre satélites e receptores. Mediante o trabalho de Maxwell, que discutimos anteriormente, o cálculo previu as ondas eletromagnéticas que tornam possível a conexão sem fio. O cálculo também sustenta as equações da mecânica quântica que, nos relógios atômicos dos satélites GPS, utilizam as vibrações dos átomos de césio. Sem o cálculo, não haveria relógios atômicos. Eu poderia prosseguir dizendo que o cálculo está subjacente aos métodos matemáticos para calcular as trajetórias dos satélites e controlar suas localizações, e para incorporar as correções relativísticas de Einstein ao tempo medido pelos relógios atômicos enquanto estes se movem em alta velocidade em campos gravitacionais fracos, mas espero que o ponto principal já esteja claro. O cálculo permitiu a criação de grande parte do que tornou possível o sistema de posicionamento global. Não o fez por si só, é claro. Foi um coadjuvante, mas de suma importância. Juntamente com a engenharia elétrica, a física quântica, a engenharia aeroespacial e todo o resto, o cálculo desempenhou um papel indispensável.

Voltemos então ao jovem Galileu, sentado na Catedral de Pisa, ponderando sobre um lustre que balançava para a frente e para trás. Agora podemos perceber que seus pensamentos ociosos sobre os pêndulos e os tempos iguais de suas oscilações tiveram um impacto enorme no curso da civilização, não apenas em sua própria época mas na nossa.

KEPLER E O MISTÉRIO DO MOVIMENTO PLANETÁRIO

O que Galileu fez pelo movimento dos objetos na Terra, Johannes Kepler fez pelo movimento dos planetas no céu. Ele solucionou o antigo enigma do movimento planetário e realizou o sonho pitagórico, demonstrando que o Sistema Solar era governado por uma espécie de harmonia celestial. Como Pitágoras, com suas cordas dedilhadas, e Galileu, com seus pêndulos, projéteis e corpos em queda, Kepler descobriu que os movimentos planetários seguem padrões matemáticos. E, como Galileu, ficou encantado com os padrões que vislumbrou, mas também frustrado por não poder explicá-los.

Assim como Galileu, Kepler nasceu em uma família empobrecida. Mas suas circunstâncias eram muito piores. Seu pai era um soldado mercenário beberrão e "com tendências criminais", como o próprio Kepler lembrou; e sua mãe era (talvez compreensivelmente) uma mulher "mal-humorada". Além disso, Kepler contraiu varíola quando criança e quase morreu. Não fosse o bastante, a doença também danificou de modo permanente suas mãos e visão, impedindo que, quando adulto, realizasse atividades que demandassem grande vigor físico.

Por sorte, ele era brilhante. Ainda adolescente, aprendeu matemática e astronomia copernicana em Tübingen, onde perceberam que ele tinha "uma mente tão superior e magnífica que dele se pode esperar algo especial". Após fazer seu mestrado, em 1591, Kepler estudou Teologia em Tübingen, com o objetivo de se tornar um ministro luterano. Mas um professor de matemática da escola luterana de Graz morreu e as autoridades eclesiásticas começaram a procurar um substituto. Acabaram escolhendo Kepler, que relutantemente desistiu da ideia de se tornar um clérigo.

Atualmente, todos os estudantes de física e astronomia aprendem sobre as três leis de movimento planetário formuladas por Kepler. O que geralmente se deixa de fora é a história de sua luta agonizante, quase fanática, para descobrir essas leis. Ele passou décadas trabalhando, buscando regularidades, impulsionado pelo misticismo e por sua crença de que deveria haver alguma ordem divina nas posições noturnas de Mercúrio, Vênus, Marte, Júpiter e Saturno.

Um ano após sua chegada a Graz, um segredo do cosmos lhe foi revelado, segundo ele acreditava. Certo dia, enquanto dava uma aula, ele teve uma súbita visão de como os planetas deviam estar posicionados ao redor do Sol. A ideia era que os planetas eram movidos por esferas celestes aninhadas umas dentro das outras, como bonecas russas, com as distâncias entre elas ditadas pelos cinco sólidos platônicos: cubo, tetraedro, octaedro, icosaedro e dodecaedro. Platão sabia, e Euclides provara, que nenhuma outra forma tridimensional poderia ser construída a partir de polígonos regulares idênticos. Para Kepler, sua singularidade e simetria pareciam adequadas para a eternidade.

Ele realizou seus cálculos intensamente. "Dia e noite fui consumido pelos cálculos, tentando verificar se essa ideia concordaria com as órbitas copernicanas ou se minha alegria seria levada pelo vento. No espaço de alguns dias, tudo funcionou e observei um corpo após outro se encaixar precisamente em seu lugar entre os planetas."

Ele circunscreveu um octaedro sobre a esfera celeste de Mercúrio e colocou a esfera de Vênus ao redor de seus cantos. Depois circunscreveu um icosaedro sobre a esfera de Vênus e colocou a esfera da Terra ao redor de seus cantos. Procedeu da mesma forma com os demais planetas, entrelaçando as esferas celestes e os sólidos platônicos como um quebra-cabeça tridimensional. Ele ilustrou o sistema resultante em uma imagem de seu livro *Mistério cósmico*, de 1596.

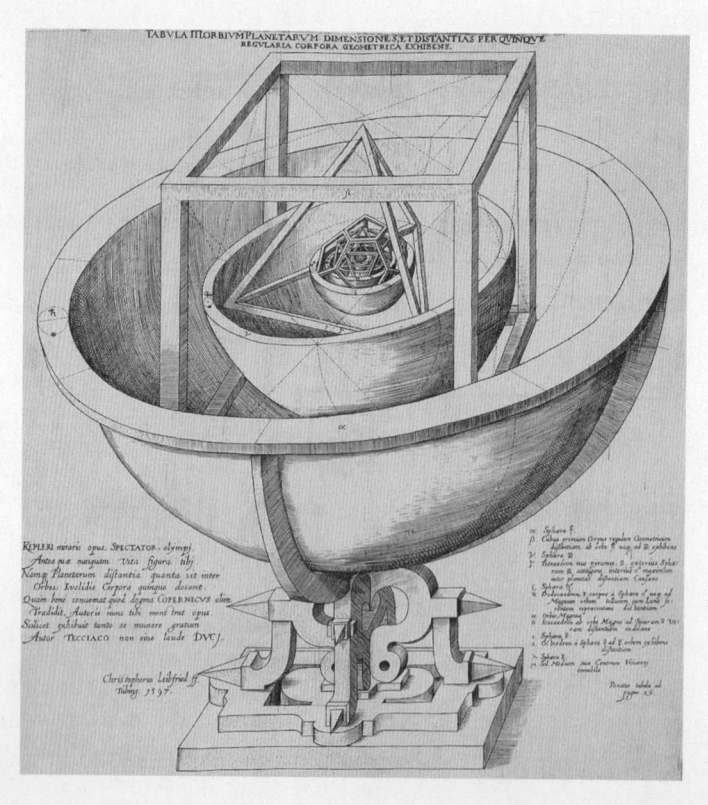

Sua epifania explicava tudo. Assim como havia apenas cinco sólidos platônicos, havia apenas seis planetas (incluindo a Terra) e, portanto, cinco lacunas entre eles. Tudo fazia sentido. A geometria governava o cosmos. Como ele queria se tornar teólogo, escreveu com satisfação a um de seus mentores: "Veja como, por meio do meu esforço, Deus está sendo celebrado na astronomia."

Na verdade, a teoria não combinava com os dados, principalmente no que dizia respeito às posições de Mercúrio e Júpiter. Tal incompatibilidade significava que algo estava errado, mas o que seria – sua teoria, os dados ou ambos? Kepler desconfiou que os dados estavam errados e não insistiu na correção da teoria (atitude sensata, vista em retrospecto, já que ela não tinha nenhuma chance de sucesso; como sabemos hoje, existem mais de seis planetas).

No entanto, ele não desistiu. Continuou a refletir sobre os planetas e logo teve uma boa oportunidade quando Tycho Brahe lhe pediu para ser seu assistente. Tycho (como os historiadores sempre o chamam) era o melhor observador de corpos celestes do mundo. Seus dados eram 10 vezes mais precisos que os obtidos anteriormente. Nos dias anteriores à invenção do telescópio, ele havia criado instrumentos especiais que lhe permitiam, a olho nu, determinar as posições angulares dos planetas em dois minutos de arco – que equivalem a ¹⁄₃₀ de grau.

Para ter uma noção desse ângulo minúsculo, imagine-se olhando para a lua cheia em uma noite clara enquanto mantém o dedo mindinho em frente ao rosto. Seu dedo mindinho tem cerca de 60 minutos de arco e a lua, metade disso. Então, quando dizemos que Tycho podia determinar dois minutos de arco, isso significa que se você desenhasse 30 pontos uniformemente espaçados na largura do seu dedo mindinho (ou 15 na lua), Tycho conseguiria ver a diferença entre um ponto e o ponto seguinte.

Após a morte de Tycho, em 1601, Kepler herdou seu tesouro de dados acerca de Marte e dos outros planetas, cujos movimentos tentava explicar com uma teoria após outra. Ora conjeturava que os planetas se moviam em epiciclos, com diversas órbitas ovais, ora que se deslocavam em círculos excêntricos, com o Sol ligeiramente fora de centro. Mas todas as teorias revelavam discrepâncias com os dados de Tycho, que não poderiam ser ignorados. "Caro leitor", lamentou ele após um desses cálculos, "se você já está cansado desse tedioso procedimento, tenha pena de mim, que o repeti pelo menos 70 vezes."

PRIMEIRA LEI DE KEPLER: ÓRBITAS ELÍPTICAS

Em seus esforços para explicar os movimentos planetários, Kepler por fim tentou a sorte com uma curva bem conhecida chamada elipse. Assim como a parábola de Galileu, as elipses haviam sido estudadas na Antiguidade. Como vimos no capítulo 2, os gregos antigos definiram as elipses como as curvas de forma oval formadas quando se corta um cone em ângulo raso, menos íngreme que a inclinação da superfície cônica. Se a inclinação do plano de corte for muito leve, a elipse resultante será quase circular. No outro extremo, se a inclinação do plano de corte for levemente menor que a inclinação da superfície cônica, a elipse será longa e fina, como o formato de um charuto. Se você ajustar a inclinação do plano, uma elipse poderá ser transformada de quase redonda em muito comprida ou em qualquer outra figura entre uma forma e outra.

Outro modo de definir uma elipse é em termos práticos e com a ajuda de alguns itens domésticos.

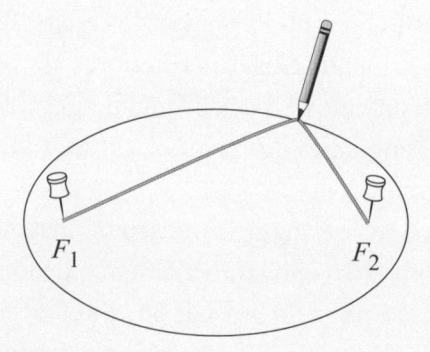

Pegue um lápis, uma placa de cortiça, uma folha de papel, duas tachinhas e um pedaço de barbante. Coloque o papel na placa de cortiça. Prenda as pontas do barbante no papel, deixando uma boa folga no barbante. Em seguida, puxe o barbante esticado com o lápis e comece a desenhar uma curva, mantendo o barbante esticado enquanto move o lápis. Depois que o lápis passa pelas duas tachinhas e retorna ao ponto inicial, a figura resultante é uma elipse.

Os locais das tachinhas desempenham um papel especial. Kepler os chamou de focos, ou pontos focais, da elipse. São tão significativos para uma elipse quanto é o centro para um círculo. Define-se um círculo como um conjunto de pontos cuja distância de um ponto dado (seu centro) é constante. Da mesma forma, uma elipse é um conjunto de pontos cuja distância combinada de *dois* pontos dados (seus focos) é constante. Na construção com barbante e tachinhas, essa distância combinada constante é precisamente o comprimento do barbante solto entre as tachinhas.

A primeira grande descoberta de Kepler – que dessa vez realmente acertou e não precisou revisar suas ideias – foi a de que todos os planetas se movem em órbitas elípticas. Não em círculos nem em círculos compostos com epiciclos circulares, como Aristóteles, Ptolomeu, Copérnico e até Galileu pensavam. Não. Elipses. Além disso, Kepler descobriu que o Sol estava sempre posicionado em um dos focos da órbita elíptica do planeta.

Foi uma descoberta assombrosa, exatamente o tipo de pista sagrada que Kepler esperava encontrar. Os planetas se moviam de acordo com a geometria. Não era a geometria dos cinco sólidos platônicos, como ele havia conjeturado, mas indicava que seus instintos estavam certos. A geometria dominava os céus.

SEGUNDA LEI DE KEPLER: ÁREAS IGUAIS EM TEMPOS IGUAIS

Kepler descobriu outra regularidade nos dados. Enquanto a primeira tratava das rotas dos planetas, essa tratava de suas velocidades. Conhecida hoje como segunda lei de Kepler, sua premissa é que uma linha imaginária traçada de um planeta para o Sol varre áreas iguais, em intervalos iguais de tempo, à medida que o planeta gira em sua órbita.

Para deixar mais claro o que essa lei significa, suponha que observemos onde Marte está posicionado esta noite em sua órbita elíptica. Então conecte esse ponto com o Sol em uma linha reta.

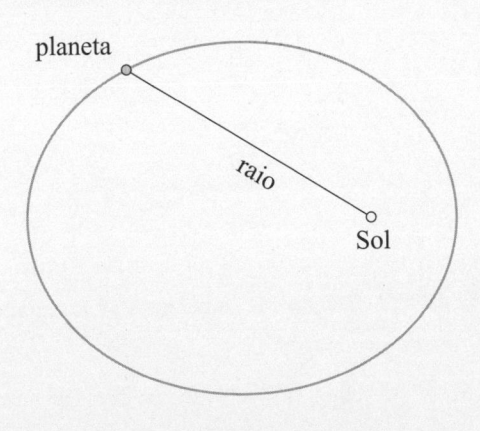

Agora pense nessa linha como a lâmina de um limpador de para-brisa, por exemplo, com o Sol no ponto de articulação e Marte na ponta do limpador. Só que esse limpador não se movimenta de um lado a outro, como um verdadeiro limpador de para-brisa; move-se apenas para um dos lados e muito, muito devagar. À medida que Marte avança em sua órbita nas noites subsequentes, o limpador se moverá junto com ele, varrendo assim uma área dentro da elipse. Se olharmos para Marte novamente algum tempo depois, digamos três semanas, o limpador lento terá varrido uma forma chamada setor.

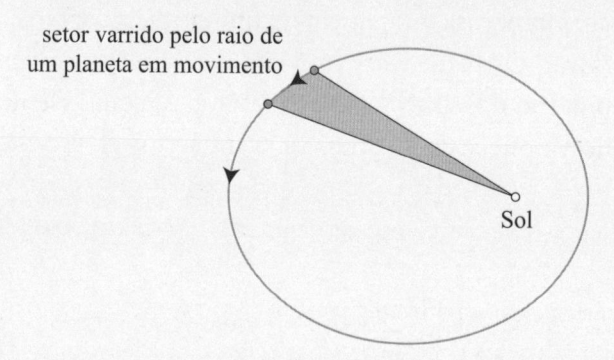

O que Kepler descobriu foi que a área de um setor de três semanas permanece sempre igual, não importando onde Marte esteja em sua órbita ao redor do Sol. E não há nada de especial em três semanas. Se observarmos quaisquer intervalos entre dois pontos na órbita de Marte, desde que separados por quantidades iguais de tempo, os setores resultantes terão sempre áreas iguais, não importa onde estejam situados na órbita.

Resumindo: a segunda lei estabelece que os planetas não se deslocam a uma velocidade constante. Quanto mais se aproximam do Sol, mais rápido se movem. O enunciado sobre áreas iguais em tempos iguais é um modo de precisar isso.

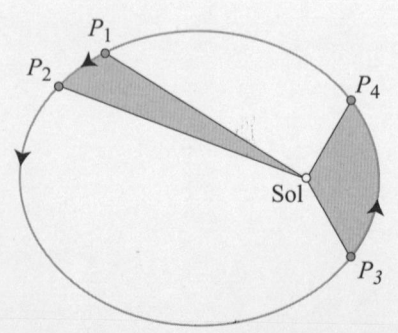

Se tempo ($P_1 \rightarrow P_2$) = tempo ($P_3 \rightarrow P_4$), seus setores têm áreas iguais.

Como Kepler mediu a área de um setor elíptico, que tinha um lado curvo? Ele fez o que Arquimedes teria feito: cortou o setor em vários pedaços finos e os aproximou de triângulos. Em seguida, calculou as áreas dos triângulos (fácil, porque todos os lados são retos), somou-as e as integrou, para estimar a área do setor original. Na verdade, ele usou uma versão arquimediana do cálculo integral e a aplicou a dados reais.

TERCEIRA LEI DE KEPLER E O FRENESI SAGRADO

As leis que discutimos até aqui – cada planeta se move em uma elipse com o Sol em um foco e cada planeta varre áreas iguais em tempos iguais – dizem respeito aos planetas individualmente. Kepler as descobriu em 1609. Mas para descobrir sua terceira lei, que inclui todos os planetas, precisou de mais 10 anos. Essa lei reúne todo o Sistema Solar em um mesmo padrão numerológico.

Ele a concebeu após meses de cálculos incessantes e mais de 20 anos após sua torturante falha com os sólidos platônicos. No prefácio de sua obra *As harmonias do mundo* (1619), extasiado, ele relata a sensação de ter finalmente descoberto um padrão no planejamento de Deus: "Agora, desde o amanhecer de oito meses atrás, desde o dia claro de três meses atrás e desde alguns dias atrás, quando um sol intenso iluminou minhas maravilhosas especulações, nada pode me segurar. Eu me entrego livremente ao frenesi sagrado."

O padrão numerológico que arrebatou Kepler foi a descoberta de que o quadrado do período de revolução de um planeta é proporcional ao cubo de sua distância média do Sol. Isto é, a proporção T^2/a^3 é a mesma para todos os planetas. Aqui, T mede o tempo que um planeta leva para girar uma vez em torno do Sol (um ano para a Terra, 1,9 ano para Marte, 11,9 anos para Júpiter e assim por diante), enquanto a mede a que distância o planeta está do Sol. Trata-se de um cálculo meio complicado, pois a distância muda de semana em semana à medida que um planeta se move em sua órbita elíptica; às vezes está mais perto do Sol e às vezes está mais longe. Para explicar esse efeito, Kepler definiu a como a média das distâncias de um mesmo planeta em relação ao Sol.

A essência da terceira lei é simples: quanto mais longe um planeta está do Sol, mais lentamente se move e mais tempo levará para concluir sua órbita. Essa lei tem um aspecto interessante e sutil: o período orbital não é simplesmente proporcional à distância orbital. Nosso vizinho mais próximo, Vênus, tem, por exemplo, um período que corresponde a 61,5% do nosso ano; mas sua distância média do Sol é de 72,3% da nossa (e não de 61,5%, como se poderia, ingenuamente, esperar). Isso porque o período ao quadrado é proporcional à distância ao cubo (não ao quadrado). Portanto, a relação entre período e distância é mais complicada que uma proporção direta.

Quando T e a são expressos como percentuais de anos da Terra e distâncias da Terra, como acima, a terceira lei de Kepler é simplificada para $T^2 = a^3$. Ou seja, torna-se uma equação em vez de uma mera proporcionalidade. Para vermos como isso funciona, vamos inserir os números de Vênus: $T^2 = (0{,}615)^2 \approx 0{,}378$, enquanto $a^3 = (0{,}723)^3 \approx 0{,}378$. Portanto, a lei é válida para três números significativos. E aplicada a outros planetas é igualmente impressionante. Foi o que deixou Kepler tão empolgado.

KEPLER E GALILEU, O MESMO E NÃO O MESMO

Kepler e Galileu jamais se encontraram, mas trocaram cartas a respeito de suas visões copernicanas e das descobertas que estavam fazendo na astronomia. Quando algumas pessoas se recusaram a olhar pelo telescópio de Galileu, temendo que o instrumento fosse obra do diabo, Galileu escreveu a Kepler em um tom de resignação divertida: "Meu querido Kepler, gostaria de poder rir da extraordinária estupidez da multidão. O que você diz sobre os filósofos mais destacados dessa universidade, que, com a obstinação de uma cobra empalhada, e apesar de milhares de convites meus, ainda se recusam a olhar para os planetas, para a Lua ou pelo meu telescópio?"

Em alguns aspectos, Kepler e Galileu eram semelhantes. Ambos eram fascinados pelo movimento. Os dois trabalhavam com cálculo integral. Kepler nos volumes de formas curvas, como barris de vinho, Galileu nos centros de gravidade dos paraboloides. Nessas atividades, eles incorporavam o espírito de Arquimedes, fatiando mentalmente objetos sólidos em finas lâminas, como se cortassem um salame.

Porém, em outros aspectos, eles se complementavam. De modo mais óbvio, em suas grandes contribuições científicas. Galileu com as leis de movimento na Terra; Kepler com as leis de movimento no Sistema Solar. Mas a complementaridade era mais profunda, alcançado o estilo científico. Onde Galileu era racional, Kepler era místico.

Galileu era descendente intelectual de Arquimedes, fascinado pela mecânica. Em sua primeira publicação, ele fez o primeiro relato plausível da lenda do "Eureca!", demonstrando como Arquimedes poderia ter usado uma balança e uma banheira para determinar que a coroa do rei Hierão não era feita de ouro puro e para calcular a quantidade precisa de prata que o ourives ladrão havia misturado. Galileu continuou a elaborar o trabalho de Arquimedes ao longo de sua carreira, muitas vezes estendendo sua mecânica do equilíbrio ao estudo do movimento.

Kepler, no entanto, pendia mais para o lado de Pitágoras. Ferozmente imaginativo e dono de uma mentalidade numerológica, via padrões por toda parte. Foi ele quem nos explicou pela primeira vez por que os flocos de neve criam formas com seis pontas. Também refletiu sobre o modo mais eficiente de embalar balas de canhão e adivinhou (corretamente) que o arranjo ideal de uma embalagem é o mesmo usado pela natureza para embalar sementes de romã e pelas mercearias para empilhar laranjas. A obsessão de Kepler pela geometria, sagrada e profana, beirava a irracionalidade. Mas seu fervor fez dele quem ele foi. Como o escritor Arthur Koestler observou com perspicácia: "Johannes Kepler se enamorou do sonho pitagórico e construiu, sobre esse alicerce de fantasia e por métodos de raciocínio igualmente instáveis, o sólido edifício da astronomia moderna. Trata-se de um dos episódios mais surpreendentes da história do pensamento e um antídoto para a crença piedosa de que o progresso da ciência é governado pela lógica."

NUVENS DE TEMPESTADE SE APROXIMAM

Como em todas as grandes descobertas, as leis do movimento planetário nos céus, formuladas por Kepler, e as leis da queda de corpos na Terra, formuladas por Galileu, levantaram muito mais perguntas do que responderam. Pelo lado científico, era natural fazer perguntas sobre as causas derradeiras. De onde vieram as leis? Uma verdade mais profunda estaria por trás delas? Parecia coincidência demais, por exemplo, que o Sol ocupasse posição tão especial em todas as elipses planetárias, sempre localizado em um foco. Isso significaria que o Sol afetava os planetas de alguma forma? Influenciava-os com algum tipo de força oculta? Kepler achava que sim. E perguntava a si mesmo se as emanações magnéticas, havia pouco tempo estudadas por William Gilbert na Inglaterra, poderiam atrair os planetas. Fosse o que fosse, uma força desconhecida e invisível parecia agir a grandes distâncias através do vazio do espaço.

As curvas levantavam questões sobre o movimento. A segunda lei de Kepler sugeria que os planetas se moviam sem uniformidade em torno de suas elipses, movendo-se às vezes mais devagar e às vezes mais rápido. Da mesma forma, os projéteis de Galileu se moviam a velocidades variadas em seus arcos parabólicos. Diminuíam de velocidade enquanto subiam, paravam no topo e aceleravam quando caíam. O mesmo acontecia com os pêndulos, que diminuíam de velocidade enquanto subiam até a extremidade de seus arcos, retornavam e aceleravam quando passavam pela parte inferior, diminuindo de velocidade novamente na extremidade oposta. Como quantificar movimentos em que a velocidade mudava a todo momento?

Em meio a esse turbilhão de perguntas, um influxo de ideias das matemáticas islâmica e indiana proporcionou aos europeus um novo caminho a seguir, uma oportunidade para ir além de Arquimedes e abrir novas portas. As ideias do Oriente levariam a novas formas de pensar sobre movimentos e curvas, e depois, com estrondo, ao cálculo diferencial.

4
O ALVORECER DO CÁLCULO DIFERENCIAL

SOB UMA PERSPECTIVA MODERNA, existem duas facetas do cálculo: o cálculo diferencial, que fraciona problemas complicados em partes infinitamente mais simples, e o cálculo integral, que recompõe as partes para resolver o problema original.

Considerando que o fracionamento, naturalmente, vem antes da recomposição, parece sensato que um novato aprenda o cálculo diferencial em primeiro lugar. E é assim, de fato, que todos os cursos de cálculo são iniciados nos dias de hoje. Começam com as derivadas – técnicas de fatiar e fragmentar relativamente fáceis – e depois avançam para as integrais, técnicas muito mais difíceis para recompor as peças em um todo. Os alunos acham mais confortável aprender cálculo nessa ordem, pois a matéria mais fácil é ensinada antes. Seus professores também acham, pois o assunto assim parece mais lógico.

Entretanto, estranhamente, a história se desenvolveu na ordem inversa. Na antiga Grécia, por volta de 250 a.C., Arquimedes já utilizava as integrais em seus trabalhos, enquanto as derivadas não foram nem um brilho nos olhos de alguém até a década de 1600. Por que o cálculo diferencial – a parte mais fácil do assunto – se desenvolveu tão mais tarde que o cálculo integral? Porque o cálculo diferencial surgiu da álgebra, e a álgebra levou séculos para amadurecer, migrar e se transformar. Em sua forma original na China, na Índia e no mundo islâmico, a álgebra era inteiramente verbal. Incógnitas eram palavras, não *x* e *y* como hoje. Equações eram frases e problemas eram parágrafos. Mas logo após chegar à Europa, por volta de 1200, a álgebra evoluiu para uma arte de símbolos. O que a tornou mais abstrata... e mais poderosa. Essa nova espécie, a álgebra simbólica, acoplou-se então à geometria e originou um híbrido ainda mais forte, a geometria analítica, que produziu um zoológico de novas curvas, cujo estudo levou ao cálculo diferencial. Este capítulo explica como isso aconteceu.

A ASCENSÃO DA ÁLGEBRA NO ORIENTE

A menção à China, à Índia e ao mundo islâmico é para corrigir a impressão, que posso ter dado, de que a criação do cálculo foi um evento eurocêntrico. Embora o cálculo tenha culminado na Europa, suas raízes estão em outros lugares. Em particular a álgebra, que veio da Ásia e do Oriente Médio. Seu nome deriva da palavra árabe *al-jabr* – que significa "restauração" ou "reunião de peças quebradas" – e se refere aos tipos de operações necessárias para equilibrar e resolver equações. Por exemplo: subtrair um número de um lado de uma equação e adicioná-lo ao outro lado, na verdade restaurando o que foi quebrado. Da mesma forma, como vimos, a geometria nasceu no antigo Egito. Conta-se que Tales, o pai da geometria grega, aprendeu a matéria lá. E o mais conhecido teorema da geometria, o teorema de Pitágoras, não foi criado por Pitágoras; era conhecido pelos babilônios pelo menos mil anos antes dele, como evidenciam tábuas de argila encontradas na Mesopotâmia por volta de 1800 a.C.

Devemos também ter em mente que, quando falamos de Grécia Antiga, estamos nos referindo a uma enorme faixa de território que ia muito além de Atenas e Esparta. Em sua maior extensão, ia até o Egito, ao sul, até a Itália e a Sicília, a oeste, e até a Turquia, o Oriente Médio, a Ásia Central, partes do Paquistão e partes da Índia, a leste. O próprio Pitágoras era de Samos, perto do que hoje é o território da Turquia. Arquimedes viveu em Siracusa, na costa sudeste da Sicília. Euclides trabalhou em Alexandria, o grande porto e centro acadêmico do Egito, na foz do Nilo.

Depois que os romanos dominaram os gregos e, principalmente, depois que a biblioteca de Alexandria foi incendiada e o Império Romano do Ocidente caiu, o centro da matemática retornou ao Oriente. Os escritos de Arquimedes e Euclides foram traduzidos para o árabe, assim como os de Ptolomeu, Aristóteles e Platão. Estudiosos e escribas em Constantinopla e Bagdá mantiveram viva a antiga sabedoria e lhe acrescentaram ideias próprias.

COMO A ÁLGEBRA CRESCEU E A GEOMETRIA ENCOLHEU

Durante os séculos que precederam a chegada da álgebra, a geometria foi definhando. Após a morte de Arquimedes, em 212 a.C., parecia que ninguém poderia superá-lo em sua área. Bem, quase ninguém. Por volta de 250 d.C., o geômetra chinês Liu Hui aperfeiçoou o método de Arquimedes para calcular o pi. Dois séculos depois, Tsu Ch'ung Chih aplicou o método de Liu Hui em um polígono com 24.576 lados. No que deve ter sido um heroico feito de aritmética, ele conseguiu apertar o torno de pi até oito dígitos:

$$3,1415926 < \pi < 3,1415927.$$

O passo seguinte demorou cinco séculos e foi dado pelo sábio Al-Hasan Ibn al-Haytham, conhecido pelos europeus como Alhazen. Nascido em Basra, Iraque, por volta de 965 d.C., ele trabalhou no Cairo durante a era de ouro islâmica. Em diversas áreas: desde teologia e filosofia até astronomia e medicina. Em seu trabalho sobre geometria, al-Haytham calculou volumes de sólidos que Arquimedes jamais considerou. Porém, por mais impressionantes que tenham sido esses avanços, foram raros sinais de vida para a geometria e levaram 12 séculos para ocorrer.

Durante esse longo período, avanços rápidos e substanciais foram feitos na álgebra e na aritmética. Matemáticos hindus inventaram o conceito de zero e o sistema de numeração decimal. Técnicas algébricas para resolver equações surgiram no Egito, no Iraque, na Pérsia e na China. Em grande parte, eram motivadas por problemas práticos, que envolviam leis de herança, avaliações tributárias, comércio, contabilidade, cálculos de juro e outros tópicos adequados para números e equações. Naqueles dias, quando problemas assim ainda eram resolvidos com palavras, as soluções eram como receitas, rotas passo a passo até as respostas, conforme foi explicado no famoso livro de Abu Abdalá Maomé ibne Muça ibne Alcuarismi (c. 780-850 d.C.), cujo sobrenome permanece na palavra "algarismo" e nos procedimentos passo a passo chamados "algoritmos". Negociantes, mercadores e exploradores acabaram trazendo essa forma verbal de álgebra e decimais indo-arábicos para o oeste da Europa. Ao mesmo tempo, textos em árabe começaram a ser traduzidos para o latim.

O estudo da álgebra por si só, como sistema simbólico separado de suas aplicações, começou a florescer na Europa renascentista. Teve seu auge no século XVI, quando começou a se parecer com o que conhecemos hoje – letras representando números. Na França, em 1591, François Viète designou quantidades desconhecidas com vogais, como A e E, e usou consoantes, como B e G, para constantes. (O uso atual de x, y, z para incógnitas e a, b, c para constantes veio do trabalho de René Descartes, cerca de 50 anos depois.) Substituir palavras por letras e símbolos tornou muito mais fácil o trabalho com equações.

Um avanço igualmente grande ocorreu no campo da aritmética quando Simon Stevin, na Holanda, revelou como transformava números decimais indo-árabes em frações decimais. Ao fazer isso, destruiu a antiga distinção aristotélica entre números (significando números inteiros, com unidades indivisíveis) e magnitudes (quantidades contínuas que podiam ser divididas infinitamente em partes arbitrariamente pequenas). Antes de Stevin, os decimais eram aplicados apenas à parte numérica inteira de uma quantidade; qualquer parte menor que uma unidade era expressa como fração. Na nova abordagem de Stevin, mesmo uma unidade pode ser cortada em pedaços e escrita em notação decimal, colocando-se os dígitos corretos nas casas decimais. Isso nos parece simples agora, mas foi uma ideia revolucionária que contribuiu para tornar o cálculo possível. Como a unidade já não era sacrossanta e indivisível, todas as quantidades – inteiras, fracionárias ou irracionais – se fundiram em uma grande família de números, todos em pé de igualdade. Isso proporcionou ao cálculo os números reais infinitamente precisos necessários para descrever a continuidade de espaço, tempo, movimento e mudança.

Pouco antes que a geometria se associasse à álgebra, ocorreu uma última vitória para os métodos geométricos da velha escola de Arquimedes. No início do século XVII, Kepler descobriu os volumes de formas curvas, como barris de vinho e sólidos em forma de rosca, fatiando-os de cabeça em um número infinito de discos infinitesimalmente finos. Enquanto isso, Galileu e seus alunos Evangelista Torricelli e Bonaventura Cavalieri calculavam áreas, volumes e centros de gravidade tratando-os como pilhas infinitas de linhas e superfícies. Como esses homens abordavam infinito e infinitésimos de forma descuidada, suas técnicas não eram rigorosas, embora intuitivas e potentes. Suas respostas vinham com muito mais facilidade e rapidez que se empregassem o método da exaustão. Assim, seu trabalho pareceu um avanço emocionante (embora hoje saibamos que Arquimedes os venceu; a mesma ideia jazia oculta em seu tratado sobre o Método, que, recoberto por um livro de orações, ainda se deteriorava em um mosteiro, no qual permaneceria até 1899).

De qualquer forma, embora o progresso feito pelos neoarquimedianos parecesse promissor, a antiga abordagem não estava destinada a prevalecer. A álgebra simbólica era onde a ação se desenrolava agora. E as sementes de suas ramificações mais vigorosas – a geometria analítica e o cálculo diferencial – estavam prestes a ser plantadas.

A ÁLGEBRA ENCONTRA A GEOMETRIA

A primeira inovação ocorreu por volta de 1630, quando dois matemáticos franceses (e futuros rivais), Pierre de Fermat e René Descartes, vincularam a álgebra à geometria, independentemente. O trabalho deles criou um novo tipo de matemática, a geometria analítica, cujo palco central era o plano xy, onde as equações ganhavam vida e tomavam forma.

Usamos hoje o plano xy para representar graficamente as relações entre variáveis. Consideremos, por exemplo, as implicações calóricas dos meus hábitos alimentares, dos quais ocasionalmente me envergonho. Às vezes, me permito duas fatias de pão com passas e canela no café da manhã. A embalagem informa que cada fatia contém 200 calorias. (Se eu quisesse comer de modo mais saudável, poderia me contentar com o pão de sete grãos comprado por minha esposa, que contém 130 calorias por fatia; mas nesse exemplo prefiro o pão com passas e canela, pois 200 é um número mais agradável matematicamente, se não nutricionalmente, que 130.)

Vejamos em um gráfico quantas calorias consumo quando como uma, duas ou três fatias de pão:

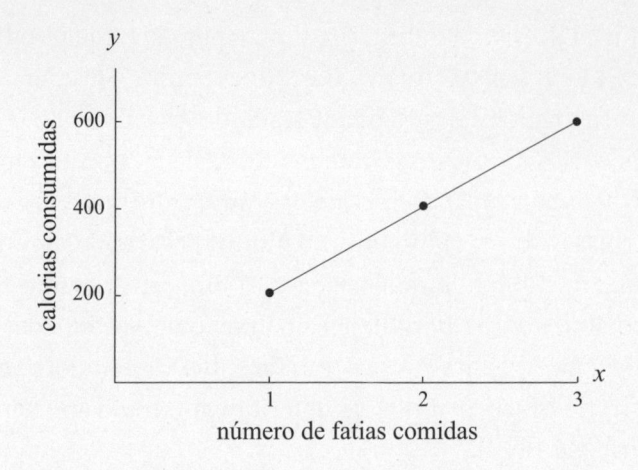

Como cada fatia soma 200 calorias, duas fatias somarão 400 calorias e três, 600 calorias. Quando plotados como pontos de dados no gráfico, os três pontos incidem sobre a mesma linha reta. Assim, há uma relação *linear* entre calorias consumidas e número de fatias consumidas. Se usarmos a letra x para representar o número de fatias comidas e y para o pecaminoso número de calorias ingeridas, a relação linear pode ser resumida como $y = 200x$. Essa relação também se aplica entre os pontos de dados. Por exemplo, uma fatia e meia equivale a 300 calorias e o ponto de dados correspondente incide diretamente sobre a linha. Portanto, faz sentido conectar os pontos em gráficos desse tipo.

Sei que o raciocínio pode parecer óbvio, mas o que desejo enfatizar é que nem sempre foi óbvio. Não era óbvio no passado – alguém precisou ter a ideia de descrever relações em um gráfico visual abstrato – e ainda não é óbvio hoje, pelo menos para as crianças quando veem gráficos como esse pela primeira vez.

Há vários saltos imaginativos aqui. Um é usar uma imagem para representar a ingestão de alimentos, o que exige flexibilidade mental. Não há nada de inerentemente pictórico em calorias. O gráfico que estamos vendo não é uma pintura realista de passas e salpicos marrons de canela incorporados ao pão. O gráfico é uma abstração. Permite que diferentes domínios matemáticos interajam e cooperem: o domínio dos números, como o número de calorias ou de fatias de pão; o domínio das relações simbólicas, como $y = 200x$; e o domínio das formas, como pontos em uma linha reta em um gráfico com dois eixos perpendiculares. Mediante essa confluência de ideias, o humilde gráfico combina números, relações e formas; e assim permite que aritmética e álgebra se incorporem à geometria. Esse é o ponto fundamental aqui. Diferentes correntes da matemática foram reunidas após séculos em trajetórias paralelas (lembre-se que os antigos gregos priorizavam a geometria em detrimento da aritmética e da álgebra, com as quais não a deixavam se misturar; pelo menos não com muita frequência).

Outra confluência aqui envolve os eixos horizontal e vertical, que são frequentemente chamados de eixos x e y, em função das variáveis que usamos para rotulá-los. Esses eixos são linhas numéricas. Pense sobre este termo: *linhas numéricas*. Os *números* são representados como *pontos* em uma linha. A aritmética em harmonia com a geometria. Que estão se combinando antes mesmo de plotarmos dados, ou seja, localizá-los por meio de coordenadas.

Os antigos gregos ficariam indignados com essa quebra de protocolo. Para eles, números significavam quantidades exclusivamente discretas, como números inteiros e frações. Quantidades contínuas medidas pelo comprimento de uma linha seriam consideradas magnitudes, categoria conceitualmente distinta dos números. Assim, durante os quase 2 mil anos compreendidos entre a época de Arquimedes até o início do século XVII, os números *não* eram vistos como equivalentes a uma sequência de pontos em uma linha. Nesse sentido, a ideia de uma linha numérica era radicalmente transgressora. Atualmente, nem pensamos duas vezes. Esperamos que até crianças do ensino fundamental entendam que os números podem ser representados dessa maneira.

Outra blasfêmia, do ponto de vista dos gregos antigos, é a total indiferença do gráfico por comparações entre coisas iguais: maçãs com maçãs, calorias com calorias. Muito pelo contrário, mostra calorias em um eixo e fatias no outro. Coisas que não são diretamente comparáveis. Mas hoje em dia nem piscamos ao fazer gráficos assim. Simplesmente convertemos calorias e fatias em números, ou seja, números reais, decimais infinitos, a moeda universal da matemática contínua. Os gregos faziam nítidas distinções entre comprimentos, áreas e volumes, o que, para nós, são apenas números reais.

EQUAÇÕES COMO CURVAS

É verdade que Fermat e Descartes nunca usaram o plano xy para estudar algo tão concreto quanto um pão de passas com canela. Para eles, o plano xy era uma ferramenta para estudar geometria pura.

Trabalhando separadamente, ambos notaram que qualquer equação linear (ou seja, uma equação na qual x e y aparecem apenas na primeira potência) produzia uma linha reta no plano xy. Essa conexão entre equações lineares e linhas sugeria a possibilidade de uma conexão mais profunda – entre equações *não lineares* e *curvas*. Em uma equação linear como $y = 200x$, as variáveis x e y não são adulteradas, não são elevadas ao quadrado, ao cubo ou a uma potência ainda maior. Fermat e Descartes perceberam que poderiam jogar o mesmo jogo com outras potências e outras equações. Poderiam imaginar a equação que desejassem e fazer o que quisessem com x e y – elevar um deles ao quadrado e o outro ao cubo, multiplicá-los juntos, somá-los ou fosse lá o que fosse – e depois interpretar o resultado como uma curva. Com um pouco de sorte, seria uma curva interessante, talvez uma curva que ninguém tivesse imaginado e que Arquimedes jamais tivesse estudado. Qualquer equação com x e y era uma nova aventura. Era também uma espécie de interruptor Gestalt. Em vez de iniciar o cálculo com uma curva, era possível iniciá-lo com uma equação e ver que tipo de curva surgiria. Ou seja, deixar a álgebra na direção e passar a geometria para o banco de trás.

Fermat e Descartes começaram os estudos com equações quadráticas – aquelas em que as variáveis, com as constantes usuais (como 200) e os termos lineares (como x e y), também podem ser elevadas ao quadrado ou multiplicadas, criando termos como x^2, y^2 e xy (em latim, *quadratus* significa "quadrado"). Quantidades quadradas eram tradicionalmente interpretadas como áreas de regiões quadradas. Assim, x^2 significava a área de um quadrado x por x. Nos velhos tempos, uma área era vista como um tipo de quantidade fundamentalmente diferente de um comprimento ou volume. Mas, para Fermat e Descartes, x^2 era apenas mais um número real, o que significava que poderia ser representado graficamente em uma linha numérica, assim como x ou x^3 ou qualquer outra potência de x.

Atualmente, espera-se que os alunos de álgebra do ensino médio possam representar graficamente equações como $y = x^2$, cuja curva associada vem a ser uma parábola. Notadamente, todas as outras equações que envolvem termos quadráticos de x e y, mas sem potências superiores, representam curvas de apenas quatro tipos possíveis: parábolas, elipses, hipérboles ou círculos (exceto em alguns casos degenerados que produzem linhas, pontos ou nenhum gráfico; mas são esquisitices raras que podemos ignorar com tranquilidade). Por exemplo, a equação quadrática $xy = 1$ fornece uma hipérbole, enquanto $x^2 + y^2 = 4$ é um círculo e $x^2 + 2y^2 = 4$ é uma elipse. Mesmo um quadrático tão medonho quanto $x^2 + 2xy + y^2 + x + 3y = 2$ tem de figurar em uma dessas quatro possibilidades. Na verdade, é uma parábola.

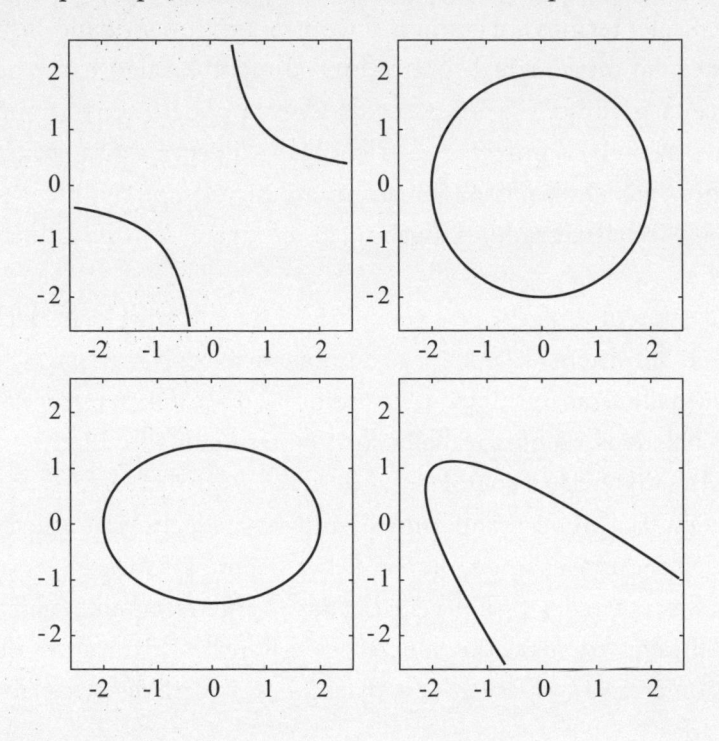

Fermat e Descartes foram os primeiros a descobrir esta maravilhosa coincidência: as equações quadráticas em x e y são as contrapartidas algébricas das seções cônicas dos gregos, os quatro tipos de curvas obtidas por meio do corte de um cone em diferentes ângulos. Aqui, na nova arena de Fermat e Descartes, as curvas clássicas ressurgiram como fantasmas da névoa.

MELHOR JUNTOS

Os laços recém-encontrados entre álgebra e geometria foram vantajosos para ambas as áreas. Cada qual poderia ajudar a outra a compensar suas deficiências. A geometria usava o lado direito do cérebro. Era intuitiva e visual, e as verdades de suas proposições eram muitas vezes claras à primeira vista. Mas exigia certo tipo de inventividade. Em geometria, frequentemente não havia qualquer pista a respeito de como começar uma prova. Iniciar um argumento exigia clarões de genialidade.

A álgebra era sistemática. As equações podiam ser trabalhadas em paz, quase distraidamente. Era possível adicionar o mesmo termo a ambos os lados, cancelar termos em comum, encontrar uma quantidade desconhecida ou executar uma dúzia de outros procedimentos e algoritmos de acordo com receitas-padrão. Os processos da álgebra podem ser tranquilamente repetitivos, como os prazeres do tricô. Mas a álgebra sofria em função de seu vazio. Seus símbolos nada diziam até receberem significados. Nada havia para ser visualizado. A álgebra era mecânica, usava o lado esquerdo do cérebro.

Juntas, porém, a álgebra e a geometria eram irrefreáveis. A álgebra proporcionou um sistema à geometria, que passou a exigir mais engenhosidade que tenacidade. Transformou questões difíceis, que exigiam clarividência, em cálculos objetivos, embora trabalhosos. O uso de símbolos libertou a mente, economizando tempo e energia.

A geometria proporcionou um significado à álgebra. As equações deixaram de ser estéreis; agora, personificavam sinuosas formas geométricas. Tão logo as equações foram visualizadas geometricamente, abriu-se um novo continente de curvas e superfícies – florestas luxuriantes de flora e fauna geométricas à espera de serem descobertas, catalogadas, classificadas e dissecadas.

FERMAT × DESCARTES

Qualquer um que tenha estudado bastante matemática e física já deve ter encontrado os nomes de Fermat e Descartes. Mas nenhum dos meus professores ou livros didáticos me falou sobre a rivalidade entre ambos nem sobre como Descartes podia ser cruel. Quem quiser entender o que estava em jogo nessas disputas precisará saber mais sobre a vida deles, suas personalidades e o que esperavam alcançar.

René Descartes (1596-1650) foi um dos mais ambiciosos pensadores de todos os tempos. Ousado, intelectualmente destemido e desdenhoso em relação a qualquer tipo de autoridade, tinha um ego tão grande quanto seu gênio. Sobre o modo como os gregos abordavam a geometria, que todos os outros matemáticos reverenciaram ao longo de 2 mil anos, ele escreveu com desprezo: "O que os antigos nos ensinaram é tão escasso, e quase sempre tão carente de credibilidade, que só posso ter alguma esperança de me aproximar da verdade se me afastar dos caminhos que eles seguiram." Em nível pessoal, Descartes podia ser paranoico e suscetível. Seu retrato mais famoso mostra um homem de rosto magro, olhos altivos e um bigodinho. Parece um vilão de desenho animado.

Descartes se propôs a reconstruir o conhecimento humano sobre uma base de razão, ciência e ceticismo. Ele é conhecido sobretudo por seus trabalhos filosóficos, imortalizados por sua famosa frase *Cogito, ergo sum* ("Penso, logo existo"). Em outras palavras, quando tudo é duvidoso, pelo menos uma coisa é certa: a mente que duvida existe. Sua abordagem analítica, que parece ter sido inspirada pela lógica rigorosa da matemática, é amplamente vista hoje como o início da filosofia moderna. Em seu livro mais famoso, *Discurso sobre o método*, Descartes inaugurou um novo e envolvente modo de pensar sobre problemas filosóficos; incluiu também na obra três apêndices interessantes – um sobre geometria, em que apresentou sua abordagem da geometria analítica; outro sobre óptica, de grande importância no momento em que telescópios, microscópios e lentes eram a tecnologia mais recente; e um terceiro sobre o clima, que foi praticamente esquecido, salvo por uma explicação correta a respeito do arco-íris. Seu vasto e espaçoso intelecto perambulava por toda parte. Ele via o corpo vivo como um sistema de dispositivos mecânicos e situava a sede da alma na glândula pineal. Descartes ainda propôs um sistema grandioso (porém errado) do universo, segundo o qual vórtices invisíveis permeiam todo o espaço, arrastando os planetas como folhas em um redemoinho.

Nascido em família rica, Descartes foi uma criança doente. Assim, podia permanecer na cama lendo e pensando o quanto quisesse, hábito que conservou por toda a vida, nunca se levantando antes do meio-dia. Sua mãe morreu quando ele tinha apenas 1 ano, mas felizmente lhe deixou uma herança considerável que mais tarde lhe permitiu levar uma vida de lazer e aventura como cavalheiro errante. Em 1618, ele se ofereceu como voluntário ao Exército holandês, mas nunca esteve em combate e teve tempo de sobra para filosofar. Passou grande parte da vida adulta na Holanda, trabalhando em suas ideias, correspondendo-se e brigando com outros grandes pensadores. Em 1650, relutantemente, assumiu um trabalho na Suécia (país que desprezava como sendo "o país de ursos, em meio a rochas e gelo") como tutor pessoal de filosofia da rainha Cristina. Infelizmente para Descartes, a jovem e enérgica rainha acordava cedo. Insistia em ter aulas às cinco da manhã, hora ímpia para qualquer pessoa mas especialmente para Descartes, que passara a vida inteira acordando ao meio-dia. Naquele ano, o inverno em Estocolmo foi o mais frio em décadas. Após algumas semanas na cidade, Descartes contraiu pneumonia e morreu.

Pierre de Fermat (1601-1665), cinco anos mais novo que Descartes, levou uma vida tranquila e sem incidentes notáveis. Homem de classe média alta, era advogado e juiz provincial em Toulouse, longe da agitação de Paris. À noite, era marido e pai. Chegava em casa do trabalho, jantava com a esposa e os cinco filhos e passava algumas horas mergulhado em sua única paixão: fazer contas. Enquanto Descartes era um grande pensador, de ambições colossais, Fermat era um homem tímido, quieto, calmo e ingênuo. Tinha objetivos mais modestos. Não se considerava filósofo nem cientista. Para ele, bastava a matemática, à qual se dedicou como amador, mas com amor. Não vendo necessidade de publicar nada, não o fez. Escreveu pequenas anotações para si mesmo nos livros que lia, clássicos gregos de Diofanto e Arquimedes. Ocasionalmente, enviava suas ideias a estudiosos que, a seu ver, poderiam apreciá-las. Nunca viajou para longe de Toulouse nem conheceu os principais matemáticos da época, embora tenha se correspondido com eles por meio de Marin Mersenne, matemático e frade franciscano que atuava como intermediário.

Foi por meio de Mersenne que Fermat e Descartes se digladiaram. Mersenne era o homem a ser procurado em Paris. Em uma época anterior ao Facebook, ele mantinha todos em contato com todos. Mas carecia de tato e discrição e tinha uma vocação especial para causar problemas. Mostrava a outras pessoas cartas pessoais que recebia e divulgava manuscritos confidenciais antes de serem publicados. Ao seu redor gravitavam outros grandes matemáticos, não da mesma estatura que Fermat e Descartes, porém capazes. Aparentemente não gostavam de Descartes, a quem dirigiam críticas incessantes, assim como ao seu grandioso *Discurso sobre o método*.

Certo dia, Descartes soube via Mersenne que um joão-ninguém em Toulouse, um amador chamado Fermat, alegava ter desenvolvido a geometria analítica uma década antes dele. E que esse mesmo amador (quem *era* esse cara?) levantava dúvidas sobre sua teoria da óptica. Descartes achou que fosse mais um caso de alguém tentando prejudicá-lo. Nos anos seguintes, lutou ferozmente contra Fermat e tentou arruinar sua reputação. Afinal, tinha muito a perder. No *Discurso*, ele afirmara que seu método analítico era o único caminho seguro para o conhecimento. Se Fermat podia superá-lo sem usar o método, todo o seu projeto estava em risco.

Descartes difamou Fermat impiedosamente e, até certo ponto, obteve sucesso. O trabalho de Fermat só foi publicado adequadamente em 1679. Os resultados que obteve vazaram mediante conversas informais ou cópias de suas cartas. Mas ele só foi admirado de verdade muito depois de sua morte. Descartes, no entanto, fez sucesso. Seu *Discurso* se tornou famoso. Foi por esse livro que a geração seguinte aprendeu geometria analítica. Hoje, os professores ensinam os alunos a trabalhar com coordenadas *cartesianas* (palavra oriunda do nome Descartes), embora Fermat as tenha concebido primeiro.

A BUSCA PELA ANÁLISE, O MÉTODO DE DESCOBERTA HAVIA MUITO PERDIDO

As rixas entre Descartes e Fermat ocorreram contra o pano de fundo do início do século XVII, época em que os matemáticos sonhavam encontrar um método de análise para a geometria. *Análise*, aqui, tal qual em "geometria analítica", deve ser entendida no sentido arcaico da palavra: um meio de descobrir resultados ao invés de prová-los. Havia uma suspeita generalizada, na época, de que os antigos possuíam esse método de descoberta, mas o haviam ocultado deliberadamente. Descartes, por exemplo, alegava que os gregos "conheciam uma espécie de matemática muito diferente dessa que se conhece em nossos dias (…) mas, na minha opinião, usando truques baixos, deploráveis mesmo, suprimiram esse conhecimento".

A álgebra simbólica parecia ser esse método de descobrimento havia muito perdido. Porém, em meios mais conservadores, a álgebra era vista com ceticismo reacionário. Uma geração depois, Isaac Newton declarou: "A álgebra é a análise dos incompetentes em matemática." Na verdade, ele estava dirigindo um insulto mal disfarçado a Descartes, o melhor exemplo de incompetência, pois usava a álgebra como muleta para resolver problemas de trás para a frente.

Ao lançar esse ataque, Newton estava aderindo à tradicional distinção entre análise e síntese. Na análise, alguém resolve um problema começando pelo final, como se a resposta já tivesse sido obtida, e trabalha confiantemente em direção ao início, na esperança de encontrar um caminho para as suposições dadas. É o que faz a garotada na escola, trabalhando no caminho inverso, a partir da resposta, de modo a entender como chegar a ela.

A síntese segue na direção contrária. O estudioso começa com as premissas para então – mediante palpites e experimentações, de passo lógico em passo lógico – chegar ao resultado desejado. A síntese costuma ser muito mais difícil que a análise, pois nunca se sabe como chegar à solução até que isso ocorra.

Os antigos gregos achavam que a síntese tinha muito mais força lógica, mais poder persuasivo que a análise. A síntese era considerada o único meio válido para se *provar* um resultado, enquanto a análise era um meio prático para se *encontrar* o resultado. Se o objetivo fosse uma demonstração rigorosa, uma síntese se fazia necessária. Era por isso que Arquimedes, por exemplo, usava o método analítico de equilibrar formas em gangorras, de modo a encontrar seus teoremas, mas, para prová-los, usava o método sintético da exaustão.

No entanto, embora torcesse o nariz para análises algébricas, veremos no capítulo 7 que o próprio Newton as usava, e com efeitos notáveis. Mas ele não foi o primeiro mestre na matéria, e sim Fermat. O estilo de pensamento de Fermat é divertido de ser estudado, pois é elegante e acessível, embora estranho e surpreendente. Seus métodos para estudar curvas não estão mais em uso, foram suplantados pelas técnicas mais sofisticadas presentes nos livros escolares atuais.

OTIMIZANDO O COMPARTIMENTO DE BAGAGEM

A versão embrionária do cálculo diferencial de Fermat surgiu de seu uso da álgebra para a otimização de problemas. Otimização é o estudo de como fazer as coisas da melhor maneira possível. Dependendo do contexto, *melhor* pode significar mais rápido, mais barato, maior, mais rentável, mais eficiente ou alguma outra noção de otimalidade. Para ilustrar suas ideias do modo mais simples, Fermat criou alguns problemas que se parecem muito com os exercícios que os professores de matemática distribuem aos alunos ainda hoje. Podem culpá-lo por isso.

Um desses problemas, atualizado para o nosso tempo, é mais ou menos assim: imagine que você deseja projetar uma caixa retangular para armazenar o máximo possível de coisas, mas estando sujeita a duas restrições. Primeiro, a caixa deve ter uma seção transversal quadrada com x polegadas de largura por x polegadas de profundidade. Segundo, deve caber no compartimento de certa companhia aérea, cujas regras para bagagem de mão estipulam que a largura, a profundidade e a altura da caixa não podem exceder 45 polegadas. Que escolha de x produziria uma caixa com o máximo de volume?

Um dos modos de resolver isso é pelo bom senso. Vamos tentar algumas possibilidades. Digamos que tanto a largura quanto a profundidade tenham 10 polegadas. Isso permitiria uma altura de 25 polegadas, pois 10 + 10 + 25 = 45. Uma caixa com essas dimensões teria um volume de 10 × 10 × 25, que seriam 2.500 polegadas cúbicas. Uma caixa em formato de cubo seria melhor? Considerando que um cubo tem altura, largura e profundidade iguais, as dimensões da caixa teriam de ser 15 × 15 × 15, o que amplia o volume para espaçosos 3.375 polegadas cúbicas. A análise de mais algumas possibilidades não deixa dúvidas: o cubo deve ser a melhor escolha para o formato da caixa. Como de fato é.

Esse problema, em si, não é muito difícil. Seu objetivo é demonstrar como Fermat raciocinava em problemas assim, pois sua abordagem conduzia a coisas muito maiores.

Como na maioria dos problemas de álgebra, o primeiro passo é traduzir todas as informações dadas em símbolos. Já que a largura e a profundidade da caixa têm ambas o valor de x, elas somam $2x$. E como a altura mais a largura mais a profundidade não podem exceder 45 polegadas, temos $45 - 2x$ para a altura. Assim, o volume será x vezes x vezes $(45 - 2x)$. Multiplicando isso, temos $45x^2 - 2x^3$. Esse é o volume de nossa caixa. Podemos chamá-lo de $V(x)$. Assim:

$$V(x) = 45x^2 - 2x^3.$$

Se trapacearmos e usarmos um computador ou uma calculadora gráfica para plotarmos x horizontalmente e V verticalmente, veremos que a curva se eleva e atinge o ponto máximo quando $x = 15$ polegadas, conforme o esperado, e depois volta a 0.

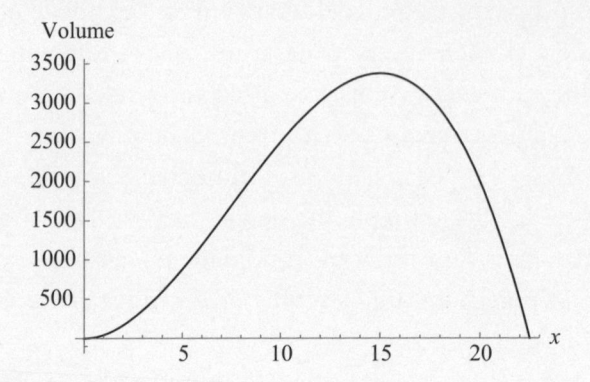

Como alternativa para encontrar o máximo com o cálculo diferencial praticado atualmente, nossos alunos, por reflexo, calculariam a derivada de V e a igualariam a 0. A ideia é que no topo da curva a inclinação é 0, onde a curva não está subindo nem descendo. Então, como a inclinação é medida pela derivada (como veremos no capítulo 6), esta será no máximo zero. Após um pouco de álgebra e a feitiçaria de várias regras memorizadas para derivadas, essa linha de raciocínio também produziria $x = 15$ no máximo.

Mas Fermat não tinha calculadoras gráficas nem computadores, muito menos o conceito de derivadas. Pelo contrário: ele concebeu as ideias que nos *levaram* às derivadas! Como ele resolveu o problema? Usou uma propriedade especial do ponto máximo: linhas horizontais abaixo do ponto máximo cortam a curva em dois pontos, como mostrado aqui:

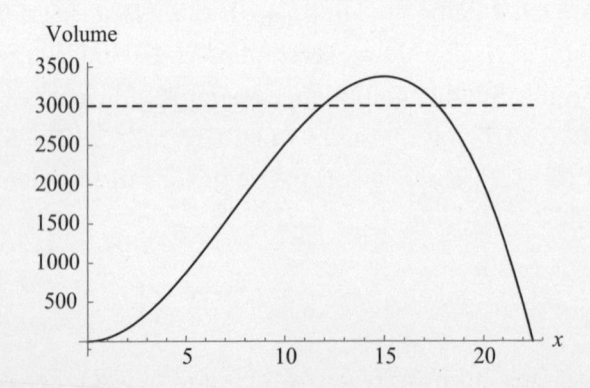

Já que as linhas horizontais acima do ponto máximo não cortam a curva.

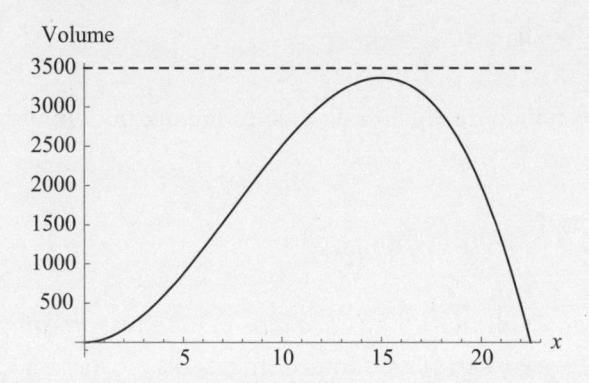

Isso sugere uma estratégia intuitiva para resolver o problema. Imagine a lenta elevação de uma linha horizontal que esteja abaixo do ponto máximo. À medida que a linha se move, seus dois pontos de interseção deslizam ao longo da curva e se aproximam um do outro, como contas em um colar.

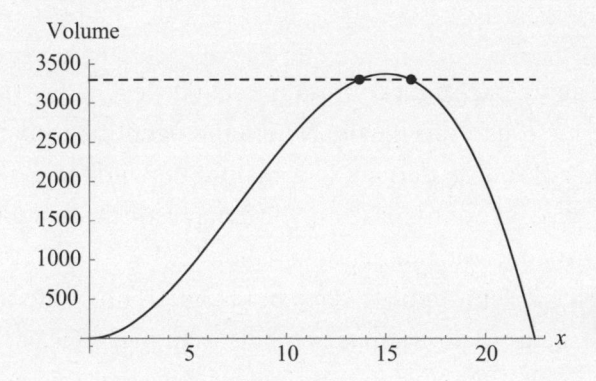

No máximo, os pontos colidem. Foi procurando essa colisão que Fermat determinou o ponto máximo – derivando uma condição para que dois pontos se fundissem em um, formando assim o que é conhecido como *interseção dupla*. Definida essa constatação, o resto é álgebra, uma simples manipulação de símbolos. Como se verá a seguir.

Digamos que as interseções ocorram em $x = a$ e $x = b$. Como, por construção, ambas estão na mesma linha horizontal, teremos $V(a) = V(b)$. Consequentemente:

$$45a^2 - 2a^3 = 45b^2 - 2b^3.$$

Para avançarmos, cumpre reorganizar essa equação. Se colocarmos os quadrados de um lado e os cubos de outro, teremos:

$45a^2 - 45b^2 = 2a^3 - 2b^3$.

Usando um pouco de álgebra do ensino médio, podemos fatorar ambos os lados, obtendo:

$45(a - b)(a + b) = 2(a - b)(a^2 + ab + b^2)$.

Em seguida, dividimos ambos os lados pelo fator comum de $a - b$. Isso é correto, já que a e b são considerados diferentes (se fossem iguais, dividir ambos os lados por $a - b$ seria o equivalente a dividir por 0, o que é proibido, conforme discutimos no capítulo 1). Após o cancelamento, a equação resultante é:

$45(a + b) = 2(a^2 + ab + b^2)$.

Prepare-se agora para uma confusa questão de lógica. Fermat acabou de presumir que a e b não são iguais. No entanto, continua imaginando que a equação que acabou de derivar será mantida quando a e b se tornarem iguais ao fundir-se no ponto máximo. Ele tenta justificar isso invocando um conceito obscuro, que batizou de "adequalidade". Esse neologismo expressa a ideia de que a e b se tornam até certo ponto iguais no ponto máximo, mas não realmente iguais (definiríamos isso hoje usando o conceito de limite ou de interseção dupla). De qualquer forma, ele define $a \approx b$, em que o sinal de igual retorcido significa "adequado", e em seguida, cavalheirescamente, substitui a por b na equação acima para obter:

$45(2a) = 2(a^2 + a^2 + a^2)$.

Isso simplifica a equação para $90a = 6a^2$, cujas soluções são $a = 0$ e $a = 15$. A primeira dessas soluções, $a = 0$, resulta em uma caixa de volume *mínimo*, com 0 de largura e profundidade; portanto, com 0 de volume. O que não interessa. A segunda solução, $a = 15$, resulta em uma caixa de volume *máximo*, com a resposta que estávamos esperando: 15 polegadas constituem a largura e a profundidade ideais.

Sob a perspectiva de hoje, o raciocínio de Fermat parece estranho. Ele encontra o máximo sem usar derivadas. Na atualidade, ensinamos derivadas antes da otimização. Fermat fez o contrário, mas isso não importa. Suas ideias são equivalentes às nossas.

COMO FERMAT AJUDOU O FBI

O legado dos primeiros trabalhos de Fermat sobre otimização está por toda a nossa volta. Nossa vida hoje depende de algoritmos que resolvem problemas de otimização – usando a noção de interseções duplas e condições equivalentes expressas com derivadas. Os problemas atuais, na verdade, tendem a ser muito mais complicados que os de Fermat, mas a ideia é a mesma.

Uma aplicação importante sempre envolve grandes conjuntos de dados, que devem ser codificados da forma mais compacta possível, de modo a tornar as consultas mais eficientes e rápidas. O Departamento Federal de Investigação (FBI) dos Estados Unidos, por exemplo, possui milhões de registros de impressões digitais. Para armazená-los, pesquisá-los e recuperá-los, seus funcionários usam métodos de compactação de dados baseados no cálculo. Algoritmos inteligentes reduzem o tamanho dos arquivos de impressão digital sem sacrificar detalhes importantes. O mesmo acontece quando armazenamos músicas e fotos no celular. Em vez de conservar todas as notas musicais e todos os pixels, os algoritmos de compressão chamados MP3 e JPEG economizam espaço destilando as informações para um formato mais eficiente. Também permitem baixar músicas e fotos rapidamente, bem como enviá-las aos nossos entes queridos sem entupir suas caixas de entrada.

Para vermos como o cálculo e a otimização contribuem para a compactação de dados, vamos dar uma olhada no problema estatístico relacionado ao ajuste de uma curva para dados, que aparece por toda parte, das ciências climáticas às previsões de negócios. O conjunto de dados que examinaremos mostra como a duração do dia varia de acordo com as estações do ano. Como sabemos, os dias são mais longos no verão e mais curtos no inverno, mas qual é o padrão? No gráfico a seguir, plotei os dados da cidade de Nova York para o ano de 2018, com o tempo na horizontal a partir de 1º de janeiro, na extremidade esquerda, até 31 de dezembro, na extremidade direita. O eixo vertical mostra o número de minutos compreendidos entre o nascer e o pôr do sol nas diferentes épocas do ano. Para não atravancar a imagem, mostrarei os dados de apenas 27 dias, examinados a cada duas semanas a partir de 1º de janeiro.

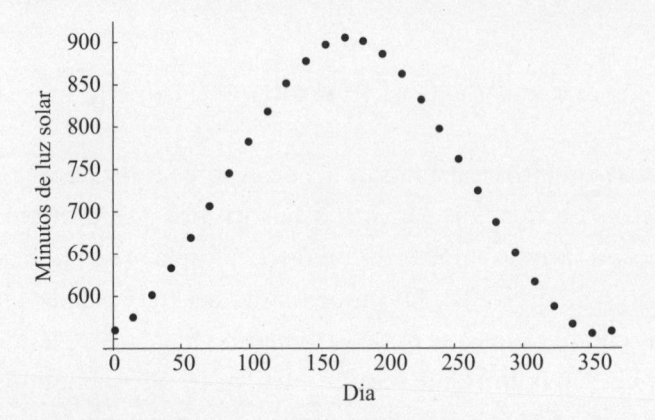

O gráfico revela que a duração do dia aumenta e diminui ao longo do ano, como é de se esperar. Os dias são mais longos no solstício de verão (21 de junho no hemisfério norte, correspondendo ao pico no dia 172, mais ou menos no meio do gráfico) e mais curtos no solstício de inverno, meio ano depois. No geral, os dados formam uma onda suave.

Nas aulas de trigonometria do ensino médio, os professores falam sobre um certo tipo de onda chamado senoidal. Mais adiante neste livro terei mais a dizer sobre o que são ondas senoidais e por que são especiais do ponto de vista do cálculo. Por enquanto, o principal a saber é que elas estão conectadas ao movimento circular. Para ver essa conexão, imagine um ponto se movendo em torno de um círculo a uma velocidade constante. Se acompanharmos sua posição para cima e para baixo em função do tempo, veremos que o ponto traça uma onda senoidal.

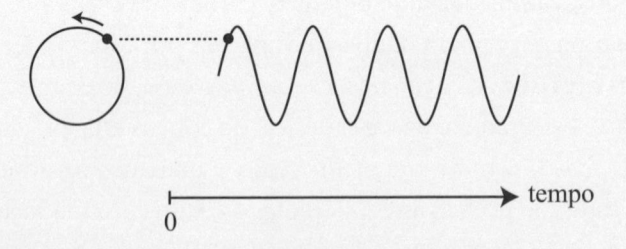

Como os círculos estão intimamente relacionados a ciclos, as ondas senoidais surgem onde quer que ocorram fenômenos cíclicos, desde o ciclo das estações e as vibrações de um diapasão ao zumbido de 60 ciclos de luzes fluorescentes e linhas de energia. Esse zumbido irritante é o som de ondas senoidais oscilando para cima e para baixo 60 vezes por segundo. É o sinal revelador da corrente alternada produzida por geradores na rede elétrica, cujo maquinário gira na mesma frequência. Onde há movimento circular, há ondas senoidais.

Qualquer onda senoidal é definida completamente por quatro estatísticas vitais: período, média, amplitude e fase.

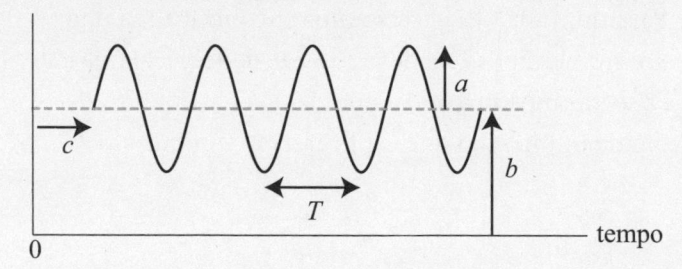

Esses quatro parâmetros têm interpretações simples. O período T indica quanto tempo a onda leva para completar um ciclo. Para os dados de duração do dia que estamos considerando aqui, T corresponde a aproximadamente um ano ou, para ser mais preciso, 365,25 dias (esse quarto extra de dia é o motivo pelo qual precisamos de anos bissextos a cada quatro anos para manter o calendário sincronizado com os ciclos naturais). A média da onda senoidal é seu valor de referência: b. Para nossos dados, é o número típico de minutos de luz solar na cidade de Nova York em todos os dias do ano de 2018. A amplitude da onda a indica quantos minutos adicionais de luz há no dia mais longo do ano, em comparação com o dia médio. A fase c da onda nos diz o dia em que a onda ultrapassa seu valor médio, em algum momento do equinócio da primavera.

É útil pensarmos nesses quatro parâmetros – a, b, c e T – como quatro botões que podemos girar para ajustar os diversos recursos da forma e da localização da onda senoidal. O botão b move a onda para cima ou para baixo. O botão c a desloca para a esquerda ou para a direita. O botão T controla a rapidez de suas oscilações. E o botão a determina a amplitude dessas oscilações.

Se pudéssemos, de alguma forma, ajustar os botões para fazer a onda senoidal passar por todos os pontos de dados que plotamos anteriormente, isso equivaleria a uma compactação significativa de informações. Ou seja, estaríamos capturando os 27 pontos de dados com apenas os quatro parâmetros da onda senoidal, comprimindo os dados por um fator de $27/4$, ou 6,75. Na verdade, como sabemos que um dos parâmetros é um ano, na prática temos apenas três deles para ajustar, o que nos proporciona um fator de compressão da ordem de ²⁷/₃, ou 9. Tal redução é concebível porque os dados não são aleatórios. Seguem um padrão. A onda senoidal incorpora esse padrão e faz o trabalho para nós.

O único problema é que não há onda senoidal que possa combinar os dados perfeitamente – o que não constitui surpresa quando ajustamos um modelo idealizado aos dados do mundo real; algumas discrepâncias são bem prováveis. Para minimizá-las, precisamos encontrar uma onda senoidal que reúna o maior número possível de pontos de dados. É aí que entra o cálculo.

A figura a seguir mostra a onda senoidal mais adequada, determinada por um algoritmo de otimização que explicarei em um minuto.

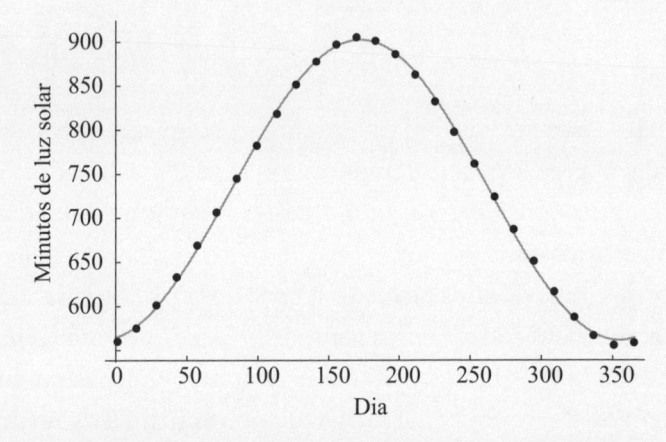

Mas, primeiro, observe que o ajuste resultante não é perfeito. Por exemplo, a onda não cai o suficiente em dezembro, quando os dias são muito curtos e os dados ficam abaixo da curva. Entretanto, uma simples onda senoidal certamente captará a essência do que está ocorrendo. Dependendo de nossos objetivos, esse ajuste poderá ser adequado.

Mas onde entra o cálculo? O cálculo nos ajudará a escolher os quatro parâmetros da forma ideal. Imagine-se girando os quatro botões para obter o melhor ajuste possível, algo semelhante a ajustar a sintonia de um rádio para obter o sinal mais forte possível. Em essência, foi o que fez Fermat no problema da caixa, quando encontrou suas dimensões ideais. Nesse caso, ele ajustou um único parâmetro, x, o comprimento lateral da caixa, e procurou uma interseção dupla como sinal de que seu volume chegara ao máximo. No nosso caso, temos quatro parâmetros para ajustar, mas a ideia básica é a mesma. Procuraremos uma interseção dupla, o que nos ensejará à escolha ideal dos quatro parâmetros.

Vamos ver com um pouco mais de detalhes como a coisa funciona. Para escolhermos os quatro parâmetros, calculamos a discrepância (em outras palavras, o erro) entre o ajuste da onda senoidal e os dados reais em cada um dos 27 pontos registrados ao longo do ano. Um critério natural para escolher o melhor ajuste é que o erro total, somando-se os 27 pontos, seja o menor possível. Mas o erro total não é bem o conceito certo, pois não queremos que os erros negativos cancelem os positivos, dando-nos a impressão de que o ajuste tem menos erros do que realmente tem. Subestimar é tão ruim quanto superestimar, e ambos devem ser evitados. Por esse motivo, os matemáticos elevam ao quadrado os erros em cada ponto, transformando os negativos em positivos. Assim, os negativos não produzirão cancelamentos falsos. (Eis um lugar em que o fato de um negativo ser positivo é útil em um cenário prático, pois faz o quadrado de um erro negativo contar como discrepância positiva, como deve ser.) A ideia básica, portanto, é escolher os quatro parâmetros na onda senoidal de forma a minimizar o erro quadrático total do ajuste aos dados. Adequadamente, essa abordagem é conhecida como método dos mínimos quadrados. Funciona melhor quando os dados seguem um padrão, como acontece aqui.

Tudo isso levanta um aspecto geral extremamente importante. Em primeiro lugar: os padrões são o que tornam a compactação possível. Somente dados padronizados podem ser compactados. Dados aleatórios não podem. Felizmente, muitas das coisas com as quais as pessoas se preocupam, como músicas, rostos e impressões digitais, são altamente estruturadas e padronizadas. Assim como a duração do dia segue um padrão de onda simples, a foto de um rosto apresenta sobrancelhas, manchas, zigomas e outros padrões característicos. As músicas incluem melodias e harmonias, ritmos e dinâmicas. As impressões digitais contêm sulcos, laços e espirais. Como seres humanos, reconhecemos esses padrões instantaneamente. Os computadores também podem ser ensinados a reconhecê-los. O truque é encontrar os tipos certos de objetos matemáticos para codificar padrões específicos. As ondas senoidais são ideais para representar padrões periódicos, mas menos adequadas para representar características nitidamente localizadas, como a borda de uma narina ou uma sarda.

Para torná-las mais adequadas, pesquisadores de diversas áreas conceberam ondas senoidais genéricas denominadas *wavelets*. Essas pequenas ondas são mais agrupadas que as ondas senoidais. Em vez de se estender periodicamente até o infinito, em ambas as direções, estão firmemente concentradas no tempo ou no espaço.

wavelet

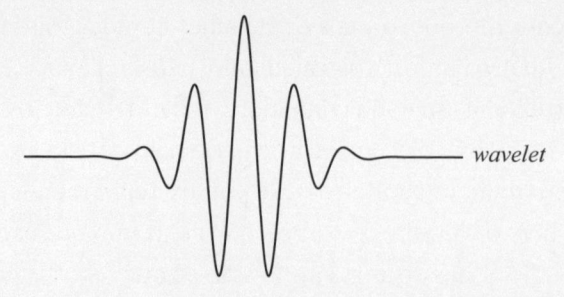

As *wavelets* surgem de repente, oscilam por algum tempo e desaparecem. Lembram os sinais nos monitores cardíacos ou as explosões de atividade registradas nos sismógrafos durante um terremoto. São ideais para representar um pico repentino em uma gravação de ondas cerebrais, uma pincelada ousada em uma pintura de Van Gogh ou uma ruga em um rosto.

O FBI utilizou *wavelets* para modernizar seus arquivos de impressões digitais. Desde que foram introduzidos, no início do século XX, os registros de impressões digitais eram armazenados como decalques a tinta em cartões. Pesquisá-los rapidamente era tarefa difícil. Em meados da década de 1990, a coleção já havia atingido cerca de 200 milhões de cartões, ocupando 1 hectare de espaço nos escritórios. Quando o FBI decidiu digitalizá-la, os arquivos foram transformados em imagens com 256 níveis diferentes de cinza e resolução de 500 pontos por polegada, o bastante para capturar todos os finos sulcos, laços, espirais e outras minúcias usadas na identificação de impressões digitais.

Mas o problema era que, na época, um único cartão digitalizado continha cerca de 10 megabytes de dados. Isso tornou proibitivo, para o FBI, o custo de enviar arquivos digitais rapidamente para departamentos de polícia estaduais e municipais. Estamos falando de meados da década de 1990, quando modems para telefones e aparelhos de fax eram a última palavra em tecnologia e a transmissão de um arquivo de 10 megabytes levava horas. Além do mais, era difícil remeter arquivos tão grandes, quando disquetes de 1,5 megabyte eram o meio de transmissão. Considerando a crescente demanda por maior rapidez nos tempos de resposta e os 30 mil novos cartões de impressões digitais que chegavam todos os dias – com pedidos urgentes de verificação –, havia uma necessidade urgente de modernizar o sistema. O FBI tinha de encontrar uma forma de comprimir os arquivos sem distorcer as imagens.

As *wavelets* eram ideais para esse trabalho. Representando as impressões digitais como combinações de muitas delas e otimizando seus controles mediante o uso do cálculo, os matemáticos do Laboratório Nacional de Los Alamos se associaram ao FBI com o objetivo de reduzir os arquivos por um fator maior que 20. Foi uma revolução para a ciência forense. Graças às ideias de Fermat modernizadas (juntamente com um papel maior ainda da análise de *wavelets*, ciência da computação e processamento de sinais), um arquivo com 10 megabytes pôde ser comprimido para apenas 500 kilobytes, tamanho razoável para ser enviado por linhas telefônicas. E sem nenhuma perda de qualidade. Especialistas em impressões digitais expressaram sua aprovação. Os arquivos comprimidos processados pelo sistema de identificação automática do FBI foram um sucesso total. Uma notícia boa para o cálculo e péssima para os criminosos.

O PRINCÍPIO DO MENOR TEMPO

Eu gostaria de saber o que Fermat acharia dessa utilização de suas ideias. Ele mesmo nunca se interessou muito pela aplicação da matemática ao mundo real; contentava-se com estudos teóricos. Mas fez uma duradoura contribuição para a matemática aplicada: foi a primeira pessoa a deduzir uma lei natural de uma lei mais profunda usando o cálculo como ferramenta lógica. Assim como Maxwell faria com a eletricidade e o magnetismo dois séculos depois, Fermat traduziu uma lei hipotética da natureza para a linguagem do cálculo e deu partida no motor. O resultado foi outra lei, resultante da primeira. Com isso, Fermat, o cientista acidental, deu início a um estilo de raciocínio que tem dominado a ciência teórica desde então.

A história começou em 1637, quando um grupo de matemáticos parisienses solicitou a Fermat sua opinião sobre o então recente tratado de Descartes sobre óptica. Descartes tinha uma teoria sobre como a luz se curvava ao passar do ar para a água ou do ar para a vidro, efeito conhecido como refração.

Quem já brincou com uma lupa sabe que a luz pode ser curvada e orientada. Na minha juventude, eu gostava de incendiar folhas, segurando uma lupa sobre elas na calçada e movimentando o vidro até os raios de sol se concentrarem em um ponto branco de intenso calor, o que fazia as folhas fumegarem e finalmente pegarem fogo. A refração é usada de modo menos espetacular em nossos óculos, cujas lentes curvadas dirigem os raios de luz até o lugar certo da retina, corrigindo a visão defeituosa.

A curvatura da luz também explica uma ilusão de óptica que você já pode ter notado ao relaxar em uma piscina em um dia ensolarado. Suponha que um objeto brilhante e incrivelmente fora de lugar, como uma joia, esteja no fundo da piscina.

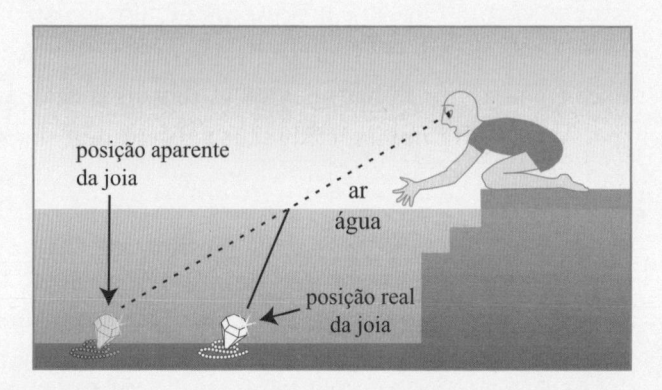

Você olha através da água, mas o minúsculo objeto não está onde parece, pois os reflexos que emite são curvados ao passarem da água para o ar. Pelo mesmo motivo, um pescador submarino precisa mirar abaixo da posição aparente do peixe para atingi-lo com o arpão.

Fenômenos de refração como esse obedecem a uma regra simples. Quando um raio de luz passa de um meio mais fino, como o ar, para um meio mais denso, como a água ou o vidro, o raio se inclina e *se aproxima* da perpendicular à interface entre os dois meios. Quando passa de um meio mais denso para um mais rarefeito, o raio *se afasta* da perpendicular, como ilustrado aqui:

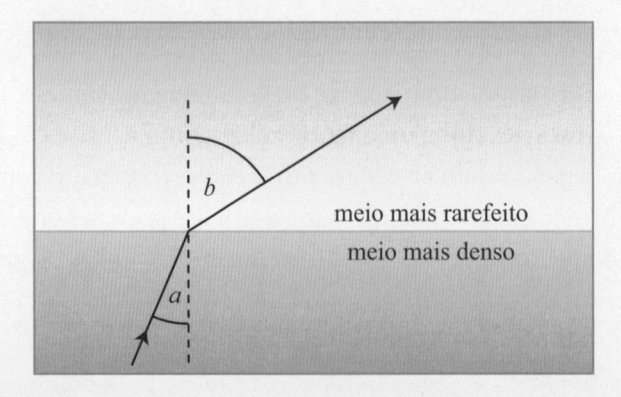

Em 1621, o cientista holandês Willebrord Snell aprimorou essa regra e a tornou quantitativa com uma engenhosa experiência. Alterando sistematicamente o ângulo *a* do raio de entrada e observando como o ângulo *b* do raio de saída se modificava em conformidade, ele descobriu que a razão sen *a*/sen *b* permanecia sempre a mesma para determinado par de meios (aqui, "sen" se refere à função seno da trigonometria, a mesma função seno cujo gráfico ondulado apareceu em nossa análise da duração do dia).

No entanto, Snell descobriu que o valor de sen *a*/sen *b* dependia da substância que constituía os meios. Ar e água produziam uma proporção constante, enquanto ar e vidro produziam outra. Ele não sabia por que a lei senoidal funcionava. Simplesmente funcionava. Era um fato sobre a luz que não podia ser explicado.

Descartes redescobriu a lei senoidal de Snell e a publicou em seu ensaio "Dióptrica", de 1637, sem saber que a lei havia sido encontrada por pelo menos três pessoas antes dele: Snell em 1621, o astrônomo inglês Thomas Harriot em 1602 e o matemático persa Abu Sa'd al-A'la Ibn Sahl no remoto ano de 984.

No ensaio, Descartes propôs uma explicação mecânica para a lei dos senos, na qual presumia (incorretamente) que a luz se movia mais depressa em um meio mais denso. Para Fermat, isso parecia contrário ao senso comum. Tentando ser útil, e sendo um camarada ingênuo e inocente, Fermat elaborou o que achava serem algumas críticas gentis à teoria de Descartes; enviou-as então aos matemáticos parisienses que haviam pedido sua opinião.

Fermat não sabia que aqueles matemáticos o estavam usando para suas próprias finalidades, pois eram ferozes inimigos de Descartes. Quando soube dos comentários de Fermat – como qualquer adolescente poderia prever –, Descartes achou que estava sendo atacado. Jamais ouvira falar daquele advogado de Toulouse. Para ele, Fermat devia ser um obscuro amador roceiro, alguém a ser descartado como um mosquito zumbindo por perto. E, nos anos seguintes, sempre o tratou de forma depreciativa, alegando que Fermat obtivera seus resultados acidentalmente.

Avancemos 20 anos. Em 1657, após a morte de Descartes, um colega de Fermat chamado Marin Cureau de la Chambre pediu a ele que revisse a velha controvérsia sobre a refração. O pedido de Cureau levou Fermat a examinar mais a fundo o problema, usando o que sabia sobre otimização.

De modo intuitivo, Fermat achava que a luz otimizava sua trajetória. Mais precisamente, que seguia sempre o caminho de menor resistência entre dois pontos, ou seja, o caminho mais rápido possível. Esse *princípio do menor tempo* explicaria por que a luz se movia em linha reta em um meio uniforme e por que, refletida em um espelho, seu ângulo de incidência era igual ao seu ângulo de reflexão. Mas o princípio do menor tempo poderia prever corretamente como a luz se curvava ao passar de um meio a outro? Explicaria a refração?

Fermat não tinha certeza. O cálculo não seria fácil. Um número infinito de caminhos retilíneos, cada qual dobrado na interface como um cotovelo, poderia levar a luz de um ponto de origem em um meio para um ponto de destino no outro.

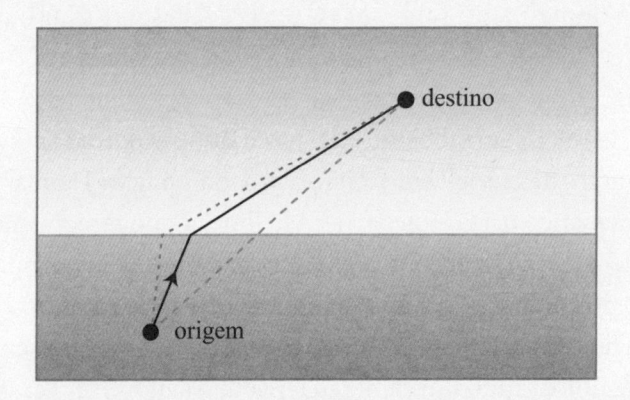

Calcular o menor tempo entre todos os tempos de viagem seria difícil, sobretudo naquele estágio embrionário do cálculo diferencial. Não havia ferramentas disponíveis além do antigo método de interseção dupla. Além disso, Fermat temia chegar à resposta errada. Como escreveu a Cureau: "O medo de encontrar uma proporção irregular e fantástica após um cálculo longo e difícil e minha natural inclinação à preguiça fizeram-me deixar o assunto assim, por enquanto."

Cinco anos se passaram, enquanto Fermat trabalhava em outros problemas. Por fim, sua curiosidade levou a melhor. Em 1662, ele se obrigou a efetuar os cálculos. Foi um trabalho árduo e desagradável. Mas enquanto avançava em meio ao emaranhado de símbolos, ele começou a vislumbrar alguma coisa. Os termos começaram a se cancelar. A álgebra estava funcionando. De repente, lá estava ela: a lei dos senos. Em uma carta a Cureau, Fermat classificou seu cálculo como "o mais extraordinário, o mais imprevisto e o mais feliz" que já fizera. "Fiquei tão surpreso com esse acontecimento inesperado que mal consegui me recuperar do espanto."

Fermat aplicara à física sua embrionária versão do cálculo diferencial. Algo inédito. E, assim fazendo, demonstrou que a luz viaja sempre da forma mais eficiente – não a mais direta, mas a mais rápida. De todos os caminhos possíveis, a luz de algum modo sabe – ou se comporta como se soubesse – como chegar daqui até ali o mais rápido possível. Foi um primeiro e importante indício de que o cálculo estava de alguma forma incorporado ao sistema operacional do universo.

O princípio do menor tempo foi posteriormente generalizado para o princípio da mínima ação, no qual a ação tem um significado técnico que não precisaremos analisar aqui. Mais tarde ficou demonstrado que esse princípio de otimização – o de que a natureza se comporta, em determinado sentido, da maneira mais econômica – previa corretamente as leis da mecânica. No século XX, o princípio da mínima ação foi estendido à relatividade geral, à mecânica quântica e a outras áreas da física moderna. No século XVII, chegou a influenciar a filosofia, quando Gottfried Wilhelm Leibniz argumentou que tudo é para o melhor no melhor de todos os mundos possíveis, um ponto de vista otimista mais tarde parodiado por Voltaire em seu livro *Cândido*. A ideia de usar um princípio de otimalidade para explicar fenômenos físicos e deduzir suas consequências com o cálculo teve início nesse cálculo de Fermat.

A DISPUTA SOBRE AS TANGENTES

As técnicas de otimização de Fermat também lhe permitiram descobrir linhas tangentes às curvas. Esse era o problema que fazia ferver o sangue de Descartes.

A palavra "tangente" deriva da raiz latina "para tocar". A terminologia é adequada, já que, em vez de cortar uma curva em dois lugares, uma linha tangente toca a curva em apenas um ponto, roçando-a de leve.

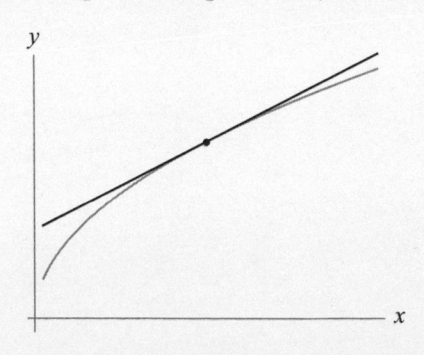

A condição para a tangência é semelhante àquela empregada para um máximo ou um mínimo. Se cruzarmos uma curva com uma linha e deslizarmos continuamente a linha para cima ou para baixo, a tangência ocorrerá quando duas interseções se fundirem em uma.

Em algum momento do final da década de 1620, Fermat conseguiu encontrar a linha tangente para praticamente qualquer curva algébrica (ou seja, uma curva expressável apenas em termos de potências numéricas inteiras de x e y, sem logaritmos, funções senoidais ou outras das chamadas funções transcendentais). Usando sua grande ideia da interseção dupla, ele conseguia, com seus métodos, calcular qualquer coisa que hoje calculamos com derivadas.

Descartes tinha seu próprio método para encontrar linhas tangentes. Em sua *Geometria*, de 1637, ele orgulhosamente o apresentou ao mundo. Sem saber que Fermat já havia resolvido o problema, Descartes também utilizou a ideia de interseção dupla, mas empregou círculos, em vez de linhas, para cortar as curvas de interesse. Próximo ao ponto de tangência, um círculo típico cortaria a curva em dois pontos ou em nenhum.

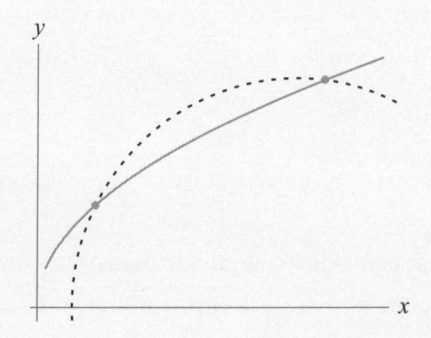

Ajustando a localização e o raio do círculo, Descartes podia forçar os dois pontos de interseção a se fundirem em um. Naquela interseção dupla – bingo! –, o círculo tocava a curva tangencialmente.

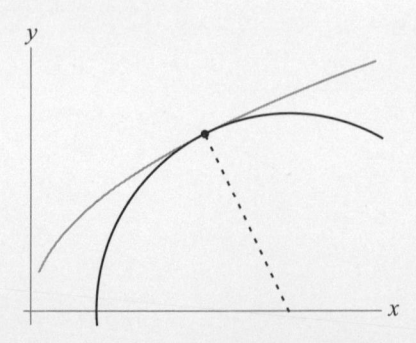

Isso dava a Descartes tudo de que ele precisava para determinar a tangente da curva, assim com a normal, que faz um ângulo reto com a tangente, ao longo do raio do círculo.

Seu método era correto, porém grosseiro. Gerava toneladas de álgebra, muito mais que o de Fermat. No entanto, como ainda não ouvira falar de Fermat, Descartes presumiu, com sua habitual presunção, que havia superado todo mundo. Em *Geometria*, ele apregoou: "Descobri tudo o que é necessário para os elementos das linhas curvas, pois, de modo geral, ensinei o modo de derivar linhas retas que caem em ângulos retos sobre quaisquer de seus pontos. Ouso dizer que esse não é apenas o problema mais útil e mais geral em geometria que conheço, mas é também o problema mais útil e mais geral que jamais desejei conhecer."

No final de 1637, quando seus correspondentes em Paris o informaram de que Fermat chegara à solução do problema das tangentes 10 anos antes dele, embora nunca a tivesse publicado, Descartes ficou consternado. Assim, em 1638, ele estudou o método de Fermat à procura de falhas. Ah, havia muitas! Escrevendo por intermédio de outra pessoa, ele declarou: "Não vou nem mencionar o nome dele, para que sinta menos vergonha pelos erros que descobri." Desafiou então a lógica empregada por Fermat, a qual, para ser sincero, era superficial e mal explicada. Mas após longa troca de cartas, durante a qual Fermat tentou calmamente esclarecer suas ideias, Descartes teve de admitir que o raciocínio do desafeto era válido.

Porém, antes de admitir a derrota e no intuito de confundir Fermat, ele o desafiou a encontrar a tangente para uma curva definida pela equação cúbica $x^3 + y^3 = 3axy$, em que a era uma constante. Descartes sabia que ele mesmo não conseguiria encontrar a tangente com seu deselegante método circular – que tornava a álgebra ingovernável. Portanto, tinha certeza de que Fermat não seria capaz de encontrá-la com seu método linear. Mas Fermat era um matemático mais forte e tinha um método melhor. Assim, resolveu o problema sem se esforçar muito, para desgosto de Descartes.

TERRA PROMETIDA À VISTA

Fermat pavimentou o caminho para o cálculo em sua forma moderna. Seu princípio do menor tempo revelou que a otimização é algo profundamente entrelaçado no tecido da natureza. Seu trabalho na geometria analítica e nas linhas tangentes abriu um caminho para o cálculo diferencial que outros logo seguiram. E seu virtuosismo com a álgebra lhe permitiu encontrar áreas sob curvas que desconcertaram até seus mais ilustres predecessores. Em especial, ele encontrou a área sob a curva $y = x^n$ para todo número inteiro positivo n sem muita dificuldade. Outros já haviam solucionado os primeiros nove casos ($n + 1, 2, ..., 9$), mas sem conseguir encontrar uma estratégia que funcionasse para todos os n. O avanço propiciado por Fermat foi um passo gigantesco em direção ao cálculo integral, um passo que prepararia o terreno para os avanços que se seguiram.

Apesar de tudo isso, seus estudos não se estenderam ao segredo que Newton e Leibniz logo descobririam, o segredo que revolucionou e unificou os dois lados do cálculo. É uma pena que Fermat não o tenha percebido, pois chegou muito perto. O elo perdido estava relacionado a algo que ele criou mas cuja importância nunca percebeu, algo implícito em seu método para máximos e tangentes, que, mais tarde, seria chamado de derivada. Suas aplicações iriam muito além das curvas e suas tangentes, passando a incluir qualquer tipo de mudança.

5

A ENCRUZILHADA

Chegamos a uma encruzilhada em nossa história. Aqui é onde o cálculo se torna moderno, passando do mistério das curvas aos mistérios do movimento e da mudança. É onde o cálculo começa a indagar sobre os ritmos do universo, seus altos e baixos, seus inefáveis padrões temporais. Não satisfeito com o mundo estático da geometria, o cálculo se deixa fascinar com a dinâmica. E pergunta: quais são as regras do movimento e da mudança? O que podemos predizer sobre o futuro com alguma certeza?

Nos quatro séculos decorridos desde que alcançou essa encruzilhada, o cálculo se expandiu da álgebra e da geometria para a física e a astronomia, a biologia e a medicina, a engenharia e a tecnologia – enfim, para qualquer área em que tudo se movimente e as mudanças se perpetuem. O cálculo aplicou a matemática ao tempo. E nos ofereceu a esperança de que o mundo no qual vivemos, apesar de todas as injustiças, misérias e turbulências, possa ser razoável bem lá no fundo, no fundo de seu coração, onde segue as leis matemáticas. Às vezes descobrimos essas leis pela ciência. Outras vezes, podemos entendê-las pelo cálculo. E às vezes podemos usá-las para aperfeiçoar nossa vida, ajudar nossas sociedades e mudar para melhor o curso da história.

O momento decisivo na história do cálculo ocorreu em meados do século XVII, quando os mistérios das curvas, do movimento e da mudança colidiram em uma grade bidimensional, o plano xy de Fermat e Descartes. Naquela época, nenhum dos dois tinha ideia de que havia criado uma ferramenta extremamente útil. Viam o plano xy como uma ferramenta para a matemática pura. Mas esse plano era, desde o início, uma espécie de encruzilhada, um lugar onde equações encontravam curvas, a álgebra encontrava a geometria e a matemática do Oriente encontrava a do Ocidente. Então, na geração seguinte, Isaac Newton aproveitou os trabalhos de Fermat e Descartes, assim como os de Galileu e Kepler, e combinou geometria e física em uma grande síntese. A faísca de Newton atiçou o fogo que acendeu o Iluminismo e originou uma revolução na ciência e na matemática ocidentais.

Entretanto, para contar essa história, devemos começar pela arena onde tudo aconteceu, o plano xy. Quando os alunos de hoje iniciam seu curso de cálculo, passam o ano inteiro nesse plano. O termo técnico para a matéria é *cálculo de funções de uma variável*. Nossas conversas a respeito do assunto nos ocuparão durante os próximos capítulos. Começaremos com as funções.

Nos séculos que transcorreram desde que as curvas colidiram com movimentos e mudanças, o plano xy foi se tornando, cada vez mais, um centro vital. Hoje, é usado em todos os campos quantitativos para representar dados graficamente e para descobrir relações ocultas. Podemos usá-lo para visualizar como uma variável depende de outra e como x se relaciona com y quando todo o resto se mantém constante. Tais relacionamentos são modelados por funções de uma variável – escritas simbolicamente como $y = f(x)$ e pronunciadas como "y é igual a f de x". Aqui, f denota uma função que descreve como a variável y (chamada de variável *dependente*) depende da variável x (a variável *independente*), presumindo-se que todo o resto se mantenha imóvel e constante. Tais funções modelam como o mundo se comporta em sua forma mais organizada. Uma causa produz um efeito previsível. Uma dose estimula uma resposta previsível. Mais formalmente, uma função f é uma regra que atribui um y exclusivo a cada x. É como uma máquina de entrada e saída: alimente-a com x e ela ejetará y, e fará isso de modo confiável e previsível.

Algumas décadas antes de Fermat e Descartes, Galileu entendeu o poder dessa deliberada simplificação da realidade. Assim, meticulosamente, mudava apenas uma coisa de cada vez em seus experimentos, mantendo os demais elementos constantes. Deixava uma bola rolar por uma rampa e media a distância percorrida em determinado período de tempo. Simples e satisfatório – distância em função de tempo. Da mesma forma, Kepler estudou quanto tempo um planeta levava para orbitar o Sol e relacionou esse período à distância média entre os dois. Uma variável se contrapondo a outra, período se contrapondo a distância. Essa era a forma de fazer progressos. Assim era lido o grande livro da natureza.

Encontramos exemplos de funções nos capítulos anteriores. No exemplo do pão com canela e passas, x foi o número de fatias consumidas e y foi o número de calorias ingeridas. Nesse caso, a relação era $y = 200x$, que produzia um gráfico linear no plano xy. Outro exemplo surgiu quando estudamos como a duração do dia na cidade de Nova York mudava conforme as estações do ano em 2018. Nesse cenário, a variável x representava o dia do ano e y era o número de minutos de luz solar naquele dia, definido como o período compreendido entre o nascer e o pôr do sol. Descobrimos então que o gráfico oscilava como uma onda senoidal, com dias mais longos no verão e mais curtos no inverno.

A FUNÇÃO DAS FUNÇÕES

Algumas funções são tão importantes que têm suas próprias teclas nas calculadoras científicas. São celebridades matemáticas, como x^2, $\log x$ e 10^x. É certo que não têm muita utilidade para a maioria das pessoas, pois não são necessárias para calcular trocos ou gorjetas. Na vida cotidiana, números geralmente bastam. É por esse motivo que, quando você abre o aplicativo da calculadora em seu celular, surge por padrão uma calculadora básica com números de 0 a 9, além das quatro operações básicas da aritmética – adição, subtração, multiplicação e divisão – e uma tecla para percentuais. É tudo o que a maioria de nós necessita no dia a dia.

Mas para pessoas em profissões técnicas, números são apenas o início. Cientistas, engenheiros, analistas financeiros e pesquisadores da medicina precisam trabalhar com relações entre números, que revelam como uma coisa afeta outra. Para descrever relações assim, as funções são imprescindíveis, pois fornecem as ferramentas indispensáveis para modelar movimento e mudança.

De modo geral, as coisas podem mudar de três maneiras: podem subir, podem descer ou podem subir e descer. Em outras palavras: podem crescer, decair ou flutuar. Diferentes funções são adequadas para diferentes ocasiões. Como vamos conhecer várias funções nas próximas páginas, é útil lembrar algumas das mais úteis.

FUNÇÕES DE POTÊNCIA

Para quantificar o crescimento em suas formas mais graduais, geralmente usamos *funções de potência*, como x^2 ou x^3, nas quais uma variável x é elevada a alguma potência.

A mais simples é uma função linear, na qual a variável dependente y cresce em proporção direta a x. Por exemplo, se y for o número de calorias consumidas pela ingestão de uma, duas ou três fatias de pão com passas e canela, y crescerá de acordo com a equação $y = 200x$, em que x é o número de fatias e 200 é o número de calorias por fatia. No entanto, não há necessidade de uma tecla x específica na calculadora, pois a multiplicação serve ao mesmo propósito; 200 calorias vezes o número de fatias de pão é igual ao número de calorias consumidas.

Mas para o próximo tipo de crescimento na hierarquia, conhecido como crescimento quadrático, é muito útil ter um botão x^2 na calculadora. O crescimento quadrático é menos intuitivo que o crescimento linear. Não é só uma questão de multiplicação. Por exemplo, se mudarmos x de 1 para 2 e para 3 e perguntarmos como mudam os valores correspondentes de $y = x^2$, veremos que eles passam de $1^2 = 1$ para $2^2 = 4$ e para $3^2 = 9$. Assim, os valores y crescem em etapas crescentes, primeiro por $\Delta y = 4 - 1 = 3$; depois por $\Delta y = 9 - 4 = 5$. Se continuarmos, eles aumentam em 7, 9, 11 e assim por diante, seguindo o padrão dos números ímpares. Assim, para o crescimento quadrático, a quantidade de mudanças em si aumenta à medida que aumentamos x. O crescimento é mais rápido à medida que avança.

Já vimos esse curioso padrão de números ímpares nas experiências de Galileu com planos inclinados, nas quais ele cronometrava a velocidade das bolas que rolavam lentamente por uma rampa. Foi quando ele observou que, quando uma bola saía da posição de repouso, rolava cada vez mais rápido e ia cada vez mais longe, com as distâncias sucessivas crescendo proporcionalmente aos números ímpares sucessivos – 1, 3, 5 e assim por diante. Galileu logo entendeu o significado dessa regra enigmática: a distância total que a bola rolava não era proporcional ao tempo, e sim ao *quadrado* do tempo. Assim, no estudo do movimento, a função quadrática x^2 surgiu muito naturalmente.

FUNÇÕES EXPONENCIAIS

Em contraste com uma função de potência moderada, como x ou x^2, uma função exponencial como 2^x ou 10^x descreve um tipo de crescimento muito mais explosivo, como o de uma bola de neve, que se alimenta de si mesmo. Em vez da *adição* de um incremento constante a cada etapa, como no crescimento linear, o crescimento exponencial envolve a *multiplicação* por um fator constante.

Uma população bacteriana em uma placa de Petri, por exemplo, dobra a cada 20 minutos. Se houver mil células bacterianas inicialmente, haverá 2 mil células após 20 minutos. Passados mais 20 minutos, haverá 4 mil células, 20 minutos depois, 8 mil células; depois 16 mil, 32 mil e assim sucessivamente. Nesse exemplo, a função exponencial 2^x entra em jogo. Se medirmos o tempo em unidades de 20 minutos, especificamente, o número de bactérias após x unidades de tempo será de 1.000×2^x células. Crescimentos exponenciais semelhantes ocorrem em todas as multiplicações por um fator constante, da propagação de vírus biológicos à disseminação viral de informações em uma rede social.

O crescimento exponencial é relevante também para o crescimento de aplicações financeiras. Imagine uma quantia de 100 dólares em uma conta bancária que gera 1% ao ano. Após um ano, essa soma aumentaria para 101 dólares. Dois anos depois, o valor seria de 101 vezes 1,01, o que totalizaria 102,01. Após x anos, a quantidade de dinheiro na conta seria $100 \times (1,01)^x$.

Em funções exponenciais como 2^x e $(1,01)^x$ os números 2 e 1,01 são chamados de base da função. No pré-cálculo (disciplina que prepara os alunos para o estudo do cálculo), a base mais comumente usada é 10. Não há razão matemática para preferir 10 a qualquer outra base. Dez é um favorito tradicional por conta de um acaso da evolução biológica: temos 10 dedos. Assim sendo, baseamos nosso sistema de aritmética, o sistema decimal, em potências de 10.

Pelo mesmo motivo, a função exponencial que todos os futuros cientistas encontram primeiro, geralmente no ensino médio, é 10^x. Nesse caso, o número x é chamado de expoente. Quando x é igual a 1, 2, 3 ou qualquer outro número inteiro, seu valor indica quantos fatores de 10 estão sendo multiplicados em 10^x. Mas quando x é igual a 0, ou é negativo ou está entre dois números inteiros, o significado de 10^x é um pouco mais sutil, como veremos.

POTÊNCIAS DE 10

Existem muitas situações na ciência em que usamos potências de 10 para facilitar os cálculos. Principalmente, quando os números são muito grandes ou muito pequenos, reescrevê-los em notação científica é uma boa ideia. A notação científica usa potências de 10 para expressar números do modo mais compacto possível.

Tomemos o número 21 trilhões, muito comentado há alguns anos em relação à dívida nacional dos Estados Unidos. Vinte e um trilhões pode ser escrito em notação decimal como 21.000.000.000.000; ou, mais compactamente, em notação científica como $21 \times 10^{12} = 2,1 \times 10^{13}$. Se, por alguma razão, precisarmos multiplicar esse número enorme por, digamos, 1 bilhão, é mais fácil escrever $(2,1 \times 10^{13}) \times 10^9 = 2,1 \times 10^{22}$ do que rastrear todos os zeros em notação decimal.

As três primeiras potências de 10 são números que encontramos todos os dias:

1   $10^1 = 10$
2   $10^2 = 100$
3   $10^3 = 1.000$

Observe a sequência: a coluna da esquerda (x) cresce de forma *aditiva*, enquanto a coluna da direita (de 10^x) cresce de forma *multiplicativa*, como se espera do crescimento exponencial. Assim, na coluna da esquerda, cada etapa adiante adiciona 1 ao número anterior, enquanto na coluna da direita multiplica o número anterior por 10. Essa correspondência intrigante entre adição e multiplicação é característica das funções exponenciais, em geral, e das potências de 10, em especial.

Em virtude da correspondência entre as duas colunas, se *adicionarmos* dois números à coluna da esquerda, essa operação corresponderá à *multiplicação* de seus parceiros na coluna da direita. Por exemplo, $1 + 2 = 3$, à esquerda, converte-se em $10 \times 100 = 1.000$ à direita. A conversão da adição em multiplicação faz sentido porque:

$10^{1+2} = 10^3 = 10^1 \times 10^2$.

Portanto, quando multiplicamos potências de 10, seus expoentes se somam, como 1 e 2 aqui. A regra geral é:

$10^a \times 10^b = 10^{a+b}$.

Da mesma forma, uma *subtração* na coluna da esquerda corresponde a uma *divisão* na da direita:

$3 - 2 = 1$ corresponde a $\frac{1000}{100} = 10$.

Esses padrões elegantes sugerem como dar continuidade para baixo às duas colunas em direção a números cada vez menores. O princípio é que, sempre que subtrairmos 1 na coluna da esquerda, devemos dividir por 10 na coluna da direita. Agora olhe para a linha superior novamente:

1   $10^1 = 10$
2   $10^2 = 100$
3   $10^3 = 1.000$

Como subtrair 1 à esquerda equivale a dividir por 10 à direita, a correspondência continua com uma nova linha superior que tem $1 - 1 = 0$ à esquerda e $^{10}/_{10} = 1$ à direita:

0   $10^0 = 1$
1   $10^1 = 10$
2   $10^2 = 100$
3   $10^3 = 1.000$

Esse raciocínio explica por que 10^0 é definido como 1 (e tem de ser definido dessa forma), algo que muitos acham intrigante. Qualquer outra escolha quebraria o padrão. É a única que dá seguimento às tendências estabelecidas mais abaixo nas duas colunas.

Continuando desse modo, podemos extrapolar ainda mais a correspondência, agora para números negativos na coluna da esquerda. Os números correspondentes à direita tornam-se então frações, equivalentes a potências de $^1/_{10}$:

-2 $\frac{1}{100}$
-1 $\frac{1}{10}$
 0   1
 1   10
 2   100
 3   1.000

Observe que os números na coluna da direita permanecem sempre positivos, mesmo quando aqueles na coluna da esquerda se transformam em 0 ou se tornam negativos.

Uma possível armadilha cognitiva que ocorre quando usamos potências de 10 é que elas podem fazer números muito diferentes parecerem mais semelhantes do que são de fato. Para evitar essa cilada, vale fazer de conta que diferentes potências de 10 constituem categorias conceitualmente distintas. Às vezes, as línguas humanas fazem isso por conta própria, atribuindo nomes distintos a diferentes potências de 10, como se fossem espécies não relacionadas. Em inglês (assim como em português), nos referimos a 10, 100 e 1.000 com três palavras não relacionadas: *dez*, *cem* e *mil*. Isso é bom, pois transmite a ideia correta de que esses números são qualitativamente diferentes, mesmo sendo potências vizinhas de 10. Qualquer pessoa que observe a diferença entre um salário de cinco e um de seis dígitos sabe que um 0 a mais pode fazer uma grande diferença.

Quando as palavras para potências de 10 soam muito parecidas, somos induzidos a erros. Durante a campanha presidencial americana, em 2016, o senador Bernie Sanders criticou os exorbitantes incentivos fiscais concedidos a "milionários e bilionários". Concorde-se ou não com ele sobre o aspecto político, Sanders fez parecer que, em termos de riqueza, milionários e bilionários são comparáveis. Na verdade, os bilionários são muito, mas muito mais ricos que os milionários. Para entender como 1 milhão é diferente de 1 bilhão, pense assim: 1 milhão de segundos é pouco menos que duas semanas; 1 bilhão de segundos são aproximadamente 32 anos. A primeira quantidade equivale à duração de umas férias; a segunda, a uma fração significativa da vida.

A lição a ser aprendida aqui é que precisamos usar as potências de 10 com cuidado. Elas são como compressores perigosamente fortes, capazes de reduzir números enormes a tamanhos que podemos compreender com mais facilidade. Por isso mesmo são tão populares entre os cientistas. Em contextos em que uma quantidade varia em diversas ordens de grandeza, potências de 10 são frequentemente usadas para definir uma medição apropriada. Os exemplos incluem a escala de pH, para determinar acidez e alcalinidade; a escala Richter, para avaliar a magnitude de terremotos; e a escala de decibéis, para dimensionar a intensidade sonora. Por exemplo, se o pH de uma solução passar de 7 (neutro, como água pura) para 2 (ácido, como suco de limão), a concentração de íons de hidrogênio aumenta em cinco ordens de magnitude, significando um fator de 10^5, ou 100 mil. A queda de 7 para 2 no pH dá a impressão de que não houve grandes alterações, já que a diferença é de apenas cinco unidades. Mas, na verdade, a mudança na concentração iônica de hidrogênio foi da ordem de 100 mil vezes.

LOGARITMOS

Nos exemplos que consideramos até agora, os números na coluna da direita, como 100 e 1.000, sempre foram redondos. Como potências de 10 são tão convenientes, seria maravilhoso se pudéssemos expressar números não redondos da mesma forma. Tomemos 90, por exemplo. Considerando que 90 é um pouco menor que 100 e que 100 é igual a 10^2, ficamos com a impressão de que 90 deve ser igual a 10 elevado a um número ligeiramente menor que 2. Mas elevado a que número?

Os logaritmos foram inventados para responder a perguntas como essa. Em uma calculadora, se você digitar 90 e apertar o botão de log, obterá:

$\log 90 = 1{,}9542\ldots$

Portanto, esta é a resposta: $10^{1{,}9542\ldots} = 90$.

Assim, os logaritmos nos permitem escrever qualquer número positivo como uma potência de 10. Isso facilita muitos cálculos e também revela surpreendentes conexões entre números. Veja o que acontece se multiplicarmos 90 por um fator de 10 ou 100 e depois tirarmos o log:

$\log 900 \approx 2{,}9542\ldots$

e

log 9.000 = 3,9542...

Observe duas coisas interessantes:

1) Todos os logs aqui têm a mesma parte decimal: ,9542...
2) Multiplicar o número original, 90, por 10 aumentou seu log em 1. Multiplicá-lo por 100 o aumentou em 2, e assim por diante.

Podemos explicar ambos os fatos recorrendo à regra dos logs: *o log de um produto é a soma dos logs*. Neste caso,

log 90 = log(90 × 10)
   = log 9 + log 10
   = ,9542... + 1

e

log 900 = log(9 × 100)
    = log 9 + log 100
    = ,9542... + 2

e assim por diante. Isso explica por que os logs de 90, 900 e 9.000 têm a mesma parte decimal: ,9542... Essa parte decimal é o log de 9, e 9 é um fator que aparece em todos os números que estamos discutindo. As diferentes potências de 10 aparecem como as diferentes partes de números inteiros nos logs (nesse caso, 1, 2 ou 3 à frente da parte decimal). Por esse motivo, se estivermos interessados no valor do logaritmo de outros números, precisamos calcular apenas os logaritmos de 1 a 10. Isso se encarrega das partes decimais. O log dos outros números positivos só pode ser expresso em termos desses logs. Potências de 10 têm seu próprio trabalho: representar a parte do número inteiro.

A regra geral em forma simbólica é:

log($a \times b$) = log a + log b.

Em outras palavras, quando multiplicamos dois números e tiramos seu log, o resultado é a soma (não o produto!) de seus logs individuais. Nesse sentido, os logaritmos substituem os problemas de multiplicação por problemas de adição, muito mais fáceis. Para isso foram inventados. Os logaritmos aceleram tremendamente os cálculos. Em vez de enfrentar hercúleos problemas de multiplicação, raízes quadradas, raízes cúbicas e similares, podemos transformar esses cálculos em problemas de adição e resolvê-los com a ajuda da chamada tabela de logaritmos. O conceito de logaritmos estava no ar no início do século XVII, mas grande parte do crédito por sua popularização foi dada ao matemático escocês John Napier, que publicou sua *Descrição da maravilhosa regra dos logaritmos* em 1614. Uma década depois, Johannes Kepler usou entusiasticamente a nova ferramenta de cálculo enquanto elaborava tabelas astronômicas sobre as posições dos planetas e outros corpos celestes. Os logaritmos foram os supercomputadores da época.

Muitas pessoas acham os logaritmos confusos, mas eles fazem sentido se fizermos uma analogia com a carpintaria. Logaritmos e outras funções são como ferramentas. Diferentes ferramentas têm diferentes finalidades. Martelos são para pregar pregos na madeira; brocas são para fazer furos; serras servem para cortar. Da mesma forma, funções exponenciais são para modelar o crescimento que se alimenta de si mesmo, enquanto funções de potência são para modelar formas de crescimento menos violentas. Os logaritmos são úteis pelo mesmo motivo que os removedores de grampos são: desfazem a ação de outra ferramenta. Especificamente, os logaritmos desfazem as ações das funções exponenciais e vice-versa.

Considere, por exemplo, a função exponencial 10^x e a aplique a um número, digamos 3. O resultado é 1.000. Para desfazer essa ação, pressione a tecla log x. Retornamos ao número com o qual começamos: 3. A função log x (função logaritmo de base 10) desfaz a ação da função 10^x. Nesse sentido, são funções inversas.

Além de seu papel na inversão de funções, os logaritmos também descrevem muitos fenômenos naturais. Por exemplo, nossa percepção de um tom musical é aproximadamente logarítmica. Quando um tom aumenta de um para outro em oitavas sucessivas, esse aumento corresponde a duplicações sucessivas da frequência das ondas sonoras associadas. No entanto, embora as ondas oscilem duas vezes mais rápido a cada oitava, ouvimos as duplicações – que são mudanças *multiplicativas* na frequência – como aumentos graduais no tom, ou seja, como aumentos *aditivos* iguais. É estranho. Nossa mente nos faz acreditar que 1 está tão longe de 2 quanto 2 está de 4, 4 está de 8 e assim por diante. De alguma forma, sentimos a frequência de modo logarítmico.

O LOGARITMO NATURAL E SUA FUNÇÃO EXPONENCIAL

Por mais útil que tenha sido em seu apogeu, hoje em dia a base 10 raramente é empregada no cálculo moderno. Foi substituída por outra base que parece obscura, mas acaba sendo bem mais natural que 10. Essa base natural é chamada de *e*. Trata-se de um número próximo de 2,718 (cuja origem explicarei em um minuto), mas seu valor numérico não vem ao caso. O importante é que uma função exponencial com base *e* cresce a uma taxa exatamente igual à própria função.

Vou repetir.

A taxa de crescimento de e^x é também e^x.

Essa propriedade maravilhosa simplifica todos os cálculos sobre funções exponenciais quando são expressas na base *e*. Nenhuma outra base desfruta dessa simplicidade. Quer estejamos trabalhando com derivadas, integrais, equações diferenciais ou qualquer outra ferramenta de cálculo, as funções exponenciais expressas na base *e* serão sempre as mais limpas, as mais elegantes e as mais bonitas.

Além de seu papel simplificador no cálculo, a base *e* surge naturalmente nas áreas financeira e bancária. O exemplo a seguir revelará de onde vem e como é definido o número.

Imagine que você deposite 100 dólares em um banco que paga juros a uma taxa anual implausível mas irresistível de 100%. Isso significa que, um ano depois, seus 100 dólares se tornarão 200. Agora retorne ao início e considere um cenário ainda mais favorável. Imagine que você possa convencer o banco a capitalizar seu dinheiro duas vezes por ano, de modo a receber juros sobre juros à medida que seu dinheiro aumenta. Quanto mais você ganharia nesse caso? Como você está pedindo ao banco para capitalizar o dinheiro com uma frequência duas vezes maior, é justo que a taxa de juros para cada período de seis meses seja metade da média, ou seja, 50%. Assim, após seis meses, você terá 100 dólares × 1,50, o que equivale a 150 dólares. Seis meses depois, no final do ano, o valor será 50% maior: 150 dólares × 1,50, o que equivale a 225 dólares. Trata-se de um valor maior que os 200 dólares auferidos no contrato original, pois durante o ano você recebeu juros sobre juros.

A pergunta seguinte é: o que acontece se você conseguir que o banco capitalize seu dinheiro a uma frequência cada vez maior e com taxas de juros proporcionalmente menores durante cada período de capitalização? Você alcançaria uma riqueza fabulosa? Infelizmente, não. A capitalização trimestral renderia $ 100 × (1,25)^4 ≈ 244,14 dólares, uma melhoria não muito significativa em relação a 225. Capitalizar ainda mais rápido, uma vez por dia durante os 365 dias do ano, deixaria você com apenas

$$\$ 100 \times (1 + \tfrac{1}{365})^{365} \approx \$ 271{,}46$$

no final do ano. Aqui, o número 365, tanto no denominador quanto no expoente, refere-se à quantidade de períodos capitalizados no ano, e o 1 no numerador de ⅟₃₆₅ é a taxa de juros de 100% expressa como decimal.

Por fim, suponha que levemos essa capitalização maluca ao limite. Se o banco capitalizar seu dinheiro n vezes por ano, em que n é um número monstruosamente grande, com taxas de juros proporcionalmente minúsculas durante cada período de um subnanossegundo, por analogia com o resultado de 365 períodos diários, você terá

$$\$ 100 \times (1 + \tfrac{1}{n})^n$$

em sua conta no final do ano. À medida que n se aproxima do infinito, esse valor se aproxima de 100 vezes o limite de

$$(1 + \tfrac{1}{n})^n.$$

Esse limite é definido pelo número e. O número limitador não é nada óbvio, mas se aproxima de 2,71828...

No mundo bancário, o arranjo financeiro mostrado acima é chamado de *capitalização contínua*. Seus resultados não oferecem nenhum motivo para euforia. No exemplo anterior, a capitalização contínua renderia ao final do ano um saldo de:

$ 100 × e ≈ $ 271,83.

Embora esse seja o melhor resultado, são apenas 37 centavos de dólar a mais do que na capitalização diária.

Passamos por muitas etapas para definir e, que no final se revelou um limite complicado. Ele traz o infinito em seu bojo assim como o número π com relação aos círculos. Vale lembrar que o cálculo de π envolveu o cálculo do perímetro de um polígono com inúmeros lados inscritos em um círculo. Esse polígono se aproximou do círculo quando o número de lados, n, aproximou-se do infinito e o comprimento dos lados se aproximou de 0. O número e é definido como um limite de modo um tanto semelhante, exceto pelo fato de surgir em diferentes contextos de crescimento continuamente composto.

A função exponencial associada a e é escrita como e^x, assim como a função exponencial da base 10 é escrita como 10^x. Parece estranha no início, mas em nível estrutural é como a base 10. Todos os princípios e padrões são os mesmos. Por exemplo, se quisermos encontrar um x tal que e^x seja um número determinado, digamos 90, podemos usar logaritmos novamente, como fizemos antes, exceto que agora empregamos o logaritmo de base e, mais conhecido como *logaritmo natural* e simbolizado como ln x ("ln" significa "logaritmo natural"). Para encontrar o x desconhecido de modo que $e^x = 90$, basta ligar uma calculadora científica, digitar 90, pressionar a tecla ln x e obter a resposta:

ln 90 ≈ 4,4498.

Para verificá-la, mantenha esse número na tela e tecle o botão e^x. Você obterá 90. Como vimos antes, logs e exponenciais desfazem as ações um do outro, como um grampeador e um removedor de grampos.

Por mais obscuro que tudo isso pareça, o logaritmo natural é extremamente prático, embora muitas vezes de forma discreta. Por um lado, sustenta uma regra geral conhecida pelos investidores e banqueiros como a regra dos 72. Para estimar quanto tempo você levará para dobrar seu dinheiro a determinada taxa de retorno anual, divida 72 pela taxa de retorno. Assim, o dinheiro que cresce a uma taxa anual de 6% dobra depois de 12 anos ($72/6 = 12$). Essa regra resulta das propriedades do logaritmo natural e do crescimento exponencial e funciona bem se a taxa de juros for baixa o suficiente. Os logaritmos naturais também contribuem para a datação por carbono de árvores e ossos antigos e para a autenticação (ou não) de pinturas. Um caso famoso envolveu obras supostamente pintadas por Vermeer, que se revelaram falsificações por meio da análise da decomposição radioativa dos isótopos de chumbo e rádio na tinta. Como tais exemplos sugerem, o logaritmo natural permeia hoje todos os campos em que haja crescimento e decaimento exponenciais.

O MECANISMO POR TRÁS DO CRESCIMENTO E DO DECAIMENTO EXPONENCIAIS

Vamos reiterar: o que torna e especial é que a taxa de variação de e^x é e^x. Portanto, à medida que o gráfico dessa função exponencial vai aumentando, sua curvatura sempre se inclina, de modo a corresponder à sua altura. Ou seja, quanto mais alto fica, mais íngreme se torna. No jargão do cálculo, e^x é sua própria derivada. Não se pode dizer o mesmo de nenhuma outra função. Trata-se da função mais justa de todas – pelo menos no que diz respeito ao cálculo.

Embora a base e seja distinta de forma exclusiva, outras funções exponenciais obedecem a um princípio semelhante de crescimento. A única diferença é que a taxa de crescimento exponencial é *proporcional*, mas não exatamente *igual*, ao nível da função no momento. Ainda assim, essa proporcionalidade é suficiente para gerar a explosividade que associamos ao crescimento exponencial.

A explicação para a proporcionalidade é intuitivamente clara. No crescimento bacteriano, por exemplo, populações maiores crescem mais depressa porque quanto mais células houver, mais células estarão disponíveis para se dividir e gerar novas células. O mesmo acontece com o dinheiro em uma conta sendo corrigido a uma taxa de juros compostos. Mais dinheiro significa mais juros sobre o dinheiro e, portanto, uma taxa de crescimento mais rápida do valor na conta.

Esse efeito também explica o uivo de um microfone que capta o som de seu próprio alto-falante. O alto-falante contém um amplificador que aumenta o volume do som. Na verdade, ele o multiplica por um fator constante. Se esse som mais alto for captado pelo microfone e depois enviado de volta pelo amplificador, seu volume será ampliado repetidamente, em um circuito de *feedbacks* positivos. Isso causa um aumento descontrolado e exponencial do volume, que se amplifica proporcionalmente ao volume atual e acaba por provocar um som estridente.

Reações nucleares em cadeia também são governadas pelo crescimento exponencial, pelo mesmo motivo. Um átomo de urânio, quando se divide, dispara nêutrons que podem se chocar contra outros átomos e provocar sua divisão, liberando ainda mais nêutrons e assim por diante. O crescimento exponencial do número de nêutrons, se não for controlado, pode desencadear uma explosão nuclear.

Assim como o crescimento, o decaimento pode ser descrito por funções exponenciais. O decaimento exponencial ocorre quando algo está sendo exaurido ou consumido a uma taxa proporcional ao seu nível atual. Por exemplo, metade dos átomos em uma pedra de urânio leva sempre o mesmo tempo para decair radioativamente, não importando quantos átomos estejam presentes no início. Esse tempo de decaimento é conhecido como meia-vida. O conceito também se aplica a outros campos. No capítulo 8, discutiremos o que os médicos aprenderam sobre a aids ao descobrirem que o número de partículas de vírus na corrente sanguínea de pacientes infectados pelo HIV caía exponencialmente, com uma meia-vida de apenas dois dias, depois que um medicamento milagroso chamado inibidor de protease era administrado.

Diversos exemplos, desde a dinâmica das reações em cadeia e do acúmulo de dinheiro em uma conta bancária, passando pelos microfones uivantes, parecem indicar que as funções exponenciais e seus logaritmos estão firmemente plantados na parte do cálculo que lida com mudanças no tempo. E é verdade que o crescimento e o decaimento exponenciais são tópicos importantes na parte moderna das encruzilhadas do cálculo. Mas os logaritmos foram percebidos pela primeira vez no outro lado, quando o cálculo ainda estava focado na geometria das curvas. Aliás, o logaritmo natural surgiu cedo nos estudos relativos à área sob a hipérbole $y = 1/x$. A trama se adensou na década de 1640, quando se descobriu que a área abaixo da hipérbole definia uma função que, estranhamente, se comportava como um logaritmo. Na verdade, era um logaritmo. Obedecia às mesmas regras estruturais e transformava problemas de multiplicação em problemas de adição como qualquer outro logaritmo, mas sua base era desconhecida.

Ainda havia muito a ser aprendido a respeito das áreas abaixo das curvas, o que seria um dos dois grandes desafios que o cálculo tinha pela frente. O outro era conceber um método mais sistemático para encontrar as retas tangentes e as inclinações das curvas. A solução desses dois problemas e a descoberta da conexão surpreendente entre ambos logo conduziriam decisivamente o cálculo – e o mundo – até a modernidade.

6

O VOCABULÁRIO DA MUDANÇA

Sob a perspectiva do século XXI, o cálculo costuma ser visto como a matemática da mudança. Ele a quantifica usando dois grandes conceitos: derivadas e integrais. As derivadas representam taxas de variação e são o tópico principal deste capítulo. As integrais modelam o acúmulo de mudanças e serão discutidas nos capítulos 7 e 8.

As derivadas respondem a perguntas como "Qual é a velocidade?", "Qual é a inclinação?" e "Qual é a sensibilidade?". Todas essas perguntas, de um modo ou de outro, versam sobre taxas de variação. Uma taxa de variação representa uma mudança em uma variável dependente dividida por uma mudança em uma variável independente. Em símbolos, uma taxa de variação assume sempre a forma $\Delta y/\Delta x$, uma variação em y dividida por uma variação em x. Outras letras são usadas às vezes, mas a estrutura é sempre a mesma. Por exemplo, quando o tempo é a variável independente, costuma-se escrever a taxa de variação como $\Delta y/\Delta t$, em que t indica tempo.

O exemplo mais familiar de uma taxa é a *velocidade*. Quando dizemos que um carro está percorrendo 100 quilômetros por hora, esse número se qualifica como uma taxa de mudança, pois define a velocidade como um $\Delta y/\Delta x$ ao indicar a distância que o carro percorre ($\Delta y = 100$ quilômetros) em determinado período de tempo ($\Delta t = 1$ hora).

A *aceleração* é também uma taxa – definida como taxa de variação de velocidade, geralmente escrita $\Delta v/\Delta t$, onde v significa velocidade. Quando a fábrica americana de carros Chevrolet afirma que um de seus poderosos modelos esportivos, o V-8 Camaro SS, pode ir de 0 a 100 quilômetros por hora em quatro segundos, está citando a aceleração como uma taxa: uma mudança na velocidade (de 0 a 100 quilômetros por hora) dividida por uma mudança no tempo (4 segundos).

A *inclinação* de uma rampa é um terceiro exemplo de taxa de variação. É definida como a variação vertical da rampa Δy dividida por sua variação horizontal Δx. Uma rampa íngreme tem uma grande inclinação. A lei dos Estados Unidos exige que uma rampa acessível a cadeiras de rodas tenha uma inclinação menor que $1/12$. Um terreno totalmente plano tem zero de inclinação.

De todas as diversas taxas de variação que existem, a inclinação de uma curva no plano xy é a mais importante e útil, pois pode substituir todo o resto. Dependendo do que x e y representem, a inclinação de uma curva pode indicar velocidade, aceleração, taxa de pagamento, taxa de câmbio, retorno marginal de um investimento ou qualquer outro tipo de taxa. Por exemplo: quando plotamos o número de calorias y contidas em x fatias de pão de passas e canela, o gráfico era uma reta com uma inclinação de 200 calorias por fatia. Essa inclinação, uma característica geométrica, nos informava a taxa em que o pão fornece calorias, uma característica nutricional. Da mesma forma, em um gráfico de distância versus tempo para um carro em movimento, a inclinação indica a velocidade do carro. Assim, a inclinação é uma espécie de taxa universal. Como qualquer função de uma variável sempre pode ser representada graficamente como uma curva no plano xy, podemos encontrar sua taxa de variação lendo a inclinação do gráfico.

O problema é que as taxas de variação raramente são constantes, tanto no mundo real quanto na matemática. Nesse caso, definir uma taxa se torna problemático. A primeira grande questão no cálculo diferencial é definir uma taxa que continua variando. Velocímetros e dispositivos de GPS resolveram esse problema, pois sempre sabem que velocidade informar, mesmo que um carro esteja acelerando e diminuindo a marcha. Como esses dispositivos fazem isso? Como fazem as avaliações? Com o cálculo, como veremos.

Assim como as velocidades, as inclinações não precisam ser constantes. Em uma curva como um círculo, uma parábola ou qualquer outro caminho suave (contanto que não seja uma linha perfeitamente reta), a inclinação é mais íngreme em alguns lugares e mais suave em outros. O que também ocorre no mundo real. Trilhas nas montanhas têm trechos íngremes traiçoeiros e trechos planos repousantes. Portanto, a pergunta permanece: como definir a inclinação que continua variando?

A primeira coisa a ser notada é que precisamos expandir nosso conceito de taxa de variação. Em problemas de álgebra que envolvem distâncias iguais à taxa vezes tempo, a taxa é sempre uma constante. Não é o caso do cálculo. Como as velocidades, declives e outras taxas variam conforme a variável independente x ou t, todas devem ser consideradas funções. As taxas de variação não podem mais ser simples números. Precisam se tornar funções.

É o que o conceito de derivadas faz por nós. Define uma taxa de variação como função. Especifica uma taxa em determinado ponto ou em determinado momento, mesmo que ela seja variável. No presente capítulo, veremos como as derivadas são definidas, o que significam e por que são importantes.

Para revelar o segredo, as derivadas são importantes por ser onipresentes. Em seu nível mais profundo, as leis da natureza são expressas em termos de derivadas. É como se o universo conhecesse as taxas de variação antes de nós. Em nível mais mundano, as derivadas aparecem sempre que desejamos quantificar como uma mudança em alguma coisa está relacionada a uma mudança em outra coisa. Quanto um aumento no preço de um aplicativo afeta sua demanda pelos consumidores? Quanto um aumento na dose de um medicamento com estatina aumenta sua capacidade de reduzir o colesterol de um paciente ou aumenta o risco de efeitos colaterais em seu organismo, como danos no fígado? Sempre que estudamos uma relação de qualquer tipo, queremos saber: se uma variável muda, quanto muda uma variável relacionada? E em que direção, para cima ou para baixo? São perguntas comuns a respeito de derivadas. A aceleração de um foguete, a taxa de crescimento de uma população, o retorno marginal de um investimento, o gradiente de temperatura em uma tigela de sopa – tudo isso está no âmbito das derivadas.

No cálculo, o símbolo da derivada é dy/dx. Serve para lembrar uma taxa de variação comum $\Delta y/\Delta x$, exceto que as duas alterações dy e dx agora são consideradas infinitamente pequenas. Trata-se de uma ideia nova e radical que vamos abordar de forma lenta e suave, embora não deva constituir surpresa. Sabemos, pelo Princípio do Infinito, que o modo de efetuar avanços em problemas complicados é dividi-los em partes infinitesimais, analisá-las e, em seguida, juntá-las novamente para encontrar a resposta. As pequenas variações dx e dy são as partes infinitesimais no contexto do cálculo diferencial. Recompô-las é o trabalho do cálculo integral.

OS TRÊS PROBLEMAS CENTRAIS DO CÁLCULO

De modo a nos prepararmos para o que vem pela frente, precisamos ter em mente o quadro geral. Existem três problemas centrais no cálculo, que são mostrados de forma esquemática no diagrama a seguir.

1. *O problema direto:* dada uma curva, encontrar sua inclinação.
2. *O problema inverso:* dada a inclinação de uma curva, encontrar a curva.
3. *O problema da área:* dada uma curva, encontrar a área abaixo dela.

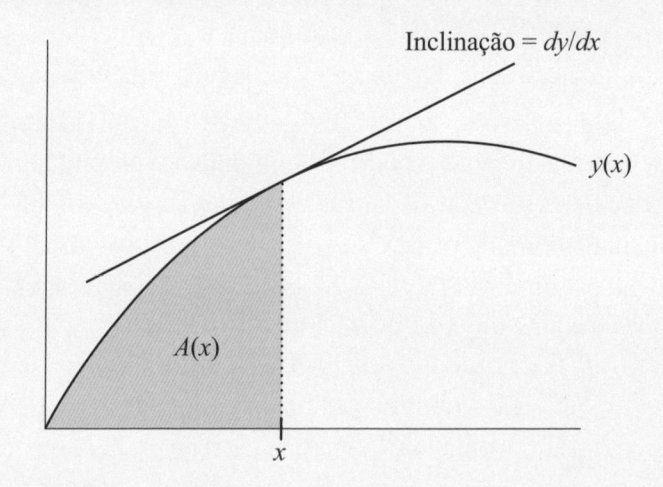

O diagrama mostra o gráfico de uma função genérica $y(x)$. Eu não informei o que x e y representam porque isso não importa. A imagem é completamente genérica. Mostra uma curva no plano. Essa curva pode representar qualquer função de uma variável e, portanto, pode ser aplicada a qualquer ramo da matemática ou da ciência em que essas funções apareçam, o que significa, essencialmente, em qualquer lugar. A importância de sua inclinação e de sua área será explicada mais adiante. Por enquanto, pense nelas como o que são: uma inclinação e uma área. O tipo de coisa que interessa aos geômetras.

Podemos ver essa curva de duas formas, uma antiga e uma nova. No início do século XVII, antes do aparecimento do cálculo, curvas assim eram vistas como objetos geométricos. Eram consideradas fascinantes por si mesmas. Os matemáticos desejavam quantificar suas propriedades geométricas. Dada uma curva, eles almejavam encontrar a inclinação de sua tangente em cada ponto, o comprimento do arco, a área abaixo e assim por diante. No século XXI, estamos mais interessados na função que produziu a curva, nos tipos de fenômenos naturais ou tecnológicos que nela se manifestam. A curva representa dados, mas há algo mais profundo inerente a ela. Hoje pensamos na curva como pegadas na areia, uma pista para o processo que a criou. Esse processo – moldado por uma função – é o que nos interessa, não os traços que ele deixou para trás.

A colisão entre esses dois pontos de vista replica o modo como o mistério das curvas colidiu com os mistérios do movimento e da mudança. Foi assim que a geometria antiga colidiu com a ciência moderna. Apesar de estarmos nos tempos modernos, decidi desenhar a imagem sob a perspectiva mais antiga, pois o plano xy é bastante familiar. Essa perspectiva nos oferece o modo mais claro para compreendermos os três problemas centrais do cálculo, que podem ser facilmente visualizados quando os apresentamos em termos geométricos. (As mesmas ideias podem também ser formuladas em termos de movimento e mudança, em vez de curvas e inclinações, mediante conceitos dinâmicos como velocidade e distância, mas faremos isso mais tarde, quando tivermos uma compreensão melhor da geometria.)

Os problemas devem ser interpretados no sentido de funções. Em outras palavras, quando falo sobre a inclinação da curva, não me refiro apenas a um ponto específico. Refiro-me a um ponto arbitrário x. A inclinação muda à medida que avançamos ao longo da curva. Nosso objetivo é entender como ela muda em função de x. Da mesma forma, a área sob a curva depende de x. Eu a mostrei sombreada em cinza e a rotulei com o símbolo $A(x)$. Essa área também deve ser considerada uma função de x. À medida que aumentamos o x, a linha tracejada vertical desliza para a direita e a área se expande. Portanto, a área depende de qual x é escolhido.

Estes, portanto, são os três problemas centrais: como descobrir a inclinação variável de uma curva? Como reconstruir uma curva a partir de sua inclinação? Como equacionar a alteração da área abaixo da curva?

Formuladas no contexto da geometria, essas perguntas podem parecer bastante secas. Mas uma vez reinterpretadas no mundo real e sob o ponto de vista do século XXI, ou seja, como problemas sobre movimento e mudança, elas se tornam incrivelmente abrangentes. As inclinações medem as taxas de mudança, as áreas medem o acúmulo de mudanças. Assim, inclinações e áreas surgem em todos os campos: física, engenharia, finanças, medicina... Enfim, onde quer que a mudança seja uma preocupação permanente. Compreender os problemas e suas soluções abre o universo do pensamento quantitativo moderno, pelo menos a respeito das funções de uma variável. Para que tudo fique muito claro, devo mencionar que o cálculo abrange muito mais que isso, como funções de muitas variáveis, equações diferenciais e similares. Tudo a seu tempo. Falaremos sobre isso mais adiante.

Este capítulo tratará das funções de uma variável e suas derivadas (suas taxas de variação), iniciando com funções que mudam a uma taxa constante e depois abordando a questão, mais complicada, de funções que mudam a uma taxa variável. É aí que o cálculo diferencial realmente brilha – dando um sentido a mudanças constantes.

Após nos acostumarmos com as taxas de mudança, estaremos prontos para enfrentar o acúmulo de mudanças, o tópico mais desafiador do próximo capítulo. Veremos então que o problema direto e o problema inverso, por mais diferentes que pareçam, são gêmeos separados no nascimento – um choque denominado teorema fundamental do cálculo. Esse importante teorema revelou que as taxas de mudança e o acúmulo de mudanças estão muito mais intimamente relacionados do que se suspeitava. Foi uma descoberta que unificou as duas metades do cálculo.

Mas vamos começar do início, com taxas.

FUNÇÕES LINEARES E SUAS TAXAS CONSTANTES

Muitas situações do cotidiano são descritas por relações lineares, nas quais uma variável é proporcional a outra. Por exemplo:

1) No verão passado, minha filha mais velha, Leah, conseguiu seu primeiro emprego, em uma loja de roupas no shopping. Seu salário era de 10 dólares por hora. Portanto, quando trabalhava duas horas, ela

ganhava 20 dólares. De modo geral, ao trabalhar t horas, Leah ganhava y dólares, onde $y = 10t$.

2) Um carro avança por uma rodovia a 100 quilômetros por hora. Assim, após uma hora, percorre 100 quilômetros. Depois de duas horas, 200 quilômetros. Ou seja, após t horas, o carro percorre $100t$ quilômetros. A relação aqui é $y = 100t$, em que y é o número de quilômetros percorridos em t horas.

3) De acordo com a Lei dos Americanos com Deficiências, uma rampa acessível a cadeiras de rodas não deve subir mais do que 1 polegada (2,54 cm) a cada 12 polegadas de distância horizontal. Para uma rampa com esse gradiente máximo, a relação entre elevação e distância é $y = x/12$, onde y é a elevação e x, a distância.

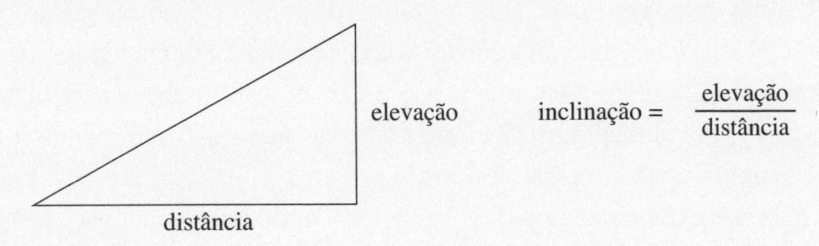

$$\text{inclinação} = \frac{\text{elevação}}{\text{distância}}$$

Em cada uma dessas relações lineares, a variável dependente muda a uma taxa constante em relação à variável independente. A taxa de pagamento da minha filha é uma constante de 10 dólares por hora. A velocidade do carro é uma constante de 100 quilômetros por hora. E a rampa acessível à cadeira de rodas tem uma inclinação constante, definida como sua subida ao longo da distância, igual a $1/12$. Da mesma forma, o pão de canela e passas que gosto de comer libera calorias a uma taxa constante de 200 calorias por fatia.

No jargão técnico do cálculo, uma taxa sempre significa um quociente de duas mudanças: uma mudança em y dividida por uma mudança em x, escrita em símbolos como $\Delta y/\Delta x$. Por exemplo, se eu comer mais duas fatias de pão, consumirei mais 400 calorias. Assim, a taxa correspondente é:

$$\frac{\Delta y}{\Delta x} = \frac{400 \; calorias}{2 \; fatias}$$

O que simplifica as coisas para 200 calorias por fatia. Nenhuma surpresa aqui. Mas vale observar que a taxa é constante. Continua sempre a mesma, não importando o número de fatias que já comi.

$$\frac{\Delta y}{\Delta x} = 200 \frac{\text{calorias}}{\text{fatias}}$$
em todos os pontos da linha

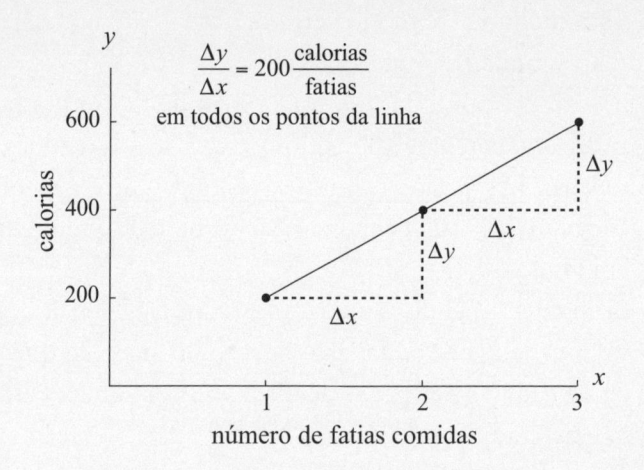

Quando uma taxa é constante, gostamos de pensar nela como sendo simplesmente um *número*, como 200 calorias por fatia, 10 dólares por hora ou uma inclinação de $^1/_{12}$. Isso não traz problemas aqui, mas pode nos trazer mais tarde. Em situações mais complicadas, as taxas não serão constantes. Por exemplo, considere uma caminhada por uma trilha onde algumas partes são íngremes e outras, planas. Em um terreno ondulante, a inclinação é uma função da posição. Seria um erro pensar nela como um simples número. Da mesma forma, quando um carro acelera ou quando um planeta orbita o Sol, sua velocidade muda incessantemente. Portanto, é vital considerar a velocidade como função do tempo. Devemos adotar esse hábito agora. Vamos parar de pensar nas taxas de mudança como números. *Taxas são funções*.

A confusão pode ocorrer porque as funções da taxa são constantes para as relações lineares que estamos considerando. É por isso que tratá-las como números em um contexto linear não tem importância. Elas não mudam conforme mudamos a variável independente. A taxa de pagamento da minha filha é de 10 dólares por hora, não importando o quanto ela trabalhe, e a inclinação da rampa é de $^1/_{12}$ em todos os pontos ao longo de seu comprimento. Mas não deixe que isso engane você. Essas taxas não deixam de ser funções. Só que são funções constantes. O gráfico de uma função constante é uma linha reta, conforme mostrado aqui para o pão de canela e passas, com sua carga constante de 200 calorias por fatia.

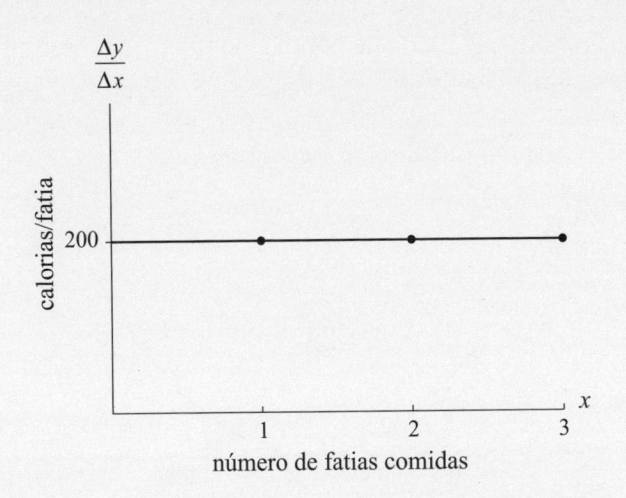

[gráfico: $\frac{\Delta y}{\Delta x}$ — calorias/fatia no eixo vertical (200), número de fatias comidas no eixo horizontal (1, 2, 3)]

Quando lidarmos, na próxima seção, com uma relação não linear, veremos que ela gera uma curva, não uma reta, quando representada graficamente no plano xy. De qualquer modo, uma reta ou uma curva sempre revelam muito sobre a relação que a produziu. É como uma foto ou assinatura. É uma pista do que houve, do que gerou aquela história.

Observe a diferença entre uma função e o gráfico da função. Uma função é uma regra sem corpo que come xs e expele ys, e o faz de forma exclusiva: um y para cada x. Nesse sentido, uma função é incorpórea. Não há nada para ser contemplado quando se olha para uma função. Trata-se de uma entidade fantasmagórica, uma regra abstrata, que pode ser por exemplo: "Me alimente com um número e retornarei 10 vezes esse número." Já o gráfico de uma função é algo visível, quase tangível, uma forma que você consegue enxergar. Especificamente, o gráfico da função que acabei de descrever seria uma linha a partir da origem com uma inclinação de 10, definida pela equação $y = 10x$. Mas a função em si não é a reta. A função é a regra que produz a reta. Para fazer uma função se manifestar, é preciso alimentá-la com um x, deixá-la expelir um y, repetir o procedimento para todos os xs e plotar os resultados. Quando se faz isso, a função em si permanece invisível. O que se vê é o gráfico.

UMA FUNÇÃO NÃO LINEAR E SUA TAXA DE VARIAÇÃO

Quando uma função não é linear, sua taxa de variação $\Delta y/\Delta x$ não é constante. Em termos geométricos, isso significa que o gráfico da função é uma curva com uma inclinação que muda de ponto a ponto. Como exemplo, considere a parábola a seguir.

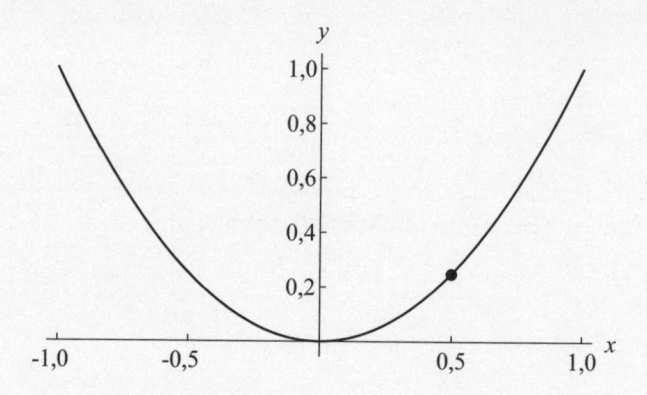

Trata-se da curva $y = x^2$, que corresponde à tecla não linear mais simples da calculadora, a função quadrática x^2. Esse exemplo nos dará alguma prática com a definição de uma derivada como a inclinação da linha tangente e também esclarecerá por que os limites entram nessa definição.

Inspecionando a parábola, vemos que algumas partes são íngremes e outra, relativamente plana. A parte mais plana ocorre na porção inferior da parábola, no ponto em que $x = 0$. Lá podemos ver facilmente que a derivada deve ser 0. Só pode ser, pois a linha tangente na parte inferior é evidentemente o eixo x. Vista como uma rampa, essa linha não tem elevação e, portanto, tem uma inclinação de 0.

Mas em outros pontos da parábola não é tão óbvio qual deve ser a inclinação da linha tangente. Na verdade, não é nada óbvio. Para descobrir isso, vamos fazer um experimento mental ao estilo de Einstein. Vamos imaginar o que veríamos se pudéssemos aumentar um ponto arbitrário (x, y) na parábola, sempre o mantendo no centro de nosso campo de visão – como em uma ampliação fotográfica. Ou como se observássemos um pedaço da curva sob um microscópio, aumentando progressivamente a ampliação. À medida que chegamos mais perto, o fragmento de parábola começa a parecer cada vez mais reto. No limite da ampliação *infinita* (que equivale a ampliar uma parte *infinitesimal* da curva em torno do ponto de interesse), a parte ampliada deverá se aproximar de uma linha reta. Essa linha reta delimitadora é definida como a linha *tangente* naquele ponto da curva e sua inclinação é definida como a *derivada*.

Observe que estamos usando o Princípio do Infinito – tentando fatiar uma curva complicada em pedaços retos infinitesimais de modo a simplificá-la.

É o que sempre fazemos no cálculo. Formas curvas são difíceis; formas retas são fáceis, mesmo que exista um número infinitamente grande delas e mesmo que sejam infinitamente pequenas. O cálculo de uma derivada dessa forma é uma operação de cálculo por excelência e uma das aplicações fundamentais do Princípio do Infinito.

Para conduzir o experimento mental, precisamos selecionar um ponto na curva para ser ampliado. Qualquer ponto serve, mas uma escolha numericamente conveniente é o ponto que se encontra na parábola acima de $x = ½$. No diagrama anterior, marquei esse ponto. Que no plano xy está em

$$(x, y) = (\tfrac{1}{2}, \tfrac{1}{4})$$

ou, em notação decimal, $(x, y) = (0{,}5,\ 0{,}25)$. A razão para que y seja igual a ¼ nesse ponto é que, para se qualificar como um ponto na parábola, o ponto deve obedecer a $y = x^2$, como todos os pontos na parábola; afinal, isso é o que define um ponto como integrante da curva parabólica. Assim, em $x = ½$, o ponto deve ter um valor y de:

$$y = x^2 = (\tfrac{1}{2})^2 = \tfrac{1}{4}.$$

Agora estamos prontos para ampliar o ponto de interesse. Coloque o ponto $(x, y) = (0{,}5,\ 0{,}25)$ no centro do microscópio. Com a ajuda da computação gráfica, amplie um pequeno pedaço da curva em torno desse ponto. A primeira ampliação é mostrada aqui:

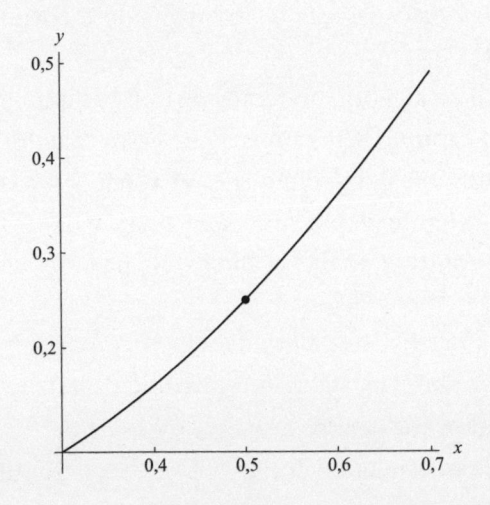

Nessa visualização ampliada, a forma geral da parábola é perdida. Vemos apenas um arco ligeiramente curvado. Esse pequeno pedaço de parábola, situado entre $x = 0{,}3$ e $0{,}7$, parece muito menos curvado que a parábola.

Aumente o zoom sobre o pedaço entre $x = 0{,}49$ e $0{,}51$. Nessa nova ampliação, o fragmento parece ainda mais reto que o anterior, embora não seja realmente reto, pois ainda faz parte da parábola.

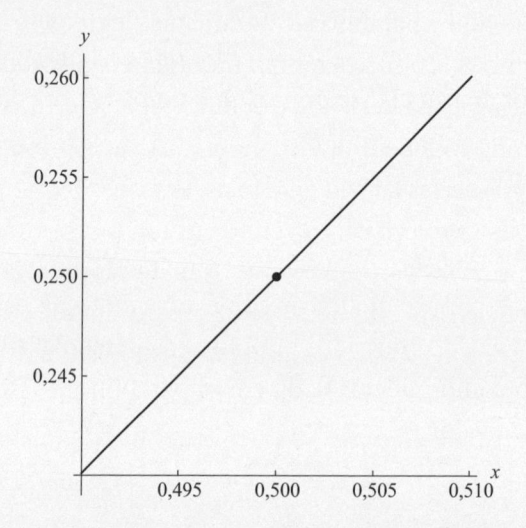

A tendência é clara. À medida que aumentamos o zoom, as peças parecem mais retas. Ao medirmos a subida ao longo da distância, $\Delta y/\Delta x$, desse segmento quase reto e aproximando cada vez mais o zoom, estamos efetivamente determinando o limite da inclinação da peça, $\Delta y/\Delta x$, à medida que Δx se aproxima de 0. A computação gráfica sugere fortemente que a inclinação da linha quase reta está cada vez mais próxima de 1, correspondendo a uma reta em um ângulo de 45 graus.

Com um pouco de álgebra, podemos provar que a inclinação limitante é *exatamente* 1. (No capítulo 8, veremos como esses cálculos são feitos.) Além disso, efetuar o mesmo cálculo em qualquer x, não apenas em $x = ½$, revela que a inclinação limitante (e, portanto, a inclinação da reta tangente) é igual a $2x$ em qualquer ponto (x, y) da parábola. Ou, na linguagem do cálculo:

A derivada de x^2 é $2x$.

Por mais tentador que seja provar essa regra de derivada antes de prosseguirmos, vamos por enquanto aceitá-la e ver o que significa. Em primeiro lugar, ela nos diz que no ponto onde $x = ½$, a inclinação deverá ser igual a $2x = 2 \times (½) = 1$. Exatamente o que vimos na computação gráfica. Ela também prevê que, na parte inferior da parábola, em $x = 0$, a inclinação deverá ser 2×0, que é igual a 0 – e já vimos que isso também está correto. Finalmente, a fórmula $2x$ prevê que a inclinação deverá aumentar à medida que deslocamos a parábola para a direita; quando x fica maior, a inclinação ($= 2x$) também ficará maior; isso significa que a parábola se tornará mais íngreme, e é o que acontece.

Nosso experimento com a parábola nos ajuda a entender algumas limitações das derivadas. Uma derivada é definida apenas se uma curva se aproximar de uma linha reta delimitadora à medida que aumentamos o zoom. Esse não é o caso de certas curvas anormais. Por exemplo, se uma curva tiver o formato de um V com um canto agudo em um ponto, quando o ampliarmos, o ponto continuará parecendo um canto. O canto jamais desaparecerá, por mais que a curva seja ampliada. Nunca parecerá reto. Por esse motivo, uma curva em forma de V não possui uma tangente bem definida nem uma inclinação no canto; assim, não haverá uma derivada ali.

No entanto, se uma curva parece cada vez mais reta quando a ampliamos o suficiente em qualquer ponto, dizemos que essa curva é *suave*. Ao longo deste livro, presumi que as curvas e os processos de cálculo são suaves, assim como fizeram os pioneiros. No cálculo moderno, porém, aprendemos a lidar com curvas que não são suaves. Inconveniências e anormalidades de curvas que não são suaves às vezes aparecem, na prática, por conta de saltos repentinos ou descontinuidades no comportamento de um sistema físico. Por exemplo, quando acionamos um interruptor em um circuito elétrico, a corrente que estava desligada se converte em um fluxo significativo. Um gráfico de corrente versus tempo mostraria uma elevação abrupta, quase vertical, aproximada por um salto descontínuo quando a corrente é ligada. Às vezes, é mais conveniente modelar essa transição abrupta como um salto verdadeiramente descontínuo. Nesse caso, a corrente como função do tempo não terá uma derivada no momento em que o interruptor foi acionado.

Grande parte do primeiro curso de cálculo, tanto no ensino médio quanto no superior, é dedicada ao cálculo de regras de derivação, como a que vimos para x^2; mas também a outras teclas da calculadora, como "a derivada de sen x é igual a cos x" ou "a derivada de ln x é igual a $1/x$". Para nossos propósitos, no entanto, é mais importante entender a ideia da derivada e ver como sua definição abstrata se aplica na prática. Para isso, vamos voltar ao mundo real.

DERIVADAS COMO TAXAS DE VARIAÇÃO DA DURAÇÃO DO DIA

No capítulo 4, analisamos dados sobre mudanças sazonais na duração do dia. Nosso objetivo na ocasião foi ilustrar ideias sobre ondas senoidais, ajuste de curvas e compactação de dados, mas agora redirecionaremos esses dados para focalizar taxas variáveis de mudanças e, em outro cenário, trazer para a prática o conceito de derivadas.

Os dados anteriores diziam respeito ao número de minutos de luz solar – o período compreendido entre o nascer e o pôr do sol – na cidade de Nova York em cada dia do ano de 2018. A derivada relevante nesse contexto é a taxa em que a luz solar se prolongava ou encurtava em um dia em comparação com o dia seguinte. Em 1º de janeiro, por exemplo, o período do nascer ao pôr do sol foi de 9 horas, 19 minutos e 23 segundos. Em 2 de janeiro, ficou um pouco mais longo: 9 horas, 20 minutos e 5 segundos. Esses 42 segundos extras de luz solar (equivalentes a 0,7 minuto) foram uma medida da velocidade em que os dias estavam se prolongando, considerando-se apenas aquele dia do ano. Os dias estavam ficando mais longos a uma taxa diária de aproximadamente 0,7 minuto.

Para efeito de comparação, considere a taxa de variação duas semanas depois, em 15 de janeiro. Entre esse dia e o seguinte, a quantidade de luz solar aumentou em 90 segundos, o que corresponde a uma taxa de alongamento de 1,5 minuto por dia – mais que o dobro da taxa de 0,7 medida duas semanas antes. Assim, os dias em janeiro não foram simplesmente mais longos; estavam se *prolongando mais rápido* a cada dia que passava.

Essa agradável tendência de boas-vindas se manteve nas semanas seguintes. O tempo de luz solar continuou a se prolongar – e ainda *mais rápido* – com a chegada da primavera. No equinócio de primavera, no hemisfério norte, em 20 de março, a taxa de aumento atingiu gloriosos 2,72 minutos extras de luz solar por dia. Você pode identificar esse dia no gráfico do capítulo 4 (página 109). É o dia 79, que está a ¼ do caminho a partir da esquerda, onde a onda de duração do dia aumenta mais acentuadamente. Isso faz sentido – onde o gráfico é mais íngreme, a duração da luz solar está aumentando mais depressa, o que significa que a derivada é maior e que a luz solar está se prolongando o mais rápido possível. Tudo isso acontece no primeiro dia de primavera.

Para um contraste melancólico, considere os dias mais curtos do ano, que trazem um duplo revés. Nesses dias sombrios de inverno, o tempo de luz solar não apenas é depressivamente curto como não muda muito de um dia para o outro, o que aumenta a sensação de torpor. Mas isso também faz sentido. Os dias mais curtos ocorrem na parte inferior da onda de duração do dia, e ali a onda é plana (caso contrário, não seria a parte inferior; estaria melhorando ou piorando). E como a parte inferior é plana, sua derivada é 0. Isso significa que sua taxa de mudança é interrompida, pelo menos momentaneamente. Em dias como esse, pode parecer que a primavera nunca chegará.

Destaquei duas épocas do ano que têm significado emocional para muitos de nós, o equinócio de primavera e o solstício de inverno, mas é ainda mais instrutivo considerar o ano todo. Para acompanhar as variações sazonais na taxa de mudança da duração do dia, calculei-a a intervalos periódicos ao longo do ano, começando em 1º de janeiro e continuando duas semanas depois. Os resultados estão plotados no gráfico a seguir.

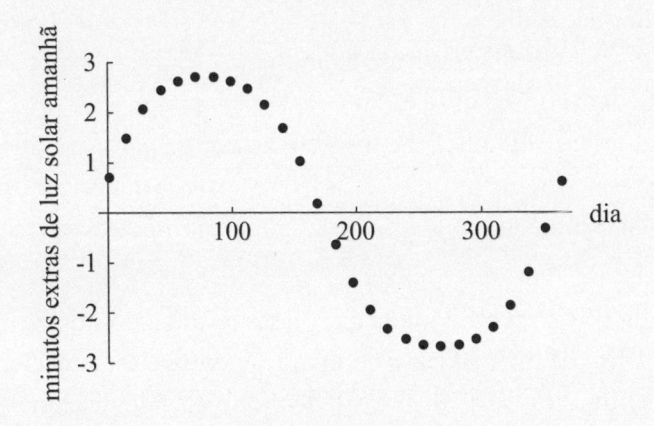

O eixo vertical mostra a taxa de mudança diária, ou seja, os minutos adicionais de luz solar de um dia para o outro. O eixo horizontal identifica o dia. Os dias estão numerados de 1 (1º de janeiro) a 365 (31 de dezembro) no eixo horizontal.

A taxa de mudança sobe e desce, como uma onda. Começa positiva no final do inverno e no início da primavera, quando os dias estão ficando mais longos, e atinge o pico no dia 79 (equinócio de primavera, 20 de março). Como já sabemos, esse período é quando a taxa diária de luz solar aumenta mais rápido, aproximadamente 2,72 minutos por dia. Depois, tudo começa a declinar. A taxa se torna negativa após o solstício de verão, no dia 172 (21 de junho), porque a duração diária de luz solar começa a diminuir – o dia seguinte tem menos tempo de luz que o anterior. A taxa atinge o ponto mais baixo em torno de 22 de setembro, quando a luz já diminui velozmente, permanecendo negativa (mas não tão negativa) até o solstício de inverno, no dia 355 (21 de dezembro), quando a luz solar começa a durar mais tempo novamente, ainda que de modo imperceptível.

É fascinante comparar essa onda com a que vimos no início do capítulo 4. Quando ambas são plotadas juntas e redimensionadas para ter amplitudes comparáveis, o efeito é o seguinte:

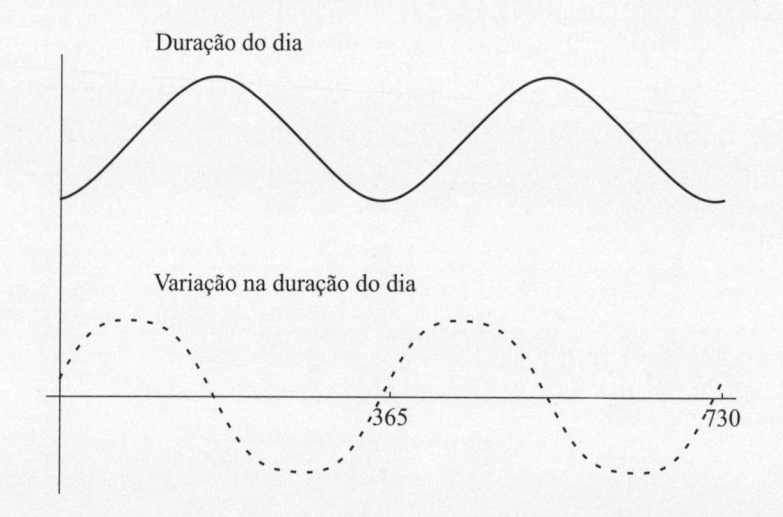

Duração do dia

Variação na duração do dia

365   730

(Para enfatizar a repetitividade das ondas, estou exibindo aqui dados de dois anos. A fim de intensificar a comparação entre eles, conectei os pontos e removi os números do eixo vertical, de modo a evidenciar mais a forma e a duração das ondas.)

A primeira coisa a ser notada é que as ondas estão fora de sincronia. Não atingem o pico juntas. A onda de duração do dia atinge o pico na metade do ano, enquanto a de variação atinge o pico cerca de três meses antes. Ou seja, ¼ de ciclo antes, considerando que cada onda leva 12 meses para concluir seu movimento de subida e descida.

Outra coisa digna de nota é que as ondas se assemelham, com pequenas diferenças. Embora mostrem claros laços familiares, a onda pontilhada é menos simétrica que a de linha contínua, e seus picos e vales são mais planos.

Estou destacando isso porque essas ondas do mundo real oferecem um vislumbre, como que através de um vidro escuro, de uma propriedade notável das ondas senoidais, a saber: quando uma variável segue um padrão perfeito de onda senoidal, sua taxa de variação é também uma perfeita onda senoidal, cronometrada ¼ de ciclo adiante. Essa propriedade de repetição pode até ser usada como *definição* das ondas senoidais, pois nenhum outro tipo de onda a possui. É exclusiva das senoidais. Nesse sentido, nossos dados sugerem um maravilhoso fenômeno de renascimento inerente a ondas senoidais perfeitas. (Teremos mais a dizer sobre isso quando o assunto surgir novamente, em conexão com a análise de Fourier, uma poderosa ramificação do cálculo que gerou algumas de suas aplicações mais empolgantes atualmente.)

Algumas considerações sobre a origem da variação de ¼ de ciclo. O mesmo conceito explica por que as ondas senoidais produzem ondas senoidais quando calculamos suas taxas de mudança. O ponto-chave é que as ondas senoidais estão conectadas a um movimento circular uniforme. Lembre-se de que, quando um ponto se move em torno de um círculo a uma velocidade constante, seu movimento para cima e para baixo traça uma onda senoidal no tempo (o mesmo ocorre com o movimento para a esquerda e para a direita). Tendo isso em mente, observe o diagrama a seguir.

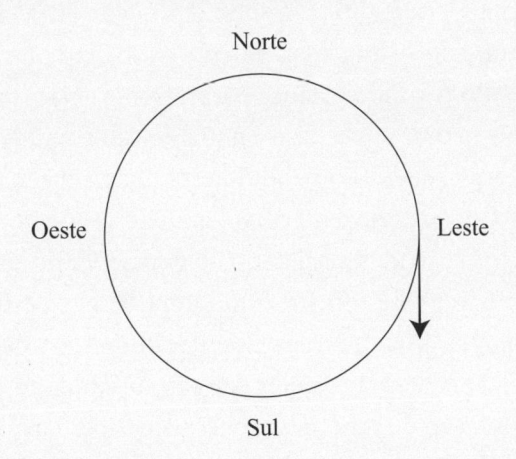

Trata-se de um ponto que se move em torno de um círculo no sentido horário. Esse ponto não deve representar nada físico ou astronômico. Não é a Terra orbitando o Sol nem tem nada a ver com as estações do ano. É apenas um ponto abstrato se movendo ao redor de um círculo. Seu deslocamento para leste aumenta e diminui como uma onda senoidal. Quando o ponto alcança sua máxima posição leste, como no diagrama, configura uma posição análoga ao máximo de uma onda senoidal, ou o dia mais longo do ano. A questão é: quando o ponto e a onda senoidal atingem sua posição máxima a leste, o que acontece a seguir? De sua posição mais oriental, como mostra o diagrama, o ponto segue para o *sul*, conforme indica a seta para baixo. Mas o sul está a 90 graus do leste em uma bússola, e 90 graus é ¼ de ciclo. Pois é! É daí que vem a compensação do quarto de ciclo. Por causa da geometria de um círculo, sempre há um deslocamento de quarto de ciclo entre qualquer onda senoidal e sua onda derivada, sua taxa de mudança. Nessa analogia, a direção da viagem do ponto é como sua taxa de mudança: determina para onde o ponto irá a seguir e, portanto, como muda sua localização. Além disso, a agulha da bússola gira de modo circular e a uma velocidade constante, à medida que o ponto gira em torno do círculo, de modo que a agulha da bússola segue um padrão de onda senoidal. E como sua direção é igual à taxa de mudança, a taxa de mudança também segue um padrão de onda senoidal. Essa é a propriedade de repetição que estávamos tentando entender. Ondas senoidais geram ondas senoidais com uma mudança de 90 graus. (Os especialistas perceberão que estou tentando explicar, sem fórmulas, por que a derivada da função seno é a função cosseno, que nada mais é que a função seno deslocada em ¼ de ciclo.)

Um atraso de fase de 90 graus semelhante ocorre em outros sistemas oscilatórios. Quando um pêndulo balança para a frente e para trás, sua velocidade máxima é quando passa pela base, enquanto seu ângulo atinge o máximo de ¼ de ciclo depois, quando o pêndulo está mais à direita do prumo. Um gráfico de ângulo versus tempo e de velocidade versus tempo revela duas ondas senoidais aproximadas, oscilando 90 graus fora de fase.

Outro exemplo vem de um modelo simplificado de interação predador-presa na biologia. Imagine uma população de tubarões atacando uma população de peixes. Quando os peixes estão no máximo de seu nível populacional, a população de tubarões começa a crescer em sua taxa máxima, pois há muitos peixes para comer. E atinge seu nível populacional máximo ¼ de ciclo depois, quando a população de peixes já diminuiu, após ter sido severamente dizimada ¼ de ciclo antes. Uma análise desse modelo revela que as duas populações oscilam 90 graus fora de fase. Oscilações predador-presa semelhantes são vistas em outras partes da natureza. Nas flutuações anuais das populações de lebres e linces do Canadá, por exemplo, registradas por empresas compradoras de peles no século XIX (embora a verdadeira explicação para essas oscilações seja, sem dúvida, mais complicada, como geralmente acontece em biologia).

Retornando aos dados sobre a duração diária da luz solar, vemos que estas, infelizmente, não são ondas senoidais perfeitas. São também um conjunto de pontos inerentemente discretos (apenas um por dia), sem dados intermediários e, portanto, sem a continuidade de pontos que o cálculo exige. Assim, para o nosso exemplo final de derivadas, vamos ao caso em que podemos coletar dados com a resolução que quisermos, até milésimos de segundo.

DERIVADAS EM VELOCIDADES INSTANTÂNEAS

Olimpíadas de Pequim, 16 de agosto de 2008. Às 22h30 de uma noite sem vento, os oito homens mais rápidos do mundo se alinharam para as finais dos 100 metros rasos. Um deles, o velocista jamaicano Usain Bolt, então com 21 anos, era relativamente novo na prova. Conhecido especialista nos 200 metros rasos, ele implorava ao seu treinador havia anos para que o deixasse correr a distância mais curta. No ano anterior, ele havia se tornado muito bom nessa prova.

Bolt não se parecia com os outros velocistas. Era desengonçado, media 1,96 metro e tinha passadas longas. Quando menino, dedicara-se ao futebol e ao críquete, até que seu treinador de críquete, notando sua velocidade, sugeriu que ele tentasse o atletismo. Já adolescente, começou a se aperfeiçoar como corredor, mas nunca levou o esporte – nem a si mesmo – muito a sério. Era ingênuo, brincalhão e gostava de pregar peças nos outros.

Naquela noite em Pequim, depois de todos os atletas terem sido apresentados e posado para as câmeras de TV, o estádio ficou em silêncio. Os velocistas se agacharam. Um dos árbitros gritou: "Em suas marcas. Posição." E disparou a pistola de partida.

Bolt se projetou para a frente, mas não com tanta explosão quanto os demais corredores. Por causa do tempo de reação menor, ele saiu em penúltimo lugar, mas foi ganhando velocidade e à altura dos 30 metros já estava no pelotão do meio. De repente, ainda acelerando como um trem-bala, não viu mais ninguém à sua frente.

Na marca dos 80 metros, ele olhou para a direita a fim de ver onde estavam seus principais adversários. Quando percebeu que estava muito à frente, reduziu visivelmente a velocidade e bateu no peito ao cruzar a linha de chegada. Alguns comentaristas viram o gesto como fanfarronice; outros, como uma alegre comemoração. De qualquer forma, estava claro que Bolt não sentira necessidade de acelerar muito no final, o que provocou especulações sobre o tempo que ele poderia ter alcançado. Mesmo assim, com celebração e tudo (além de um cadarço desamarrado), ele estabeleceu a marca de 9,69 segundos, um novo recorde mundial para os 100 metros rasos. Um dos árbitros o criticou, dizendo que sua atitude foi antiesportiva, mas Bolt não pretendia ser desrespeitoso. Como disse mais tarde aos repórteres: "Esse sou eu. Gosto de me divertir, de me sentir relaxado."

Quão rápido ele correu? Vejamos: 100 metros em 9,69 segundos significa $^{100}/_{9,69}$ = 10,32 metros por segundo. Em unidades de medida mais familiares, são aproximadamente 37 quilômetros por hora. Mas essa foi sua velocidade *média* durante toda a corrida. Ele foi mais lento no começo e no fim, e mais rápido na metade.

Os tempos que registrou a cada 10 metros na pista são mais esclarecedores. Ele cobriu os primeiros 10 metros em 1,83 segundo, o que representa uma velocidade média de 5,46 metros por segundo. Suas velocidades mais rápidas ocorreram dos 50 aos 60 metros, dos 60 aos 70 e dos 70 aos 80. Bolt percorreu cada uma dessas seções de 10 metros em 0,82 segundo, o que significa uma velocidade média de 12,2 metros por segundo. Nos 10 metros finais, após relaxar, ele desacelerou para uma velocidade média de 11,1 metros por segundo.

Com a evolução, os seres humanos se especializaram em detectar padrões. Portanto, em vez de nos debruçarmos sobre números como acabamos de fazer, talvez seja mais produtivo visualizá-los. O gráfico a seguir revela os tempos que Bolt levou para percorrer 10 metros, 20 metros, 30 metros e assim por diante, até a marca dos 100 metros, que ele cruzou em 9,69 segundos.

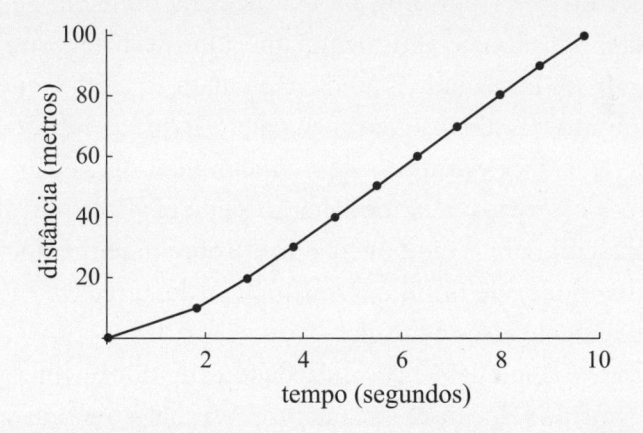

Conectei os pontos com linhas retas para facilitar a visualização, mas lembre-se de que somente os pontos são dados reais. Juntos, os pontos e os segmentos de reta entre eles formam uma curva poligonal. As inclinações dos segmentos são mais rasas à esquerda, correspondendo à velocidade mais baixa de Bolt no início da corrida. Curvam-se para cima enquanto se movem para a direita, o que significa que ele está acelerando, depois se juntam para formar uma linha quase reta, indicando a velocidade alta e constante que ele manteve durante a maior parte da corrida.

É natural querermos saber em que momento ele estava correndo o mais rápido possível e em que ponto da pista. Sabemos que sua velocidade *média* mais rápida, em uma seção de 10 metros, ocorreu entre 50 e 80 metros, mas uma velocidade média acima de 10 metros não é exatamente o que queremos; estamos interessados em sua velocidade *máxima*. Imaginemos que Usain Bolt estivesse usando um velocímetro. Em que momento preciso ele estava correndo mais rápido? E a que velocidade exatamente?

O que procuramos aqui é uma forma de medir sua velocidade instantânea. Um conceito que parece quase paradoxal. A qualquer instante, Usain Bolt estava precisamente em determinado lugar. Congelado como em um instantâneo. Então, de que serviria falar de sua velocidade nesse instante? A velocidade só pode ocorrer em um intervalo de tempo, não em um único instante.

O enigma da velocidade instantânea remonta à história da matemática e da filosofia, com Zenão e seus temíveis paradoxos por volta de 450 a.C. Em seu Paradoxo de Aquiles e da Tartaruga, Zenão afirmou que um corredor mais rápido não poderia ultrapassar um corredor mais lento que saísse na frente, apesar do que Usain Bolt provou naquela noite em Pequim. E no Paradoxo da Flecha, Zenão argumentou que uma flecha em voo jamais poderia se mover. Os matemáticos ainda não sabem ao certo o que ele tentou explicar com seus paradoxos, mas meu palpite é que as sutilezas inerentes à noção de velocidade em um instante incomodaram Zenão, Aristóteles e outros filósofos gregos. Sua inquietação pode explicar por que a matemática grega sempre teve tão pouco a dizer sobre movimento e mudança. Assim como a noção de infinito, esses tópicos desagradáveis parecem ter sido banidos de conversas educadas.

Dois mil anos depois de Zenão, os fundadores do cálculo diferencial resolveram o enigma da velocidade instantânea. Sua solução intuitiva foi definir a velocidade instantânea como um limite – o limite das velocidades médias em intervalos de tempo cada vez menores.

É como o que fizemos quando ampliamos a parábola, ou quando tornamos um segmento cada vez menor de uma curva suave muito semelhante a uma linha reta. Depois perguntamos o que aconteceria no limite de uma ampliação infinita. Estudando o valor-limite da inclinação da linha, conseguimos definir a derivada em um ponto específico de uma parábola em curva suave.

Aqui, por analogia, gostaríamos de aproximar algo que se modifica suavemente com o tempo: as distâncias percorridas por Usain Bolt ao longo da pista. A ideia é substituir o gráfico de sua distância versus tempo por uma curva poligonal que muda a uma velocidade média constante em curtos intervalos de tempo. Se a velocidade média em cada intervalo se aproximar de um limite, à medida que esses intervalos de tempo se tornarem cada vez menores, esse valor delimitador é o que queremos dizer com velocidade instantânea em determinado momento. Como a inclinação em um ponto, a velocidade em um instante é uma derivada.

Para que tudo dê certo, precisamos presumir que as distâncias que ele percorreu ao longo da pista variaram levemente. Caso contrário, o limite que estamos investigando não existirá, nem a derivada. Os resultados não se aproximariam de nada sensato quando os intervalos diminuíssem. A distância que ele percorreu de fato variou levemente em função do tempo? Não sabemos ao certo. Os únicos dados que temos são amostras discretas dos tempos percorridos por Bolt em cada um dos marcadores de 10 metros na pista. Para estimar sua velocidade instantânea, precisamos ir além dos dados e adivinhar onde ele estava, às vezes, entre esses pontos.

Um modo sistemático de fazer essa estimativa é conhecido como interpolação. A ideia é traçar uma curva suave entre os dados disponíveis. Em outras palavras, queremos conectar os pontos não por segmentos retos, como já fizemos, mas pela curva suave mais plausível que percorra os pontos, ou pelo menos que fique muito próxima a eles. As restrições que estabeleceremos para essa curva são: ela deve ser esticada, sem ondular demais; deve passar o mais próximo possível de todos os pontos; e deve evidenciar que a velocidade inicial de Bolt era 0, pois sabemos que, quando estava na posição agachada, ele se encontrava imóvel. Existem diversas curvas que atendem a esses critérios. Os estatísticos desenvolveram uma série de técnicas para ajustar curvas suaves aos dados. Todas oferecem resultados semelhantes e, como todas envolvem conjeturas em alguma medida, não nos preocuparemos muito sobre qual usar.

Eis um exemplo de curva suave que preenche todos os requisitos:

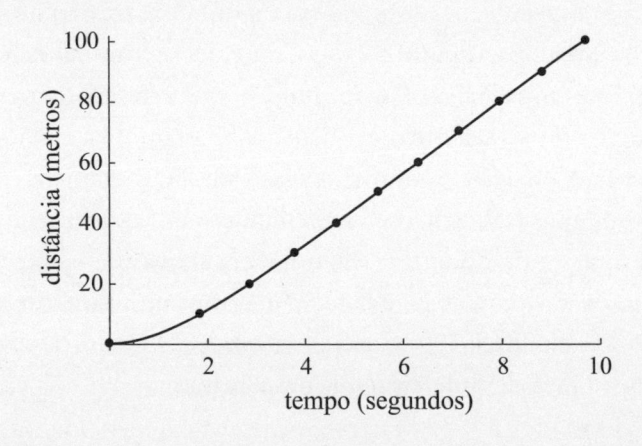

Como a curva é suave, por premissa, podemos calcular sua derivada em todos os pontos. O gráfico resultante nos dá uma estimativa da velocidade de Usain Bolt a cada instante, na corrida em que quebrou o recorde mundial nas Olimpíadas de Pequim.

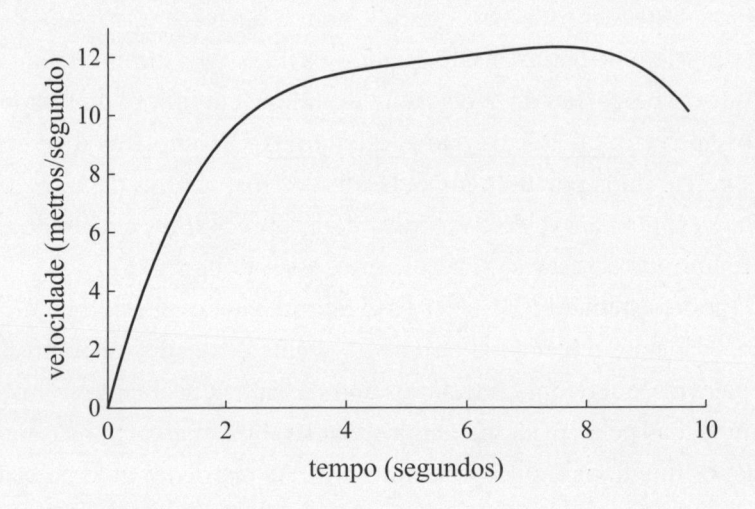

O gráfico indica que a velocidade máxima alcançada por Bolt foi em torno de 12,3 metros por segundo, na altura de ¾ da prova. Até então ele estava acelerando, ganhando velocidade a cada momento. Depois, desacelerou de tal forma que sua velocidade, quando cruzou a linha de chegada, era de 10,1 metros por segundo. O gráfico confirma o que todo mundo viu: Bolt desacelerou acentuadamente próximo ao final da prova, sobretudo nos últimos 20 metros, quando relaxou e celebrou a vitória garantida.

No ano seguinte, durante o Campeonato Mundial de 2009, em Berlim, Bolt pôs fim às especulações sobre até que ponto ele era rápido. Dessa vez, não houve batida no peito. Ele correu para valer até o final e acabou quebrando o recorde mundial de 9,69 segundos, que estabelecera em Pequim, com um tempo ainda mais surpreendente: 9,58 segundos. Devido à grande expectativa em torno desse evento, pesquisadores biomecânicos se encontravam a postos, com pistolas a laser semelhantes aos equipamentos de radar usados pela polícia para flagrar veículos em excesso de velocidade. Esses instrumentos de alta tecnologia permitiram que os pesquisadores medissem as posições dos velocistas 100 vezes por segundo. Quando calcularam a velocidade instantânea de Bolt, eis o que descobriram:

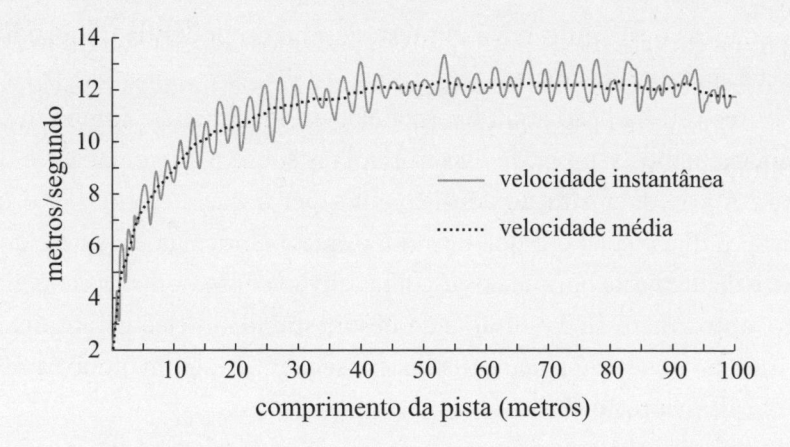

[Gráfico: eixo y "metros/segundo" de 2 a 14; eixo x "comprimento da pista (metros)" de 0 a 100. Legenda: velocidade instantânea, velocidade média.]

As pequenas ondulações sobre a tendência geral representam os altos e baixos de velocidade que inevitavelmente ocorrem durante o avanço. Afinal, correr é uma série de saltos e aterrissagens. A velocidade de Bolt mudava um pouco sempre que ele pousava um dos pés no chão, freando por um momento; ele depois se projetava para a frente, lançando-se no ar de novo.

Por mais intrigantes que sejam, essas pequenas ondulações são irritantes e incômodas para um analista de dados. O que realmente queríamos ver era a tendência, não os desvios; para esse propósito, a abordagem anterior de ajustar uma curva suave aos dados era igualmente boa, se não melhor. Ao perceberem as ondulações, após coletarem os dados de alta resolução, os pesquisadores tiveram de filtrá-las, de modo a revelar a tendência mais significativa.

Para mim, as ondulações nos oferecem uma grande lição. Eu as vejo como uma metáfora, uma espécie de fábula instrutiva sobre a modelagem de fenômenos reais por intermédio do cálculo. Se tentarmos levar longe demais a resolução de nossas medições, se observarmos algum fenômeno com detalhamento exagerado, tanto no tempo quanto no espaço, começaremos a perceber uma quebra na continuidade. Nos dados sobre o desempenho de Usain Bolt, as ondulações fizeram a linha principal parecer eriçada como as cerdas de uma escova. O mesmo aconteceria com qualquer forma de movimento medido em escala molecular. Nesse nível, o movimento se torna instável, longe da uniformidade almejada – e o cálculo não teria muito mais a nos dizer, pelo menos não diretamente. Mas se o que nos interessa são as tendências gerais, suavizar as tremulações pode ser desejável. A enorme compreensão que o cálculo nos proporcionou sobre a natureza do movimento e das mudanças neste universo é um testemunho do poder da uniformidade, por mais aproximada que seja.

Há uma última lição aqui. Na modelagem matemática, como em todas as ciências, temos sempre que fazer escolhas sobre o que enfatizar e o que ignorar. A arte da abstração consiste em saber o que é essencial e o que é minúcia, o que é sinal e o que é ruído, o que é tendência e o que é desvio. Trata-se de uma arte porque tais escolhas envolvem sempre um elemento de perigo: aproximam-se da ilusão e da desonestidade intelectual. Os maiores cientistas, no nível de Galileu e Kepler, conseguem de algum modo caminhar ao longo desse precipício.

"A arte", disse Picasso, "é uma mentira que nos faz perceber a verdade." O mesmo poderia ser dito em relação ao cálculo como modelo da natureza. Na primeira metade do século XVII, o cálculo começou a ser usado como uma poderosa abstração de movimento e mudança. Na segunda metade do século, os mesmos tipos de opções artísticas – mentiras que revelam a verdade – prepararam o caminho para uma revolução.

7
A FONTE SECRETA

Na segunda metade do século XVII, Isaac Newton, na Inglaterra, e Gottfried Wilhelm Leibniz, na Alemanha, mudaram para sempre o curso da matemática. Reunindo diversas ideias sobre movimento e curvas, eles as transformaram em um cálculo.

Repare no artigo indefinido. Quando, em 1673, Leibniz introduziu a palavra "cálculo", ele mencionou "um cálculo" e, às vezes, de modo mais afetivo, "meu cálculo". Estava usando a palavra em seu sentido geral, um sistema de regras e algoritmos para efetuar cálculos. Mais tarde, depois que seu sistema foi aprimorado, o artigo que o acompanhava foi atualizado para artigo definido e a matéria ficou conhecida como *o* cálculo.

Artigos à parte, a palavra "cálculo" tem histórias para contar. Sua origem é a palavra latina *calx*, que significa pequena pedra, lembrete de um tempo remoto, quando as pessoas usavam pedras para contar e, portanto, para calcular. A mesma raiz nos deu a palavra "cálcio". Seu dentista pode usar a palavra "cálculo" para se referir às minúsculas pedrinhas de placa solidificada que ele raspa quando você faz uma limpeza. Os médicos usam a mesma palavra para cálculos biliares, pedras nos rins e pedras na bexiga. Em uma cruel ironia, Newton e Leibniz, os pioneiros do cálculo, morreram com dores excruciantes provocadas por cálculos – pedras na bexiga, para Newton, e pedras nos rins, para Leibniz.

ÁREAS, INTEGRAIS E O TEOREMA FUNDAMENTAL

Embora o cálculo já tenha sido usado para contar coisas com pedrinhas, na época de Newton e Leibniz foi dedicado às modernas análises das curvas por meio da álgebra. Trinta anos antes, Fermat e Descartes haviam descoberto como usar a álgebra para encontrar os máximos, os mínimos e as tangentes de curvas. O que permaneceu indefinido foram as áreas das curvas ou, mais precisamente, as áreas delimitadas por curvas.

Esse *problema da área*, classicamente conhecido como quadratura de curvas, exauriu e frustrou matemáticos durante 2 mil anos. Muitos truques engenhosos foram criados para resolver casos particulares, desde o trabalho de Arquimedes, na área do círculo e na quadratura da parábola, até a solução de Fermat para a área sob a curva $y = x^n$. Mas faltava um sistema. Os problemas de área eram resolvidos *ad hoc*, caso a caso, com o matemático praticamente tendo de recomeçar tudo a cada novo problema.

A mesma dificuldade gerava problemas sobre os volumes de sólidos curvos e os comprimentos de arcos curvos. Descartes chegou a pensar que os comprimentos de arcos estavam além da compreensão humana. Em seu livro sobre geometria, ele escreveu: "A proporção entre linhas retas e linhas curvas não é conhecida e, no meu entender, não pode ser conhecida pelo homem." Todos esses problemas – áreas, comprimentos de arcos e volumes – exigiam somas infinitas de pedaços infinitesimalmente pequenos. Em linguagem moderna, todos envolviam *integrais*. Ninguém tinha um sistema infalível para nenhum deles.

Isso mudou com Newton e Leibniz. Ambos descobriram e provaram independentemente um teorema fundamental que tornou rotineiros esses problemas. O teorema conectava áreas a inclinações, conectando assim integrais a derivadas. Uma coisa espantosa. Como uma reviravolta em algum romance de Charles Dickens – em que dois personagens aparentemente distantes são os parentes mais próximos –, integrais e derivadas eram consanguíneas.

O impacto desse teorema fundamental foi estonteante. Quase da noite para o dia, as áreas se tornaram maleáveis. Questões que os antigos sábios haviam pelejado para solucionar agora podiam ser resolvidas em questão de minutos. Como Newton escreveu a um amigo: "Não há linhas curvas expressas por equações (...) mas em menos de meio quarto de hora posso dizer se podem ser elevadas ao quadrado." Percebendo como tal alegação soaria incrível para seus contemporâneos, ele continuou: "Pode parecer uma afirmativa ousada (...) mas é clara para mim, pela fonte em que me baseio, embora eu não me comprometa a prová-la para outros."

A fonte secreta de Newton era o teorema fundamental do cálculo. Embora ele e Leibniz não tenham sido os primeiros a perceber esse teorema, ambos recebem o crédito por serem os primeiros a prová-lo, de modo geral, reconhecendo sua enorme utilidade e importância, e construindo um sistema algorítmico ao seu redor. Os métodos que desenvolveram são agora comuns. As integrais foram desmitificadas e transformadas em trabalhos de casa para adolescentes.

No momento, milhões de estudantes do ensino médio e de faculdades em todo o mundo estão quebrando a cabeça sobre problemas de cálculo, resolvendo integrais e mais integrais com a ajuda do teorema fundamental. No entanto, muitos deles não fazem ideia do presente que receberam. Talvez seja compreensível – é como a velha piada sobre o peixe que pergunta ao amigo: "Você não é grato pela água?", ao que o outro peixe responde: "O que é água?" –, pois os estudantes de cálculo nadam o tempo todo no teorema fundamental. Portanto, naturalmente, não lhe dão o devido valor.

VISUALIZANDO O TEOREMA FUNDAMENTAL COM MOVIMENTO

O teorema fundamental pode ser entendido intuitivamente se pensarmos na distância percorrida por um corpo em movimento, como um velocista ou um automóvel. Ao nos familiarizarmos com essa forma de pensar, aprenderemos o que diz o teorema fundamental, por que é verdadeiro e por que é importante. Não se trata apenas de um truque para calcular áreas. É a chave para prever o futuro de qualquer coisa pela qual nos interessemos (nos casos em que isso seja possível), assim como para desvendar os segredos do movimento e das mudanças no universo.

O teorema fundamental ocorreu a Newton quando ele examinou dinamicamente o problema da área. Sua ideia genial foi convidar tempo e movimento para fazer parte do quadro. Deixe a área fluir, disse ele para si mesmo. Deixe que a área se expanda continuamente.

A ilustração mais simples de sua ideia nos leva de volta ao conhecido problema de um carro se movendo a uma velocidade constante, no qual distância é igual a taxa vezes tempo. Por mais elementar que possa parecer, esse exemplo captura a essência do teorema fundamental, portanto é um bom lugar para começarmos.

Imagine um carro percorrendo uma rodovia a 60 milhas por hora (vamos manter em milhas neste exemplo). Se plotarmos sua distância versus tempo e, logo abaixo, sua velocidade versus tempo, os gráficos de distância e velocidade resultantes terão a seguinte configuração:

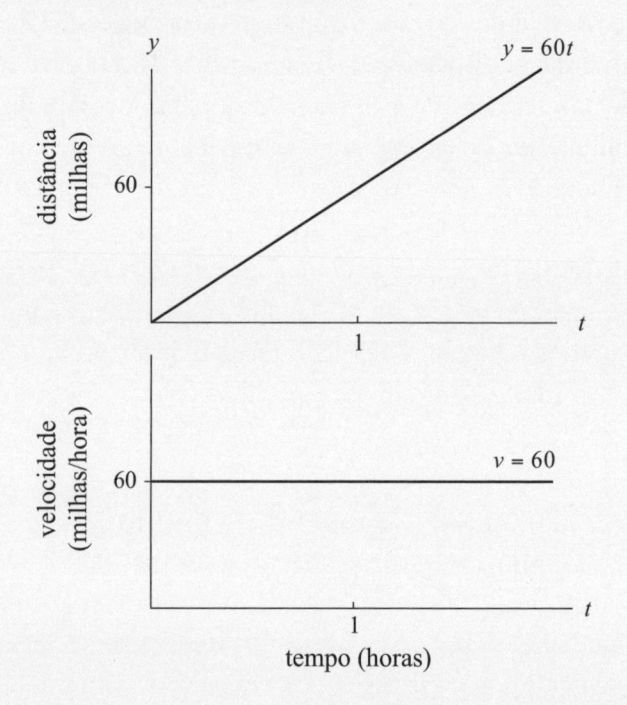

Vejamos primeiro a distância versus tempo. Após uma hora, o carro percorreu 60 milhas; depois de duas horas, 120 milhas, e assim por diante. Em geral, distância e tempo são relacionados por $y = 60t$, onde y indica a distância que o carro percorreu até o tempo t. Vou me referir a $y(t) = 60t$ como a *função distância*. Conforme mostrado no painel superior do diagrama, o gráfico da função de distância é uma linha reta com uma inclinação de 60 milhas por hora. Essa inclinação indica a velocidade do carro a cada instante, caso ainda não a conhecêssemos. Em um problema mais difícil, a velocidade pode variar, mas aqui temos uma função constante simples: $v(t) = 60$ em todos os t, representada graficamente como a linha plana no painel inferior do diagrama (aqui, v significa velocidade).

Tendo visto como a velocidade se manifesta no gráfico de distância (como a inclinação da linha), inverteremos agora a questão e perguntaremos: como a distância se revela no gráfico de velocidade? Em outras palavras, existe alguma característica visual ou geométrica do gráfico de velocidade que nos permita inferir a distância percorrida pelo carro em qualquer momento *t*? Sim. *A distância percorrida é a área acumulada sob a curva de velocidade (a linha plana) até o tempo* t.

Para entender por quê, suponha que o carro se desloque por um determinado período de tempo, digamos meia hora. Nesse caso, a distância percorrida seria de 30 milhas, uma vez que a distância é igual à taxa vezes o tempo e $60 \times \frac{1}{2} = 30$. O interessante, e o objetivo de tudo isso, é que podemos ler essa distância como a área do retângulo cinza sob a linha plana entre os tempos $t = 0$ e $t = \frac{1}{2}$ hora.

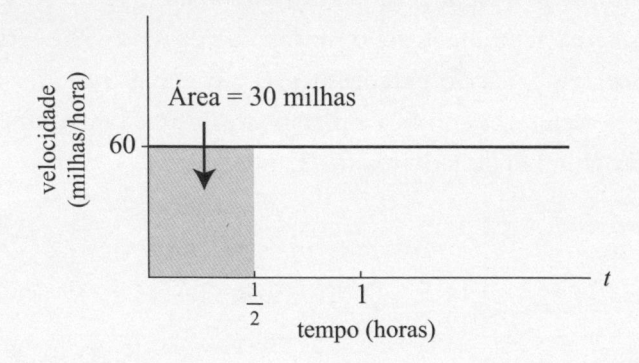

A altura do retângulo, 60 milhas por hora, vezes sua base de ½ hora é igual à área do retângulo, 30 milhas, que informa a distância percorrida, como pretendíamos.

O mesmo raciocínio funciona para *qualquer* momento *t*. A base do retângulo então se converte em *t* e sua altura continua 60, portanto sua área é $60t$. De fato, essa é a distância que esperávamos encontrar, $y = 60t$.

Assim, pelo menos nesse exemplo – em que a velocidade é constante e a curva de velocidade é simplesmente uma linha plana –, a chave para encontrar a distância a partir da velocidade é calcular a área sob a curva de velocidade. A descoberta de Newton foi entender que a igualdade entre área e distância sempre se mantém, mesmo que a velocidade não seja constante. *Não importa quão irregularmente algo se mova, a área acumulada sob sua curva de velocidade até o tempo* t *é sempre igual à distância total percorrida até aquele momento*. Essa é uma versão do teorema fundamental. Parece fácil demais para ser verdadeira, mas é verdadeira.

Newton foi levado a essa descoberta ao pensar na área como uma quantidade móvel e fluida, não como a medida congelada de uma forma, como era habitual na geometria. Ele trouxe o tempo para a geometria e o viu como física. Se vivesse hoje, talvez visualizasse a imagem anterior mais como uma animação do que como um instantâneo. Para fazer isso, observe a figura anterior uma última vez e pense nela como um único quadro de um filme. Se pudéssemos criar um quadro para cada instante e reproduzir os instantes em sequência, como se fossem fotogramas, o retângulo cinza pareceria estar se esticando para a direita, como uma seringa deitada de lado, puxando líquido cinza para dentro.

Esse líquido cinza representa a área de expansão do retângulo. Pensamos na área como se estivesse "acumulando-se" sob a curva de velocidade $v(t)$. Nesse caso, a área acumulada até o momento t é $A(t) = 60t$, e isso coincide com a distância que o carro percorreu, $y(t) = 60t$. Assim, a área acumulada sob a curva de velocidade indica a distância em função do tempo. Essa é a versão em movimento do teorema fundamental.

ACELERAÇÃO CONSTANTE

Estamos trabalhando na versão geral geométrica de Newton do teorema fundamental, que é enunciada em termos de uma curva abstrata $y(x)$ e da área $A(x)$ acumulada sob ela. A ideia da acumulação de área é a chave para explicar o teorema, mas é preciso nos habituarmos a ela. Vamos, então, aplicá-la a mais um problema concreto sobre movimento antes de abordar o caso geométrico abstrato.

Consideremos um objeto que se move em aceleração constante. Isso significa que ele avança cada vez mais rápido a uma velocidade que aumenta a uma taxa constante. É mais ou menos como o que aconteceria se você pisasse no acelerador do seu carro, começando do descanso. Depois de um segundo, o carro pode estar andando a, talvez, 10 quilômetros por hora; depois de dois segundos, 20 quilômetros por hora; depois de três segundos, 30 quilômetros por hora, e assim por diante. Nesse exemplo hipotético, a velocidade do carro sempre aumenta 10 quilômetros por hora a cada segundo que passa. Essa taxa de variação de velocidade, 10 quilômetros por hora por segundo, é definida como a *aceleração* do carro (para simplificar, estamos ignorando os fatos de que um carro real tem uma velocidade máxima que não pode exceder e que sua aceleração pode não ser estritamente constante quando você pisa no acelerador).

Em nosso exemplo idealizado, a velocidade do carro em cada momento é dada pela função linear $v(t) = 10t$. Aqui, o número 10 significa a aceleração do carro. Se a aceleração fosse outra constante, digamos a, a fórmula seria generalizada para:

$v(t) = at$.

O que queremos saber é: para um carro acelerando assim, qual distância ele percorrerá entre o tempo 0 e o tempo t? Em outras palavras, como a distância do ponto de partida aumenta em função do tempo? Seria um erro horrível invocar a fórmula "distância é igual a taxa vezes tempo", aprendida no ensino médio, pois essa fórmula é válida apenas quando a taxa – a velocidade do carro – é constante, o que certamente não acontece aqui. Nesse problema, a velocidade do carro aumenta a cada instante. Não estamos mais no sonolento mundo da velocidade constante. Estamos no emocionante mundo da aceleração constante.

Os estudiosos da Idade Média já sabiam a resposta. William Heytesbury, filósofo e lógico da Merton College, em Oxford, resolveu o problema por volta de 1335. O clérigo e matemático francês Nicole Oresme o elucidou em maiores detalhes e o analisou pictoricamente por volta de 1350. Infelizmente, seus trabalhos logo foram esquecidos sem terem sido estudados a fundo. Aproximadamente 250 anos depois, Galileu demonstrou de modo experimental que a aceleração constante não é uma suposição puramente acadêmica. Na verdade, é assim que objetos pesados, como bolas de ferro, se movem quando caem livremente perto da superfície da Terra ou quando rolam por uma rampa inclinada. Nos dois casos, a velocidade v de uma bola de fato aumenta em proporção ao tempo, $v = at$, conforme o esperado para movimentos com aceleração constante.

Mas se a velocidade cresce de modo linear de acordo com $v = at$, como a *distância* aumenta? O teorema fundamental diz que a distância percorrida é igual à área acumulada sob a curva de velocidade até o tempo t. E como a curva de velocidade aqui é a linha inclinada $v = at$, podemos calcular a área relevante pela área do triângulo a seguir.

```
                                    /|
                                   / |
              Área = ½at²        /   |
         velocidade            /     | at
                             /       |
                           /         |
                         /_____|_____ tempo
                        0            t
```

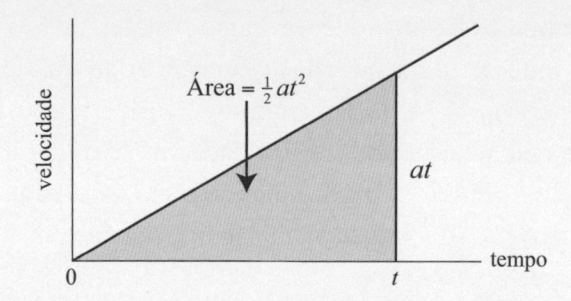

Como o retângulo cinza no problema anterior, o triângulo cinza aqui se expande com o passar do tempo. A diferença é que, antes, o retângulo se expandia apenas na horizontal, enquanto este está se expandindo em ambas as direções. Para calcular a rapidez da expansão, observe que, a qualquer momento t, a base do triângulo é t e sua altura é a velocidade atual do corpo, $v = at$. Como a área de um triângulo é metade de sua base vezes sua altura, a área acumulada é igual a ½ × t × at = (½)at^2. Segundo o teorema fundamental, essa área sob a curva de velocidade nos diz até onde o corpo viajou:

$$y(t) = \frac{1}{2} at^2.$$

Portanto, para um corpo que parte da posição de repouso e acelera de modo uniforme, a distância percorrida aumenta em proporção ao *quadrado* do tempo decorrido. Foi exatamente o que Galileu descobriu de modo experimental e expressou de forma encantadora com sua lei dos números ímpares, como vimos no capítulo 3. Os estudiosos da Idade Média também conheciam esse princípio.

Mas o que não se sabia na Idade Média, ou mesmo no tempo de Galileu, era como a velocidade se comportaria quando a aceleração não fosse constante. Em outras palavras, considerando um corpo que se move com uma aceleração arbitrária $a(t)$, o que se poderia dizer sobre sua velocidade $v(t)$?

Trata-se de uma pergunta complicada. É como o problema inverso que mencionei no último capítulo. Para entendê-lo, é fundamental avaliar o que sabemos e o que não sabemos.

A aceleração é definida como a taxa de mudança da velocidade. Assim, se tivéssemos a velocidade $v(t)$, seria fácil encontrar a aceleração correspondente $a(t)$. Isso é chamado de *resolver o problema direto*. Poderíamos solucioná-lo calculando a taxa de variação da função de determinada velocidade do mesmo modo que calculamos a inclinação da parábola no último capítulo: posicionando-a sob o microscópio. Encontrar a taxa de mudança de uma função conhecida exige apenas que invoquemos a definição de derivada e aplicar as muitas regras existentes para calcular derivadas de várias funções.

Mas o que torna o problema inverso tão complicado é que *não* temos a função de velocidade. Pelo contrário, somos solicitados a *encontrá-la*. Estamos presumindo que temos a taxa de variação – a aceleração – como função do tempo, e estamos tentando descobrir qual função de velocidade tem essa função de aceleração como taxa de mudança informada. Como podemos *retroceder* para inferir uma velocidade desconhecida a partir de sua taxa de variação conhecida? É como uma brincadeira de criança: "Estou pensando em uma função de velocidade cuja taxa de variação é tal e tal. Em que função de velocidade estou pensando?"

A mesma charada de ter de raciocinar inversamente surge quando tentamos inferir a distância a partir da velocidade. Assim como a aceleração é a taxa de variação da velocidade, a velocidade é a taxa de variação da distância. Raciocinar do início para a frente é fácil; se temos a distância de um corpo em movimento como função do tempo, como ocorreu no caso de Usain Bolt correndo em Pequim, é fácil calcular a velocidade do corpo a cada instante. Fizemos esse cálculo no último capítulo. Mas raciocinar de trás para a frente é difícil. Se eu lhe informasse a velocidade de Usain Bolt a cada instante da corrida, você conseguiria deduzir onde ele estava na pista a cada momento? De maneira geral, dada uma função de velocidade arbitrária $v(t)$, você poderia inferir a função de distância correspondente $y(t)$?

O teorema fundamental de Newton lançou luz sobre o difícil problema de inferir uma função desconhecida a partir de sua taxa de variação, e em muitos casos o resolveu completamente. O segredo foi transformar o problema em uma pergunta sobre áreas que fluem e se expandem.

A PROVA DO TEOREMA FUNDAMENTAL COM UM ROLO DE PINTURA

O teorema fundamental do cálculo foi o ponto culminante de 18 séculos de pensamento matemático. Por métodos dinâmicos, ele respondeu a uma pergunta de geometria estática que Arquimedes poderia ter formulado na Grécia Antiga, em 250 a.C., ou que poderia ter ocorrido a Liu Hui na China, em 250 d.C., a Ibn al-Haytham no Cairo, no ano 1000, ou a Kepler em Praga, em 1600.

Consideremos uma forma como a área cinzenta mostrada a seguir.

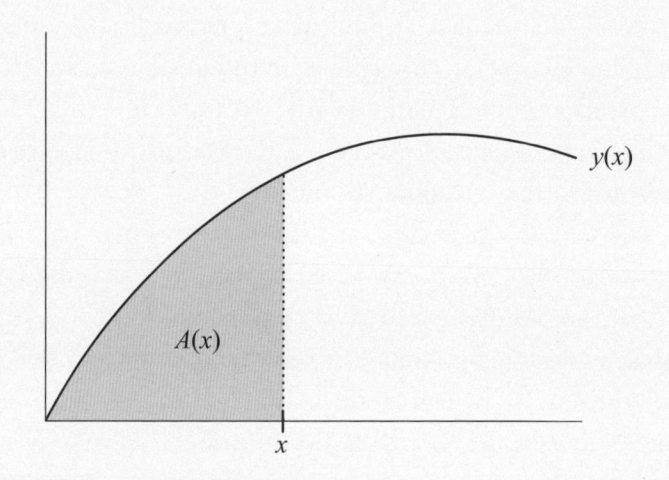

[Figura: curva $y(x)$ com a área $A(x)$ sombreada abaixo dela, até o ponto x no eixo horizontal.]

Existiria um modo de calcular a área exata de uma forma arbitrária como essa, considerando que a curva no topo pode ser quase qualquer coisa? Na verdade, não há necessidade de uma curva clássica. Pode ser uma curva esdrúxula definida por uma equação no plano xy, a barafunda iniciada por Fermat e Descartes. Mas e se a curva for definida por algo de interesse físico – como a trajetória de uma partícula em movimento ou a trajetória de um raio de luz? Haveria algum modo de encontrar a área sob uma curva tão arbitrária e fazê-lo sistematicamente? Esse é o *problema da área*, o terceiro problema central de cálculo que mencionei anteriormente e o desafio matemático mais urgente em meados do século XVII. Foi o último quebra-cabeça do mistério das curvas. Isaac Newton o abordou sob um novo ponto de vista, a partir de ideias inspiradas nos mistérios do movimento e da mudança.

Historicamente, o único modo de resolver problemas como esse era ser inteligente. Era preciso encontrar um modo perspicaz de fatiar uma região curva, ou de quebrá-la em fragmentos, e depois remontar as peças mentalmente ou pesá-las em uma gangorra imaginária, como Arquimedes fizera. Entretanto, por volta de 1665, Newton propiciou ao problema da área o primeiro grande avanço em quase dois milênios, incorporando ideias da álgebra islâmica e da geometria analítica francesa. Mas foi muito além delas.

O primeiro passo, de acordo com seu novo sistema, era estabelecer a área no plano xy e determinar uma equação para a parte superior curvada. Para isso, seria preciso calcular a que distância estava a curva do eixo x, uma fatia vertical de cada vez (conforme indicado pela linha vertical pontilhada no diagrama), de modo a obter o y correspondente. Esse cálculo converteu a curva em uma equação que relacionava y e x, o que a tornou suscetível aos instrumentos da álgebra. Trinta anos antes, Fermat e Descartes já haviam entendido isso e usado essas técnicas para encontrar linhas tangentes às curvas, já um enorme avanço.

Mas eles não perceberam que as linhas tangentes, em si, não eram tão importantes. Mais importantes eram suas *inclinações*, pois foram as inclinações que levaram ao conceito de derivada. Como vimos no capítulo anterior, a derivada surgiu naturalmente na geometria, como a inclinação de uma curva. As derivadas também se destacaram na física em outras taxas de variação, como a velocidade. Assim, sugeriram uma ligação entre inclinação e velocidade e, mais amplamente, entre geometria e movimento. Quando a ideia das derivadas se implantou com firmeza na mente de Newton, seu poder para unir geometria e movimento tornou possível a descoberta final. Foi a derivada que finalmente desvendou o problema da área.

As conexões profundamente ocultas entre todas essas ideias – inclinações e áreas, curvas e funções, taxas e derivadas – emergiram das sombras quando Newton olhou de forma dinâmica para o problema da área. Tendo em mente nosso trabalho nas duas últimas seções, observe o diagrama anterior e imagine o ponto x deslizando para a direita a uma velocidade constante. Você pode até pensar em x como tempo. Newton fazia isso com frequência. À medida que x se move, a área cinza se modifica. Como essa área depende de x, deve ser considerada uma função de x e, portanto, escrita como $A(x)$. Quando queremos enfatizar que essa área é uma função de x (em oposição a um número fixo), nos referimos a ela como função da área.

Meu professor de cálculo no ensino médio, o Sr. Joffray, tinha uma metáfora memorável para esse cenário fluido, com seu x deslizante e sua área em mutação. Joffray nos pedia que imaginássemos um rolo de pintura mágico que, ao rolar constantemente para a direita, pinta de cinza a região sob a curva.

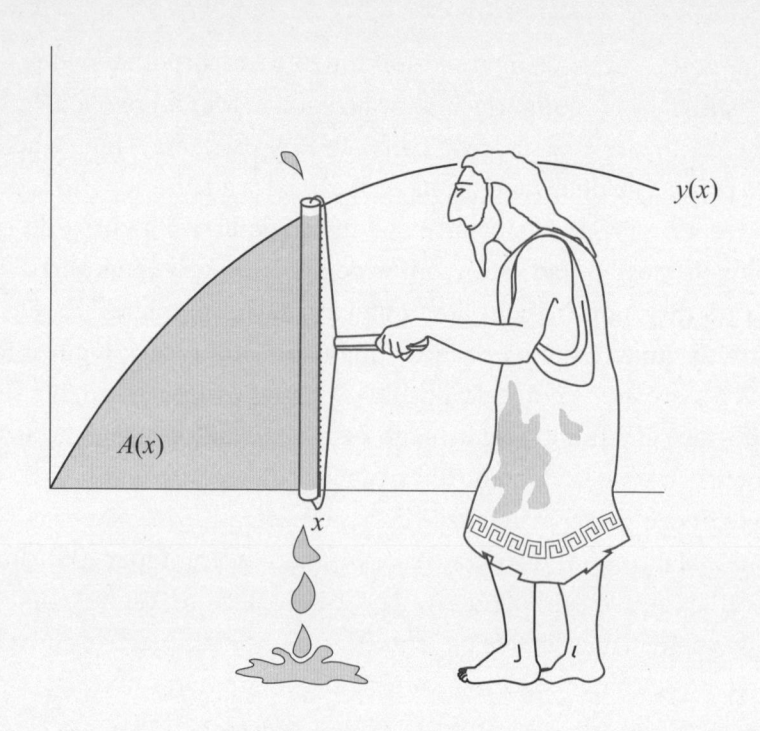

A linha pontilhada em *x* assinala a posição atual desse rolo que desliza para a direita. Enquanto isso, para garantir que a área seja pintada de modo correto, o rolo aumenta ou diminui na direção vertical – instantânea e magicamente –, alcançando a curva no topo e o eixo *x* na base sem jamais ultrapassar os limites. O aspecto mágico é que o rolo sempre ajusta seu comprimento a $y(x)$ enquanto desliza, e assim pinta a área com perfeição.

Após montarmos esse cenário improvável, perguntamos: qual é a *taxa* de expansão da área cinza à medida que *x* se move para a direita? Ou, de forma equivalente, qual é a taxa em que a tinta está sendo aplicada quando o rolo se encontra em *x*? Para responder, pense no que acontece no próximo intervalo infinitesimal de tempo. Ao rolar para a direita, o rolo percorre a distância infinitesimal de *dx*. Ao percorrer essa minúscula distância, mantém seu comprimento *y* na direção vertical quase perfeitamente constante, já que quase não há tempo para alterar seu comprimento durante o deslizamento infinitesimalmente breve (um ponto importante que discutiremos no próximo capítulo). Durante esse breve intervalo, o rolo pinta o que é, em essência, um retângulo alto e estreito de altura *y*, largura infinitesimal *dx* e área infinitesimal $dA = y\,dx$. Dividir essa equação por *dx* revelará então a taxa em que a área se acumula:

$$\frac{dA}{dx} = y.$$

Essa concisa fórmula revela que a área pintada sob a curva aumenta a uma taxa determinada pelo comprimento atual *y* do rolo de pintura. Faz sentido; quanto mais longo o rolo estiver no momento, mais tinta depositará no instante seguinte e, portanto, mais depressa a área se acumulará.

Com um pouco mais de esforço, poderíamos mostrar que essa versão geométrica do teorema é equivalente à versão de movimento que usamos anteriormente, segundo a qual a área acumulada sob uma curva de velocidade é igual à distância percorrida por um corpo em movimento. Mas temos tarefas mais urgentes. Precisamos entender o que o teorema significa, por que é importante e como finalmente mudou o mundo.

O SIGNIFICADO DO TEOREMA FUNDAMENTAL

O diagrama a seguir resume o que acabamos de aprender.

$$A(x) \xrightarrow{\text{derivada}} y(x) \xrightarrow{\text{derivada}} \frac{dy}{dx}$$

área sob a curva   curva   inclinação da curva

O diagrama mostra as três funções que nos interessam e a relação entre elas. A curva está no meio, sua inclinação (desconhecida) está à direita e sua área (desconhecida) está à esquerda. Como vimos no capítulo 6, essas são as funções que ocorrem nos três problemas centrais do cálculo. Dada a curva *y*, tentamos descobrir sua inclinação e sua área.

Espero que o diagrama tenha tornado claro por que me referi à descoberta da inclinação como "problema direto". Para encontrá-la, avançamos ao longo da seta à direita e calculamos a derivada de *y*. Esse é o problema direto (1) que discutimos no último capítulo.

O que não sabíamos antes e acabamos de aprender com o teorema fundamental é que a área *A* e a curva *y também* são relacionadas por uma derivada – o teorema fundamental revelou que a derivada de *A* é *y*. Trata-se de um fato notável, pois nos dá uma avenida para descobrirmos a área sob uma curva arbitrária, o antigo mistério que intrigou as maiores mentes durante quase dois milênios. A imagem sugere um caminho para a resposta. Mas, antes de abrirmos o champanhe, temos de entender que o teorema fundamental não nos dá exatamente o que queremos – não nos informa a área, mas nos diz como obtê-la.

O SANTO GRAAL DO CÁLCULO INTEGRAL

Como tentei deixar claro, o teorema fundamental não resolve completamente o problema da área. Ele nos dá informações sobre a taxa de mudança da área, porém ainda precisamos encontrar a área propriamente dita.

Em termos de símbolos, o teorema fundamental nos diz que $dA/dx = y$, onde $y(x)$ é a função dada. Ainda nos resta encontrar uma $A(x)$ que satisfaça a equação. Mas espere um minuto – isso significa que de repente deparamos de novo com o *problema inverso*! É uma reviravolta extraordinária. Estávamos tentando resolver o problema da área, o problema central número 3 da lista do capítulo 6, e, subitamente, estamos sendo confrontados pelo problema inverso, o problema central número 2 da lista. Eu o chamo de problema inverso porque, como mostra o diagrama anterior, encontrar A de y significa nadar contra a corrente, *retroceder* contra a derivada. Nesse cenário, a brincadeira infantil pode ser algo assim: "Estou pensando em uma função de área $A(x)$ cuja derivada é $12x + x^{10}$ – sen x. Em que função estou pensando?"

Desenvolver métodos para resolver o problema inverso, não apenas para $12x + x^{10}$ – sen x, mas para qualquer curva $y(x)$, tornou-se o Santo Graal do cálculo. Mais precisamente, tornou-se o Santo Graal do cálculo *integral*. A solução do problema inverso permitiria que o problema da área fosse resolvido de uma vez por todas. Dada qualquer curva $y(x)$, conheceríamos a área $A(x)$ abaixo dela. Ao resolver o problema inverso, também resolveríamos o problema da área. Era isso o que eu tinha em mente quando disse que esses dois problemas eram gêmeos separados ao nascerem e dois lados da mesma moeda.

Uma solução para o problema inverso também teria implicações muito maiores, pelo seguinte motivo: uma área é, do ponto de vista arquimediano, uma soma infinita de faixas retangulares infinitesimais. Portanto, uma área é uma *integral*. É a coleção integrada de todas as peças recompostas, um acúmulo de mudanças infinitesimais. E, assim como as derivadas são mais importantes que as inclinações, as integrais são mais importantes que as áreas. As áreas são cruciais para a geometria; as integrais são cruciais para *tudo*, como veremos nos próximos capítulos.

Uma forma de abordar o difícil problema inverso é ignorá-lo. Deixá-lo de lado. Substituí-lo pelo problema direto mais fácil (dado A, calcular sua taxa de alteração dA/dx, o que, pelo teorema fundamental, sabemos que deve ser igual ao y que estamos procurando). Esse problema direto é muito mais fácil, pois sabemos por onde começar. Começamos com uma função de área conhecida $A(x)$ e depois encontramos sua taxa de variação aplicando fórmulas-padrão para derivadas. A taxa de variação resultante, dA/dx, deverá então desempenhar o papel da função associada y; isto é o que nos garante o teorema fundamental: $dA/dx = y$. Tendo feito tudo isso, agora temos duas funções associadas, $A(x)$ e $y(x)$, que representam uma função de área e sua curva associada. Se tivermos a sorte de encontrar um problema em que seja preciso encontrar a área sob a curva específica $y(x)$, a função de área correspondente será sua associada $A(x)$. Não se trata de uma abordagem sistemática e funciona apenas se tivermos sorte, mas é um começo. E é fácil. Para aumentar nossas chances de sucesso, podemos criar uma grande tabela de pesquisas com centenas de funções de área e suas curvas associadas como pares – $(A(x), y(x).)$. Assim, o simples tamanho e a diversidade da tabela aumentarão nossas chances de tropeçarmos no par de que precisamos para resolver um genuíno problema da área. Tendo encontrado o par necessário, não teremos mais trabalho nenhum. A resposta estará ali, na tabela.

Por exemplo: no próximo capítulo, veremos que a derivada de x^3 é $3x^2$. Obteremos esse resultado resolvendo um problema direto, simplesmente com o uso de uma derivada. O que é maravilhoso, no entanto, é que ele nos diz que x^3 pode desempenhar o papel de $A(x)$ e que $3x^2$ pode desempenhar o papel de $y(x)$. Sem muito esforço, teremos resolvido o problema da área para $3x^2$ (se algum dia estivermos interessados nele). Continuando nessa linha, podemos preencher a tabela com outras potências de x. Cálculos semelhantes demonstrarão que a derivada de x^4 é $4x^3$, a derivada de x^5 é $5x^4$ e, de modo geral, a derivada de x^n é nx^{n-1}. Essas são soluções fáceis para o problema direto das funções de potência. Desse modo, as colunas da tabela ficariam assim:

Curva $y(x)$	Função de área $A(x)$
$3x^2$	x^3
$4x^3$	x^4
$5x^4$	x^5
$6x^5$	x^6
$7x^6$	x^7

Em seu caderno escolar, Isaac Newton, então com 22 anos, anotou tabelas semelhantes para si mesmo.

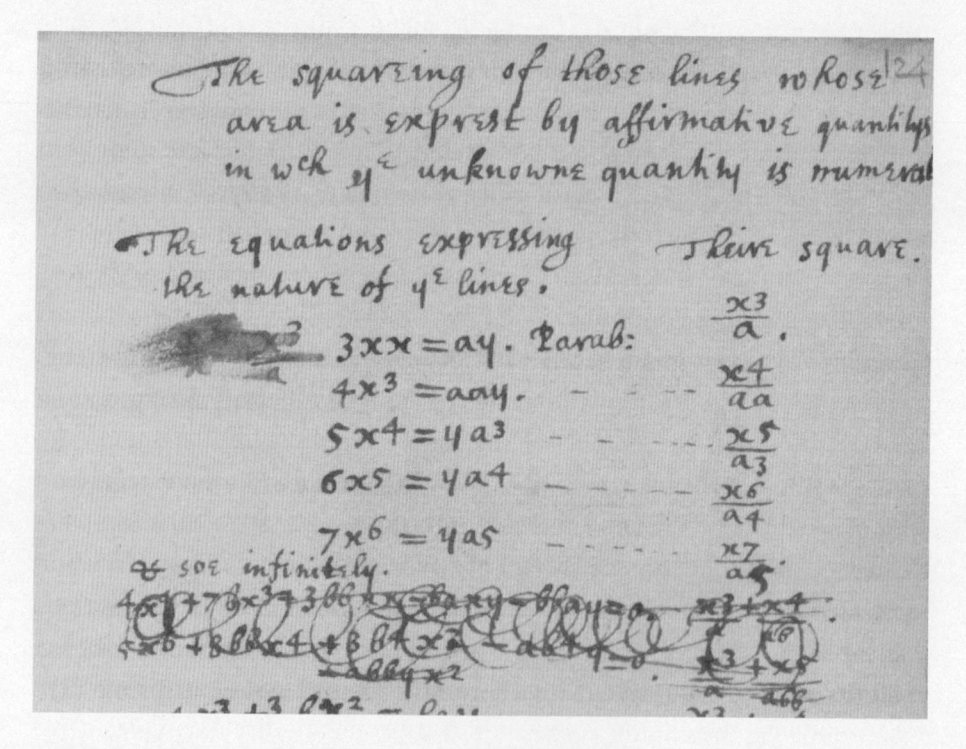

Observe que a linguagem dele é um pouco diferente da nossa. As curvas na coluna da esquerda são "As equações que expressam a natureza de suas linhas". Suas funções de área são "Seu quadrado" (pois ele vê o problema da área como o "quadrado das curvas"). Ele também sente necessidade de inserir várias potências de a, uma unidade arbitrária de comprimento, para garantir que todas as quantidades tenham o número adequado de dimensões. Por exemplo, no canto inferior direito $A(x)$, cinco linhas abaixo do topo da lista, está x^7/a^5 (em vez de nosso x^7 mais simples), pois, em sua mente, isso representa uma área e, portanto, precisa ter unidades de comprimento elevadas ao quadrado. Tudo isso vem algumas páginas depois de "Um método pelo qual quadrar as linhas tortas que podem ser quadradas" – o anúncio do nascimento do teorema fundamental do cálculo. Munido desse teorema, Newton preencheu muitas outras páginas com listas de "linhas tortas" e seus "quadrados". Nas mãos dele, o motor do cálculo começava a roncar.

A tarefa seguinte – na verdade uma fantasia – era encontrar um método para quadrar *qualquer* curva, não apenas funções de potência. Por ser tão geral, pode não parecer uma fantasia tão brilhante. Vamos colocar a coisa assim: esse problema contém a essência destilada daquilo que torna o cálculo integral tão desafiador. Se pudesse ser resolvido, seria como desencadear uma reação em cadeia. Seria como derrubar dominós; um problema cairia após outro. Se esse problema pudesse ser resolvido, poderia ser usado para responder à pergunta que Descartes achava estar além da compreensão humana: encontrar o comprimento do arco de uma curva arbitrária. Seria possível encontrar a área, no plano, de uma figura em forma de ameba. Seria possível calcular as áreas de superfícies, volumes e centros de gravidade de esferas, paraboloides, urnas, barris e as demais superfícies formadas pela rotação de uma curva em torno de um eixo, como um vaso em uma roda de ceramista. Os problemas clássicos sobre formas curvas que Arquimedes examinou e que diversos talentos matemáticos que o sucederam examinaram ao longo de 18 séculos se tornariam solucionáveis de um só golpe.

Além disso, certos problemas de previsão também seriam resolvidos. Prever a posição de um objeto em movimento no futuro, por exemplo – isto é, onde um planeta estará em determinado ponto de sua órbita, mesmo que obedeça a uma força de atração diferente daquele que opera em nosso universo. É por isso que chamo esse problema de Santo Graal do cálculo integral. A solução de muitos, muitos outros problemas está atrelada à sua solução.

Eis por que era tão importante encontrar a área sob uma curva arbitrária. Por causa de sua conexão íntima com o problema inverso, o problema da área não se resume à área. Não se trata apenas de formas, nem da relação entre distância e velocidade nem de nada tão limitado. É completamente geral. Sob uma perspectiva moderna, o problema da área é prever a relação entre qualquer coisa que mude a uma taxa variável e seu aumento ao longo do tempo. É sobre a flutuação do fluxo de entrada de recursos em uma conta bancária e o saldo nela acumulado. É sobre a taxa de crescimento da população mundial e o número de pessoas na Terra. É sobre a concentração variável de uma droga quimioterápica no sangue de um paciente e da exposição acumulada a esse medicamento ao longo do tempo. Essa exposição total pode afetar tanto a potência da quimioterapia quanto sua toxicidade. A área tem importância porque o futuro é importante.

A nova matemática de Newton era perfeitamente adequada para um mundo em fluxo. Assim, ele a batizou de *teoria das fluxões*, falando de quantidades fluentes (que agora consideramos como funções do tempo) e de suas fluxões (suas derivadas, suas taxas de variação no tempo). E identificou dois problemas centrais:

1. Dados os fluentes, como encontrar suas fluxões? (Equivalente ao problema direto que mencionamos antes, o fácil problema de encontrar a inclinação de determinada curva ou, mais genericamente, de encontrar a taxa de variação ou derivada de uma função conhecida, processo hoje conhecido como *diferenciação*.)
2. Dadas as fluxões, como encontrar seus fluentes? (Equivalente ao problema inverso e a chave para o problema da área. Trata-se do difícil problema de inferir uma curva a partir de sua inclinação; ou, mais genericamente, de inferir uma função desconhecida a partir de sua taxa de variação, processo hoje conhecido como *integração*.)

O problema 2 é muito mais difícil que o 1. E também muito mais importante para previsões e para acessar o código do universo. Antes de analisarmos até onde Newton avançou nesse ponto, permita-me esclarecer por que é um problema tão difícil.

LOCAL VERSUS GLOBAL

A razão pela qual a integração é muito mais difícil que a diferenciação tem a ver com a distinção entre local e global. Problemas locais são fáceis. Problemas globais são difíceis.

A diferenciação é uma operação local. Como vimos, quando estamos calculando uma derivada, é como se estivéssemos olhando no microscópio. Ampliamos repetidamente uma curva ou uma função, aumentando o campo de visão. À medida que nos aproximamos mais daquele pequeno local, a curva parece se tornar cada vez menos recurvada. Em uma versão ampliada da curva, vemos uma rampa minúscula, quase perfeitamente reta, com uma elevação Δy e uma distância Δx. No limite da ampliação infinita, a curva se aproxima de uma linha reta – a linha tangente no ponto central do microscópio. A inclinação dessa linha delimitadora nos dará a derivada ali. O papel do microscópio é nos permitir focalizar a parte da curva que nos interessa. Todo o resto é ignorado. É nesse sentido que encontrar a derivada é uma operação local, pois descarta todos os detalhes externos ao entorno infinitesimal de um ponto, o único ponto de interesse.

A integração é uma operação global. Em vez de um microscópio, usamos um telescópio. Tentamos olhar para bem longe – ou para um futuro bem à frente, embora nesse caso uma bola de cristal se faça necessária. Tais problemas, naturalmente, são muito mais difíceis. Todos os eventos intermediários são importantes e não podem ser descartados. Ou assim parece.

Vou fazer uma analogia para destacar as distinções entre local e global, entre diferenciação e integração, e esclarecer por que a integração é tão difícil e tão cientificamente importante. A analogia nos leva de volta ao recorde de Usain Bolt em Pequim. Lembre-se de que, para encontrar sua velocidade a cada instante, ajustamos uma curva suave aos dados que mostram sua posição na pista em função do tempo. Depois, para encontrar sua velocidade em determinado ponto, digamos 7,2 segundos na corrida, usamos a curva ajustada para estimar sua posição pouco tempo depois, digamos 7,25 segundos. Observamos então a variação na distância dividida pela variação tempo, de modo a estimar sua velocidade naquele momento. Todos os cálculos foram locais. A única informação que usaram era como Bolt estava correndo nos poucos centésimos em torno daquele tempo. Tudo o que ele fez antes e depois no restante da corrida foi irrelevante. É isso o que tenho em mente quando digo local.

Para efeito de comparação, pense no que estaria envolvido se nos dessem uma planilha informando a velocidade de Bolt a cada momento da corrida e nos pedissem que encontrássemos o local onde ele estava 7,2 segundos após a partida. Quando ele sai da posição de partida, podemos usar sua velocidade inicial para estimar onde ele estava, digamos, um centésimo de segundo depois, usando a fórmula distância é igual a taxa vezes tempo para avançar na pista. Dessa nova posição e desse novo tempo decorrido, poderíamos avançá--lo mais um centésimo de segundo com a velocidade e a distância correspondentes que ele cobriria. Avançando laboriosamente pela pista, acumulando informações a cada centésimo de segundo, poderíamos atualizar sua posição ao longo da corrida. Seria uma tarefa árdua. Em termos computacionais, quero dizer. Isso é o que torna um cálculo global tão difícil. Precisamos calcular inúmeras etapas para chegar a uma resposta no futuro – no caso, a posição do velocista 7,2 segundos após o disparo da pistola de partida.

Mas imagine se, de algum modo, pudéssemos avançar direto para o instante em que nos interessa. *Isso* seria útil. E é exatamente o que uma solução para o problema inverso da integração conseguiria. Teríamos então um atalho, um buraco de minhoca no tempo. Um problema global seria convertido em um problema local. Eis por que resolver o problema inverso foi como encontrar o Santo Graal do cálculo.

Quem realizou o feito pela primeira vez, como muitas vezes ocorre, foi um estudante.

UM GAROTO SOLITÁRIO

Isaac Newton nasceu em uma casa de pedra em 1642. No dia de Natal. Além da data, nada houve de auspicioso em sua chegada. Ele nasceu prematuro e tão pequeno que, segundo se comentou, caberia dentro de uma caneca de cerveja. Já não tinha pai. O velho Isaac Newton, próspero agricultor, morrera três meses antes, deixando uma plantação de cevada, móveis e algumas ovelhas.

Quando o pequeno Isaac tinha 3 anos, sua mãe, Hannah, casou-se novamente e o deixou aos cuidados dos avós maternos. O novo marido de Hannah, o reverendo Barnabas Smith, insistiu nisso. Era um homem rico, tinha o dobro da idade dela e queria uma esposa jovem. Mas não um filho jovem. Compreensivelmente, Isaac se sentia abandonado pela mãe e alimentava rancor contra seu padrasto. Mais tarde, em uma lista de pecados que cometera antes dos 19 anos, ele incluiu esta entrada: "13. Ameaçando queimar pai e mãe Smith e a casa junto com eles." A entrada seguinte era ainda mais sinistra: "14. Desejando minha morte e a morte de alguns." Outras: "15. Batendo em muitos. 16. Tendo pensamentos, palavras, ações e sonhos impuros."

Ele era um garotinho problemático, sem amigos e com muito tempo livre. Empreendia investigações acadêmicas por conta própria, construindo relógios de sol em casa e medindo o jogo de luz e sombras na parede. Quando tinha 10 anos, sua mãe retornou, viúva novamente e com mais três filhos a reboque – duas meninas e um menino. Logo enviou Isaac para uma escola em Grantham, a 13 quilômetros de casa, longe demais para que o garoto fosse a pé até lá todos os dias. Ele então foi morar com William Clark, farmacêutico e químico, que lhe transmitiu conhecimentos sobre remédios, terapias, infusões e misturas e o ensinou a moer coisas com almofariz e pilão. O professor Henry Stokes ensinou-lhe latim, um pouco de teologia, grego, hebraico e matemática prática para agricultores – incluindo levantamentos e medições de áreas cultivadas, assim como coisas mais profundas, como a estimativa de Arquimedes para o pi. Embora os relatórios de sua escola o descrevessem como um aluno ocioso e desatento, ao se ver sozinho em seu quarto, à noite, Isaac desenhava formas na parede, como diagramas arquimedianos de círculos e polígonos.

Quando ele estava com 16 anos, sua mãe o tirou da escola e o obrigou a administrar as terras da família. Newton detestava as atividades rurais. Deixava as cercas da propriedade tombarem e os porcos invadirem as terras vizinhas, pelo que foi devidamente multado pelo tribunal local. Brigava com a mãe e com as meias-irmãs. Deitava-se no meio das plantações para ler sozinho. Montou rodas-d'água em um riacho e estudava seus movimentos.

Por fim, sua mãe fez a coisa certa. Atendendo a um pedido do professor Stokes, permitiu que Isaac voltasse à escola. Em 1661, após um bom desempenho acadêmico, Isaac conseguiu ingressar na Trinity College, em Cambridge, pagando seus estudos e seu sustento servindo os alunos mais ricos no refeitório. Às vezes comia as sobras (sua mãe poderia tê-lo sustentado, mas não o fez). Teve poucos amigos na faculdade, padrão que seguiria pelo resto da vida. Nunca se casou e, até onde se sabe, jamais teve um relacionamento romântico. Raramente ria.

Seus primeiros dois anos na faculdade foram dedicados ao escolasticismo aristotélico, pensamento ainda predominante na época. Mas sua mente começou a se agitar. Um livro sobre astrologia despertou sua curiosidade para a matemática. Ao descobrir que não conseguiria entender aquilo sem saber trigonometria, e que não conseguiria entender trigonometria sem saber geometria, deu uma olhada nos *Elementos*, de Euclides. A princípio, todos os resultados lhe pareceram óbvios, mas ele mudou de ideia quando deparou com o teorema de Pitágoras.

Em 1664, ele obteve uma bolsa de estudos e mergulhou para valer na matemática. Estudando sozinho seis textos muito utilizados da época, aprendeu rapidamente o básico da aritmética decimal, da álgebra simbólica, dos ternos pitagóricos, das permutações, das equações cúbicas, das seções cônicas e dos infinitésimos. Dois autores o encantaram em especial: Descartes, sobre geometria analítica e tangentes, e John Wallis, sobre infinito e quadratura.

BRINCANDO COM SÉRIES DE POTÊNCIAS

Debruçado sobre a *Arithmetica Infinitorum*, de Wallis, no inverno de 1664-1665, Newton teve uma revelação mágica: um novo modo, fácil e sistemático, de encontrar áreas sob curvas.

Em essência, ele transformou o princípio do infinito em um algoritmo. O princípio tradicional do infinito reza que, para se calcular uma área complicada, é preciso imaginá-la como uma série infinita de áreas mais simples. Newton seguiu essa estratégia, mas a atualizou usando símbolos em vez de formas, como blocos de construção. Em vez dos fragmentos, tiras ou polígonos habituais, ele usava potências de um símbolo x, como x^2 e x^3. Hoje, chamamos sua estratégia de *método da série de potências*.

Newton via as séries de potência como uma generalização natural de decimais infinitos. Um decimal infinito, afinal, nada mais é que uma série infinita de potências de 10 e $\frac{1}{10}$. Os dígitos do número nos dizem em que medida cada potência de 10 ou $\frac{1}{10}$ deve ser combinada. Por exemplo, o número pi = 3,14... corresponde a esta combinação específica:

$$3{,}14\ldots = 3 \times 10^0 + 1 \times (\tfrac{1}{10})^1 + 4 \times (\tfrac{1}{10})^2 + \ldots$$

Obviamente, para escrever qualquer número dessa forma, precisamos usar dígitos *infinitamente*, como exigem os decimais infinitos. Por analogia, Newton achava que poderia projetar qualquer curva ou função a partir de infinitas potências de x. O segredo era descobrir o quanto cada potência deveria ser combinada. Ao longo de seus estudos, ele desenvolveu vários métodos para encontrar a combinação correta.

Newton concebeu seu método enquanto pensava sobre a área de um círculo. Ao tornar o antigo problema mais genérico, ele descobriu uma estrutura que ninguém antes havia notado. Em vez de se restringir a uma forma padrão, como um círculo completo ou um quarto de círculo, ele dirigiu sua atenção para um "segmento circular" de formato estranho e largura x, onde x poderia ser qualquer número de 0 a 1 e onde 1 era o raio do círculo.

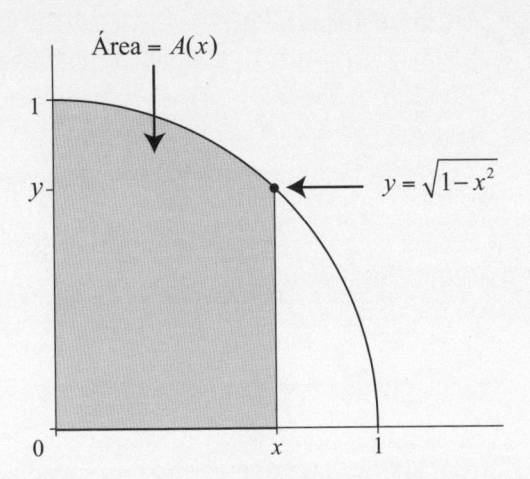

Foi seu primeiro movimento criativo. A vantagem de usar a variável x foi permitir que Newton ajustasse a forma da região continuamente, como que girando uma maçaneta. Um pequeno valor de x próximo a 0 produziria um segmento fino e vertical do círculo, como uma fina faixa na borda. Continuar aumentando x acabaria transformando o segmento em uma área larga. Esticar x até o valor de 1 daria ao segmento o formato familiar de ¼ de círculo. Movendo x para cima ou para baixo, ele poderia ir para qualquer espaço intermediário.

Mediante um ilimitado processo de experimentação, reconhecimento de padrões e conjecturas inspiradas (estilo de pensamento que aprendeu com o livro de Wallis), Newton descobriu que a área do segmento circular poderia ser expressa pelas seguintes séries de potência:

$$A(x) = x - \frac{1}{6}x^3 - \frac{1}{40}x^5 - \frac{1}{112}x^7 - \frac{5}{1.152}x^9 - \ldots .$$

Quanto à origem dessas frações peculiares ou por que todas as potências de x são números ímpares, bem, esse é o molho secreto de Newton. Ele elaborou um argumento que pode ser resumido como se segue. (Sinta-se à vontade para pular o restante deste parágrafo, se não estiver muito interessado no argumento. E se você quiser saber os detalhes, consulte as notas para obter referências.) Newton começou seu trabalho no segmento circular usando a geometria analítica. Expressou o círculo como $x^2 + y^2 = 1$ e, em seguida, solucionou a equação para y, obtendo $y = \sqrt{1 - x^2}$. Em seguida, argumentou que a raiz quadrada era equivalente a meia potência e, portanto, que $y = (1 - x^2)^{1/2}$ – observe a potência ½ à direita do parêntese. Como nem ele nem ninguém sabia como encontrar as áreas de segmentos para meias potências, ele contornou o problema – seu segundo movimento criativo – e o resolveu para potências inteiras. Encontrar as áreas para potências *inteiras* foi fácil; ele sabia como fazê-lo graças às suas leituras do livro de Wallis. Então, encontrou as áreas de segmentos para $y = (1 - x^2)^1$, $(1 - x^2)^2$ e $(1 - x^2)^3$, e assim por diante, todas com potências de números inteiros como 1, 2 e 3 fora de seus parênteses. Expandindo as expressões com o teorema do binômio, Newton percebeu que estas se tornavam somas de funções de potência simples, cujas funções individuais de área ele já havia tabulado, como vimos na página de seu caderno manuscrito. Assim, procurou padrões nas áreas dos segmentos como funções de x. Com base no que viu para potências inteiras, estimou a resposta – seu terceiro movimento criativo – para meias potências, que verificou em seguida de várias maneiras. A resposta para as meias potências o levou à sua fórmula para $A(x)$, a incrível série de potências com as frações peculiares exibidas anteriormente.

A derivada da série de potências para o segmento circular o levou a uma série igualmente incrível para o próprio círculo:

$$y = \sqrt{1 - x^2} = 1 - \frac{1}{2}x^2 - \frac{1}{8}x^4 - \frac{1}{16}x^6 - \frac{5}{128}x^8 - \ldots.$$

Havia muito mais pela frente, mas isso já era notável. Ele concebeu um círculo a partir de um número infinito de peças mais simples – mais simples, entenda-se, do ponto de vista da integração e da diferenciação. Todos os seus ingredientes eram funções de potência da forma x^n, em que a potência n era um número inteiro. Todas as funções de potência tinham derivadas e integrais fáceis (funções de área). Da mesma forma, os valores numéricos de x^n podem ser calculados mediante aritmética simples, com nada mais que multiplicações repetidas, e depois combinados em uma série, com nada mais, novamente, que adição, subtração, multiplicação e divisão. Não havia raízes quadradas para ser calculadas nem qualquer função complicada com que se preocupar. Se ele pudesse encontrar séries de potência como essa para outras curvas, além de círculos, integrá-las também seria fácil.

Com apenas 22 anos, Isaac Newton encontrou um caminho para o Santo Graal. Ao converter curvas em séries de potência, ele conseguia encontrar suas áreas sistematicamente. O problema inverso era muito fácil para as funções de potência, considerando os pares de funções que ele havia tabulado. Portanto, qualquer curva que ele pudesse expressar como uma série de funções de potência era fácil de resolver. Esse era o algoritmo dele. E tremendamente poderoso.

Depois, ele tentou uma curva diferente, a hipérbole $y = 1/(1+x)$, e descobriu que também poderia escrevê-la como uma série de potências:

$$\frac{1}{1+x} = 1 - x + x^2 - x^3 + x^4 - x^5 + \dots.$$

Essa série o levou, por sua vez, a uma série de potências para a área de um segmento sob a hipérbole de 0 a x, a contraparte hiperbólica do segmento circular que ele já estudara, a qual definiu uma função que ele chamou de logaritmo hiperbólico e que hoje chamamos de logaritmo natural:

$$\ln(1+x) = x - \tfrac{1}{2}x^2 + \tfrac{1}{3}x^3 - \tfrac{1}{4}x^4 + \tfrac{1}{5}x^5 - \tfrac{1}{6}x^6 + \dots.$$

Os logaritmos empolgavam Newton por duas razões. Em primeiro lugar, porque podiam ser usados para acelerar enormemente os cálculos; e, em segundo, porque eram relevantes para um problema controverso na teoria musical em que ele estava trabalhando: como dividir uma oitava em partes perfeitamente iguais sem sacrificar as harmonias mais agradáveis da escala tradicional (no jargão da teoria musical, Newton estava usando logaritmos para avaliar como uma divisão de oitava igualmente temperada poderia se aproximar da afinação tradicional da entonação).

Graças às maravilhas da internet e aos historiadores do Newton Project, você já pode viajar até 1665 e observar o jovem Newton brincando (seu caderno da faculdade, manuscrito, pode ser acessado livremente em http://cudl.lib.cam.ac.uk/view/MS-ADD-04000/). Olhe por sobre o ombro dele à página 223 desse manuscrito on-line (105v, no original) e você o verá comparando progressões musicais e geométricas. Vá então até o final da página para observar como ele relaciona seus cálculos com logaritmos. Depois vá até a página 43 do manuscrito on-line (20r, no original) para vê-lo "quadrar a hipérbole" e usar sua série de potências para calcular o logaritmo natural de 1,1 até 50 dígitos.

Que tipo de pessoa calcula logaritmos à mão até 50 dígitos? Ele parecia se deleitar com a força que sua recém-descoberta série de potências lhe conferia. Mais tarde, ao refletir sobre a extravagância desses cálculos, ele se mostrou um tanto tímido: "Tenho vergonha de dizer para quantos lugares levei esses cálculos, sem me interessar por nenhum outro assunto na época, pois realmente fiquei deliciado com essas invenções."

Se serve de consolo, ninguém é perfeito. Quando fez esses cálculos, Newton cometeu um pequeno erro aritmético. Suas contas estavam corretas apenas até 28 dígitos. Mais tarde, ele achou o erro e o corrigiu.

Após sua incursão no logaritmo natural, Newton estendeu sua série de potências às funções trigonométricas, que surgem sempre que aparecem círculos, ciclos ou triângulos, como em astronomia, pesquisa e navegação. Nessa área, no entanto, Newton não foi o primeiro. Mais de dois séculos antes, matemáticos em Kerala, na Índia, descobriram séries de potência para as funções seno, cosseno e arco tangente. Escrevendo no início da década de 1500, Jyesthadeva e Nilakantha Somayaji atribuíram essas fórmulas a Madhava de Sangamagrama (c.1350-c.1425), fundador da escola de matemática e astronomia de Kerala, que as derivou e as expressou em versos aproximadamente 250 anos antes de Newton. De certa forma, faz sentido que as séries de potência tenham sido antecipadas na Índia. Os decimais também foram desenvolvidos lá e, como vimos, Newton considerava o que fazia com relação às curvas como algo análogo ao que os decimais infinitos haviam feito para a aritmética.

O importante de tudo isso é que as séries de potências de Newton lhe proporcionaram um canivete suíço para o cálculo. Com elas, ele podia calcular integrais, encontrar raízes de equações algébricas e calcular os valores de funções não algébricas, como senos, cossenos e logaritmos. Como ele definiu: "Com a ajuda delas a análise alcança, diria eu, quase todos os problemas."

NEWTON COMO ARTISTA HÍBRIDO

Não acredito que Newton tivesse consciência disto, mas em seu trabalho com séries de potências ele se comportou como um artista híbrido. Abordou problemas de área em geometria mediante o Princípio do Infinito, dos antigos gregos, e lhes injetou decimais indianos, álgebra islâmica e geometria analítica francesa.

Algumas de suas dívidas matemáticas são visíveis na arquitetura de suas equações. Por exemplo, compare a série infinita de *números* que Arquimedes usou em sua quadratura da parábola

$$\frac{4}{3} = 1 + \frac{1}{4} + \frac{1}{16} + \frac{1}{64} + \dots,$$

com a série infinita de *símbolos* que Newton utilizou em sua quadratura da seguinte hipérbole:

$$\frac{1}{1+x} = 1 - x + x^2 - x^3 + x^4 - x^5 + \dots.$$

Se você associar x a $-¼$ na série de Newton, esta se tornará a série de Arquimedes. Nesse sentido, a série de Newton incorpora a de Arquimedes como um caso especial.

A similaridade entre os trabalhos dos dois se estende aos problemas geométricos que eles consideraram. Ambos gostavam de segmentos. Arquimedes usou sua série numérica para quadrar (ou encontrar a área de) um segmento parabólico, enquanto Newton usou sua turbinada série de potências,

$$A_{\text{circular}}(x) = x - \frac{1}{6}x^3 - \frac{1}{40}x^5 - \frac{1}{112}x^7 - \frac{5}{1152}x^9 - \dots,$$

para quadrar um segmento circular, e usou uma série de potências diferente,

$$A_{\text{hiperbólico}}(x) = x - \frac{1}{2}x^2 + \frac{1}{3}x^3 - \frac{1}{4}x^4 + \frac{1}{5}x^5 - \frac{1}{6}x^6 + \dots.$$

para quadrar um segmento hiperbólico.

Na verdade, as séries de Newton eram infinitamente mais poderosas que as de Arquimedes, na medida em que lhe permitiam encontrar as áreas de não apenas um, mas de uma infinidade contínua de segmentos circulares e hiperbólicos. Foi o que o abstrato símbolo x fez por ele. Possibilitou que mudasse seus problemas de forma contínua e sem esforço e que ajustasse o formato dos segmentos deslizando x para a esquerda ou para a direita. Assim, o que parecia ser uma única série infinita era na verdade uma família infinita de séries infinitas, uma para cada escolha de x. Esse era o poder das séries de potência: permitir que Newton resolvesse, com uma só tacada, um número infinito de problemas.

Mas ele não poderia ter feito tudo isso sem se colocar sobre ombros de gigantes. Newton unificou, sintetizou e generalizou as ideias de seus grandes antecessores: herdou o Princípio do Infinito de Arquimedes; aprendeu sobre linhas tangentes com Fermat; suas casas decimais vieram da Índia; suas variáveis vieram da álgebra árabe; sua representação de curvas como equações no plano xy veio de sua leitura de Descartes; suas ilimitadas peripécias com o infinito, seu espírito de experimentação e sua receptividade a adivinhações e induções vieram de Wallis. Juntando tudo isso, ele criou algo novo, algo que ainda hoje usamos para resolver problemas de cálculo: o versátil método de séries de potências.

UM CÁLCULO PARTICULAR

Durante o inverno de 1664 a 1665, enquanto Newton trabalhava nas séries de potência, uma terrível peste bubônica varreu o norte da Europa, avançando como uma onda e se propagando do Mediterrâneo para a Holanda. Quando chegou a Londres, matou centenas de pessoas em uma semana e, depois, milhares. No verão de 1665, para se resguardar, a Universidade de Cambridge fechou temporariamente as portas. E Newton retornou à fazenda da família, em Lincolnshire.

Nos dois anos seguintes, tornou-se o melhor matemático do mundo. Mas inventar o cálculo moderno não foi suficiente para manter sua mente ocupada. Ele também descobriu a lei da gravidade do quadrado inverso, que aplicou à Lua, inventou o telescópio refletor e demonstrou experimentalmente que a luz branca é composta de todas as cores do arco-íris. Isso tudo antes dos 25 anos. Como lembrou mais tarde: "Naquela época, eu estava no auge da capacidade de invenção e me ocupei com matemática e filosofia mais que em qualquer outro período desde então."

Em 1667, depois que a epidemia se abrandou, Newton regressou a Cambridge, onde deu seguimento aos seus estudos solitários. Em 1671, juntou as partes díspares do cálculo em um todo homogêneo. Desenvolveu o método das séries de potências, aprimorou as teorias em voga sobre as linhas tangentes explorando ideias sobre movimento, concebeu e provou o teorema fundamental que solucionou o problema da área, compilou tabelas de curvas e suas funções de área e transformou tudo em uma máquina computacional sistemática e finamente ajustada.

Mas fora dos limites da Trinity College ele era invisível. Tal como desejava. Guardava sua fonte secreta para si mesmo. Recluso e desconfiado, era dolorosamente sensível a críticas e odiava discutir com alguém, especialmente com quem não o entendia. Como disse mais tarde, não gostava de ser "abordado por pequenos diletantes em matemática".

Ele tinha outro motivo para ser cauteloso: sabia que seu trabalho poderia ser atacado com fundamentos lógicos. Além disso, usava álgebra, não geometria, e brincava despreocupadamente com o infinito, o pecado original do cálculo. John Wallis, cujo livro o havia influenciado em seus dias de estudante, fora brutalmente criticado pelas mesmas transgressões. Thomas Hobbes, filósofo político e matemático de segunda categoria, criticou a *Arithmetica Infinitorum* de Wallis como uma "crosta de símbolos" por sua dependência da álgebra e um "livro imprestável" por seu uso do infinito. Newton teve de admitir que seu próprio trabalho era meramente analítico, não sintético. Servia apenas para fazer descobertas, não para prová-las. Ele declarou também que seus métodos infinitos não eram "dignos de expressão pública". Muitos anos depois, acrescentou: "Nossa álgebra ilusória é adequada o suficiente para descobrir, mas totalmente imprópria para ser registrada pela escrita e comprometida com a posteridade."

Por esses e outros motivos, Newton guardava em segredo suas atividades. Mas no fundo desejava crédito por seu trabalho. E ficou angustiado quando Nicholas Mercator publicou um pequeno livro sobre logaritmos, em 1668, com a mesma série infinita para o logaritmo natural que ele descobrira três anos antes. O choque e a decepção por ter sido passado para trás levaram Newton a redigir, em 1669, um pequeno manuscrito sobre séries de potência, que distribuiu entre alguns poucos acólitos confiáveis. O livreto ia muito além dos logaritmos. Conhecido como *De Analysi*, seu título completo em inglês é *On Analysis by Equations Unlimited in Their Number of Terms* (Sobre a análise por equações infinitas quanto ao número de termos). Em 1671, ele o ampliou em seu folheto principal sobre cálculo, *A Treatise of the Methods of Series and Fluxions* (Um tratado sobre os métodos das séries e fluxões), conhecido como *De Methodis*. Porém, durante sua vida, esse manuscrito não viu a luz do dia; ele o guardava para uso particular e o vigiava ciosamente. *De Analysi* não foi publicado até 1711. *De Methodis* apareceu postumamente, em 1736. O patrimônio de Newton incluía 5 mil páginas de manuscritos matemáticos não publicados.

Demorou um pouco para que o mundo descobrisse Isaac Newton. Entre as paredes de Cambridge, no entanto, ele era tido como um gênio. Em 1669, Isaac Barrow, primeiro professor lucasiano (termo oriundo de Henry Lucas, criador da cátedra de Matemática na Universidade de Cambridge) e o indivíduo mais próximo de um mentor que Newton jamais teve, deixou o cargo e o recomendou como seu sucessor.

Era a posição ideal para Newton, que pela primeira vez na vida se viu com segurança financeira. O cargo exigia pouca atividade letiva. Ele não tinha alunos de pós-graduação e suas palestras para os universitários eram pouco frequentadas, o que também era bom. Os alunos não o entendiam. Não sabiam o que pensar daquele sujeito estranho, macilento e monástico, metido em roupas escarlates e com os cabelos prateados cortados à altura dos ombros.

Após concluir seu trabalho em *De Methodis*, Newton ficou mais irrequieto que nunca, mas o cálculo já deixara de ser seu principal interesse. Ele se envolvera profundamente com profecias e cronologia bíblicas, óptica e alquimia, dividindo luzes em cores com prismas, fazendo experiências com mercúrio, cheirando e às vezes provando produtos químicos, avivando seu forno dia e noite na tentativa de transformar chumbo em ouro. Como Arquimedes, descuidava da comida e do sono. Estava tentando decifrar os segredos do universo e não admitia distrações.

Mas certo dia, em 1676, uma distração ocorreu sob a forma de uma carta proveniente de Paris. Fora enviada por alguém chamado Leibniz, que tinha algumas perguntas sobre séries de potência.

8
FICÇÕES DA MENTE

Como Leibniz ouvira falar do trabalho não publicado de Newton? Não foi difícil. As descobertas de Newton vazavam fazia anos. Em 1669, na esperança de promover seu jovem protegido, Isaac Barrow enviou uma cópia anônima de *De Analysi* a um homem chamado John Collins, um aspirante a matemático e empresário. Collins se posicionara no eixo de uma rede de correspondência que envolvia matemáticos britânicos e continentais. Atônito com os resultados que viu em *De Analysi*, ele perguntou a Barrow quem era o autor. Com permissão de Newton, Barrow revelou sua identidade: "Fico feliz que os documentos de meus amigos lhe tenham dado tanta satisfação. O nome dele é Sr. Newton, um colega de nossa faculdade; muito jovem (...) mas de extraordinária proficiência nessas coisas e um gênio."

Collins não era do tipo de guardar segredos. Instigando seus correspondentes com trechos de *De Analysi*, ele os impressionou com os resultados obtidos por Newton, mas não explicou sua origem. Em 1675, mostrou as séries de potências de Newton para o seno inverso e as funções de seno a um matemático dinamarquês chamado Georg Bohr, que falou a Leibniz sobre elas. Leibniz escreveu então para o secretário da Royal Society de Londres, um alemão tagarela chamado Henry Oldenburg, solicitando que as avaliasse. Ao que Oldenburg respondeu: "Bohr nos enviou esses estudos que têm uma elegância rara e me parecem muito inventivos, particularmente a última série. Assim sendo, ilustre senhor, eu ficaria muito grato se V.S.ª me enviasse a prova."

Oldenburg encaminhou a solicitação para Newton, que não ficou nada satisfeito. Enviar a prova? Como assim? Em vez disso, ele enviou a Leibniz, por intermédio de Oldenburg, páginas e mais páginas de fórmulas enigmáticas e intimidadoras, o arsenal completo de *De Analysi*. Fora do círculo íntimo de Newton, ninguém jamais vira matemática daquele tipo. De quebra, Newton enfatizou que o material já estava ultrapassado: "Não vou escrever muito porque essas teorias deixaram de me agradar faz tempo. De tal forma que não trabalho nelas há quase cinco anos."

Sem se deixar abater, Leibniz respondeu, esperando extrair de Newton um pouco mais. Ele era um novato na matéria. Diplomata, lógico, linguista e filósofo, fazia pouco tempo que se interessara por matemática avançada. Havia passado algum tempo com Christiaan Huygens, a principal mente matemática da Europa, para se atualizar sobre os últimos desenvolvimentos na área. Após três anos de estudo apenas, já sobrepujara todos os outros matemáticos do continente europeu. Tudo o que precisava agora era descobrir o que Newton sabia... e o que estava escondendo.

Para lhe arrancar mais informações, Leibniz usou uma abordagem diferente: tentou impressioná-lo apresentando os próprios trabalhos, em especial uma série infinita da qual se orgulhava. Era uma oferenda, mas na prática estava sinalizando que era digno de conhecer os segredos de Newton.

Dois meses depois, em 24 de outubro de 1676, Newton respondeu à carta. Iniciou-a de forma lisonjeira, chamando Leibniz de "muito distinto" e elogiando sua série infinita, dizendo que o trabalho o levava a esperar "grandes coisas dele". Tais elogios deveriam ser levados a sério? Aparentemente não, pois a linha seguinte era de um sarcasmo corrosivo: "A variedade de abordagens para o mesmo objetivo me deu um grande prazer, pois três métodos para chegar a séries desse tipo já eram conhecidos por mim, de modo que eu nunca poderia esperar que um método novo me fosse comunicado." Em outras palavras: *Obrigado por me mostrar algo que já sei fazer de três outras maneiras*.

No restante de sua carta, Newton debochou de Leibniz. Após revelar alguns dos métodos que usava nas séries infinitas, ele os explicou do modo pedagógico que alguém usaria para explicar algo a uma criança. Felizmente para a posteridade, essas partes da carta são tão claras que podemos entender exatamente o que Newton tinha em mente.

Mas quando se aproximou de seus bens mais valiosos (as técnicas revolucionárias de seu segundo tratado sobre cálculo, *De Methodis*, incluindo o teorema fundamental, que ainda não havia vazado), Newton interrompeu sua suave exposição: "O fundamento dessas operações é bastante evidente, na verdade, mas como não posso dar seguimento à explicação agora, preferi ocultá-la assim: *6accdae13eff7i3l9n4o4qrr4s8t12vx*. Sobre esse fundamento, também tentei simplificar as teorias que dizem respeito à quadratura das curvas e cheguei a certos teoremas gerais."

Com esse código criptografado, Newton balançou seu segredo mais querido na frente de Leibniz, basicamente lhe dizendo: *Eu sei uma coisa que você não sabe e, mesmo que você a descubra mais tarde, este criptograma provará que eu a conhecia antes.*

O que Newton não sabia era que Leibniz já havia descoberto o segredo por conta própria.

EM UM PISCAR DE OLHOS

Leibniz criou sua própria versão do cálculo entre 1672 e 1676. E, assim como Newton, concebeu e provou o teorema fundamental; depois, percebendo seu significado, criou um sistema algorítmico ao seu redor. Com essa descoberta, conseguiu derivar "em um piscar de olhos", conforme escreveu, quase todos os teoremas sobre quadraturas e tangentes conhecidos na época – exceto os que Newton ainda escondia do mundo.

Quando escreveu suas duas cartas a Newton em 1676, bisbilhotando e pedindo provas, Leibniz sabia que estava sendo inconveniente. Como disse certa vez a um amigo: "Sinto-me sobrecarregado com uma deficiência que conta muito neste mundo, a saber, não tenho boas maneiras e, portanto, muitas vezes estrago a primeira impressão da minha pessoa."

Magricela, recurvado e pálido, Leibniz pode não ter sido muito bonito, mas sua mente era linda. Foi o gênio mais versátil em um século de gênios que incluiu Descartes, Galileu, Newton e Bach.

Embora tenha concebido seu cálculo uma década depois de Newton, Leibniz geralmente é considerado coinventor. Por diversas razões. Ele o publicou primeiro e o descreveu em uma notação elegante, cuidadosamente elaborada, que ainda hoje é usada. Além disso, atraiu discípulos que divulgaram suas palavras com zelo evangélico e escreveram livros influentes, desenvolvendo o assunto em abundantes detalhes. Muito mais tarde, quando Leibniz foi acusado de roubar o cálculo de Newton, seus discípulos o defenderam fervorosamente e contra-atacaram com igual fervor.

A abordagem de Leibniz ao cálculo é mais elementar – e de certa forma mais intuitiva – que a de Newton. Também explica por que o estudo de derivadas é há muito chamado de cálculo *diferencial* e por que a operação de derivar é chamada de *diferenciação*. Isso acontece porque, na abordagem de Leibniz, os conceitos chamados de diferenciais são o verdadeiro coração do cálculo. As derivadas são secundárias, uma reflexão tardia, um refinamento posterior.

Atualmente, tendemos a esquecer a importância dos diferenciais. Os livros modernos os minimizam, redefinem ou camuflam por serem (epa!) infinitesimais. Assim sendo, são vistos como paradoxais, transgressivos e assustadores. Portanto, para não correrem riscos, muitos livros mantêm os infinitésimos trancados no sótão, como a mãe de Norman Bates no filme *Psicose*. Mas, falando sério, não há nenhuma razão para temê-los. Sério.

Vamos conhecer a mãe de Norman.

INFINITÉSIMOS

Um infinitésimo é uma coisa nebulosa. Supõe-se que seja o menor número que se possa imaginar que não seja 0. Mais sucintamente, um infinitésimo é menor que tudo, porém maior que nada.

Ainda mais paradoxal, os infinitésimos têm tamanhos diferentes. Uma parte infinitesimal de um infinitésimo é ainda incomparavelmente menor. Poderíamos chamá-la de infinitésimo de segunda ordem.

Assim como existem números infinitesimais, existem comprimentos infinitesimais e tempos infinitesimais. Um comprimento infinitesimal não é um ponto, é maior que isso – mas menor que qualquer comprimento que se possa imaginar. Da mesma forma, um intervalo de tempo infinitesimal não é um instante, nem um único ponto no tempo, mas é mais curto que qualquer duração concebível.

O conceito de infinitésimos surgiu como um modo de falar sobre limites. Lembre-se do exemplo no capítulo 1, em que examinamos uma sequência de polígonos regulares, começando com um triângulo equilátero e um quadrado, e depois avançamos para pentágonos, hexágonos e outros polígonos regulares, com lados cada vez mais numerosos. Percebemos que quanto mais lados considerávamos e quanto mais curtos ficavam, mais o polígono começava a parecer um círculo. Ficamos tentados a dizer que um círculo é um polígono infinito com lados infinitesimais, mas mordemos a língua, pois a ideia parecia nos conduzir a um absurdo.

Também descobrimos que, se escolhermos qualquer ponto da circunferência de um círculo e o observarmos ao microscópio, o arco minúsculo que contiver esse ponto parecerá cada vez mais reto à medida que aumentarmos a ampliação. No limite da ampliação infinita, o pequeno arco parecerá perfeitamente reto. Nesse sentido, de fato, é útil pensar no círculo como uma infinita coleção de peças retas e, portanto, como um polígono infinito com lados infinitesimais.

Tanto Newton quanto Leibniz usavam infinitésimos, mas enquanto Newton mais tarde os rejeitou em favor das fluxões (que são razões de infinitésimos de primeira ordem e, portanto, assim como as derivadas, finitas e apresentáveis), Leibniz adotou uma visão mais pragmática. Não questionou se os infinitesimais realmente existiam; via-os como uma taquigrafia útil, um modo eficaz de reformular argumentos sobre limites. Também os considerava dispositivos úteis de escrituração, que liberavam a mente para um trabalho mais produtivo. Como explicou a um colega: "Filosoficamente falando, não acredito mais em quantidades infinitamente pequenas do que em quantidades infinitamente grandes, ou seja, em infinitésimos em vez de infinitos. Considero ambas como ficções da mente para ensejar descrições sucintas, apropriadas ao cálculo".

E o que pensam os matemáticos de hoje? Os infinitésimos realmente existem? Depende do que se queira dizer com *realmente*. Os físicos nos dizem que os infinitésimos não existem no mundo real (na verdade, nem o restante da matemática existe). No mundo ideal da matemática, os infinitésimos não existem no sistema numérico, mas existem em certos sistemas numéricos fora de padrão que generalizam os números reais. Para Leibniz e seus seguidores, existiam como ficções úteis da mente. É assim que pensaremos neles.

O CUBO DOS NÚMEROS PRÓXIMOS A 2

Para vermos como os infinitésimos podem ser esclarecedores, vamos começar de forma muito concreta. Considere este problema aritmético: quanto é 2 ao cubo ($2 \times 2 \times 2$)? O resultado é 8, claro. E quanto seria $2,001 \times 2,001 \times 2,001$? Ligeiramente mais que 8, com certeza, porém quanto mais?

O que buscamos aqui é um modo de pensar, não uma resposta numérica. A questão geral é: quando alteramos a entrada para um problema (aqui, alterando 2 para 2,001), quanto muda a saída? (Neste caso, muda de 8 para 8 mais alguma coisa cuja estrutura desejamos entender.)

Como é difícil resistir, vejamos o que uma calculadora tem a dizer. Se digitarmos 2,001 e pressionarmos a tecla x^3, teremos:

$(2,001)^3 = 8,012006001.$

A estrutura a ser observada é que a parcela extra após a vírgula decimal é constituída, na verdade, por três parcelas extras de tamanhos muito diversos:

$,012006001 = ,012 + ,000006 + ,000000001.$

Pense nisso como pequeno somado a superpequeno, somado a supersuperpequeno.

Podemos entender a estrutura que estamos vendo por intermédio da álgebra. Suponha que uma quantidade x (representada aqui pelo número 2) mude ligeiramente para $x + \Delta x$ (neste caso, tornando-se 2,001). O símbolo Δx denota a *diferença* em x, ou seja, uma minúscula alteração em x (aqui, $\Delta x = 0{,}001$). Então, quando perguntamos quanto é $(2{,}001)^3$, estamos na verdade perguntando quanto é $(x + \Delta x)^3$. Efetuando a multiplicação (ou usando o triângulo de Pascal, ou o teorema do binômio), descobrimos que:

$(x + \Delta x)^3 = x^3 + 3x^2 \Delta x + 3x (\Delta x)^2 + (\Delta x)^3.$

Para o nosso problema, onde $x = 2$, essa equação se torna:

$(2 + \Delta x)^3 = 2^3 + 3(2)^2(\Delta x) + 3(2)(\Delta x)^2 + (\Delta x)^3$
$= 8 + 12\Delta x + 6(\Delta x)^2 + (\Delta x)^3.$

Agora entendemos por que a parcela extra acima de 8 é constituída por três parcelas de tamanhos diferentes. A parcela pequena mas dominante é $12\Delta x = 12\,(,001) = ,012$. As parcelas restantes $6(\Delta x)^2$ e $(\Delta x)^3$ representam os superpequenos ,000006 e os supersuperpequenos ,000000001. Quanto mais fatores de Δx existirem em uma parcela, menor ela será. É por isso que elas são classificadas por tamanho. Cada multiplicação adicional pelo minúsculo fator Δx torna uma pequena parcela ainda menor.

A principal visão por trás do cálculo diferencial é exibida aqui, nesse humilde exemplo. Em muitos problemas de causa e efeito, dose e resposta, entrada e saída ou qualquer outro tipo de relação entre uma variável x e uma variável y que dela dependa, uma pequena mudança na entrada, Δx, produz uma pequena mudança na saída, Δy. Essa pequena mudança é tipicamente organizada em uma estrutura que podemos explorar – ou seja, a mudança na saída é constituída de uma hierarquia de parcelas classificadas por tamanho, de contribuições pequenas a superpequenas e a outras ainda menores. Tal graduação nos permite focalizar a mudança pequena mas dominante e desprezar todo o restante, as superpequenas e as ainda menores. Essa é nossa principal constatação. Embora a pequena alteração seja pequena, é gigantesca em comparação com as outras (como ,012 era gigantesca em comparação com ,000006 e ,000000001).

DIFERENCIAIS

Esse modo de pensar, no qual desprezamos todas as contribuições para a resposta certa exceto a maior, a parte do leão, pode parecer apenas aproximado. E é – se as mudanças na entrada, como a ,001 que agregamos ao 2 anterior, forem mudanças *finitas*. Mas se considerarmos mudanças *infinitesimais* na entrada, nosso pensamento se tornará exato. Não cometemos nenhum erro. A parte do leão se torna o todo. E, como vimos ao longo deste livro, mudanças infinitesimais são exatamente do que precisamos para entender inclinações, velocidades instantâneas e áreas de regiões curvas.

Para vermos como isso funciona na prática, voltemos ao exemplo anterior, em que tentávamos calcular o cubo de um número um pouco maior que 2. Exceto que, agora, vamos mudar 2 para $2 + dx$, em que dx representa uma diferença Δx infinitesimalmente pequena. Como essa noção é absurda, não pense muito nela. O importante é que aprender a trabalhar com ela facilita muito o cálculo. Particularmente o cálculo anterior de $(2 + \Delta x)^3$, pois agora $8 + 12\Delta x + 6(\Delta x)^2 + (\Delta x)^3$ se reduz a algo muito mais simples:

$(2 + dx)^3 = 8 + 12dx$.

O que aconteceu com os outros termos como $6(dx)^2 + (dx)^3$? Nós os descartamos. São insignificantes. São infinitésimos superpequenos e supersuperpequenos – totalmente irrelevantes em comparação com $12dx$. Mas então por que mantemos $12dx$? Não seria um termo igualmente insignificante em comparação com 8? Sim, mas se o descartássemos também, não consideraríamos nenhuma alteração. Nossa resposta ficaria congelada em 8. Portanto, a receita é a seguinte: para estudar a mudança infinitesimal, mantenha os termos que envolvam dx na primeira potência e ignore o resto.

Esse modo de pensar, que usa infinitésimos como dx, pode ser reformulado em termos de limites e tornado perfeitamente rigoroso. É assim que os livros modernos lidam com eles. Mas é mais fácil e rápido usar infinitésimos, cujo termo técnico em tal contexto é *diferenciais*, que tem origem na forma de pensar neles como sendo as diferenças Δx e Δy no limite, pois essas diferenças tendem a zero. São como o que vimos quando examinamos uma parábola sob um microscópio e observamos a curva ficar cada vez mais reta à medida que a aproximávamos.

DERIVADAS VIA DIFERENCIAIS

Permita-me mostrar agora como algumas ideias se tornam fáceis quando apresentadas em diferenciais. Por exemplo, qual é a inclinação de uma curva quando vista como um gráfico no plano xy? Como aprendemos no capítulo 6, em nosso trabalho com a parábola, a inclinação é a derivada de y, definida como o limite de $\Delta y/\Delta x$ quando Δx se aproxima de zero. Mas o que seria isso em termos de diferenciais? É simplesmente dy/dx. É como se a curva fosse composta de pequenos pedaços retos:

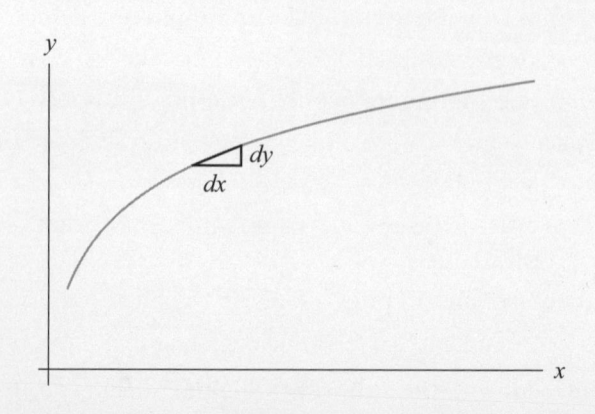

Se pensarmos em dy como uma elevação infinitesimal e dx como uma distância infinitesimal, a inclinação é simplesmente a elevação ao longo da distância, sendo portanto dy/dx.

Para aplicar essa abordagem a uma curva específica (digamos, $y = x^3$, o caso que consideramos ao elevarmos ao cubo números um pouco maiores que 2), calculamos dy da forma a seguir. Escreva:

$$y + dy = (x + dx)^3.$$

Como antes, o lado direito se expande para:

$$(x + dx)^3 = x^3 + 3x^2 dx + 3x(dx)^2 + (dx)^3.$$

Mas agora, seguindo a receita, descartamos os termos $(dx)^2$ e $(dx)^3$, que não estão incluídos na parte do leão. Assim:

$$y + dy = (x + dx)^3 = x^3 + 3x^2 dx.$$

E, tal como $y = x^3$, podemos simplificar a equação para:

$$dy = 3x^2 dx.$$

Dividindo ambos os lados por dx produzimos a inclinação correspondente:

$$\frac{dy}{dx} = 3x^2.$$

Em $x = 2$, o resultado é uma inclinação de $3(2)^2 = 12$. São os mesmos 12 que vimos anteriormente. Foi por isso que alterar 2 para 2,001 nos deu $(2,001)^3 \approx 8,012$. Isso significa que uma mudança infinitesimal em x próximo a 2 (chame-a de dx) é convertida em uma mudança infinitesimal em y próximo a 8 (chame-a de dy) que é 12 vezes maior ($dy = 12dx$).

Aliás, um raciocínio semelhante mostra que, para qualquer número inteiro positivo n, a derivada de $y = x^n$ é $dy/dx = nx^{n-1}$, resultado que mencionamos anteriormente. Com um pouco mais de trabalho, poderíamos estender esse resultado para n negativo, fracionário e irracional.

A grande vantagem dos infinitésimos, em geral, e das diferenciais, em particular, é que facilitam os cálculos. Oferecem atalhos. Liberam a mente para um pensamento mais imaginativo, assim como a álgebra fez com relação à geometria em outras épocas. Era o que Leibniz adorava em suas diferenciais. Como escreveu ao seu mentor Huygens: "Meu cálculo me proporcionou, quase sem meditação, grande parte das descobertas feitas sobre o assunto. Pois o que mais amo em meu cálculo é que ele nos oferece as mesmas vantagens que a geometria de Arquimedes teve sobre os antigos, e que Viète e Descartes tiveram sobre a geometria de Euclides ou Apolônio, libertando-nos de termos que trabalhar com a imaginação."

A única coisa errada com os infinitésimos é não existirem, pelo menos dentro do sistema de números reais. Ah, e mais uma coisa: são paradoxais. Não fariam sentido, mesmo que existissem. Um dos discípulos de Leibniz, Johann Bernoulli, percebeu que eles teriam de satisfazer equações sem sentido como $x + dx = x$, mesmo que dx não seja zero. Hummm. Bem, não se pode ter tudo. Os infinitésimos dão as respostas certas quando aprendemos a trabalhar com eles e seus benefícios mais que compensam qualquer sofrimento psíquico que possam ocasionar. São como a mentira de Picasso, que nos ajuda a perceber a verdade.

Como uma demonstração adicional do poder dos infinitésimos, Leibniz os usou para derivar a lei senoidal de Snell para a refração da luz. Lembre-se do capítulo 4, em que se diz que quando a luz passa de um meio para outro – digamos do ar para a água –, curva-se segundo uma lei matemática descoberta e redescoberta várias vezes ao longo dos séculos. Fermat explicou isso com seu princípio do menor tempo, mas lutou muito para resolver o problema de otimização que seu princípio implicava. Com seu novo cálculo de diferenciais, Leibniz deduziu a lei senoidal com facilidade e observou, com evidente orgulho, que "outros homens muito instruídos buscaram, de muitas formas desonestas, o que alguém versado nesse cálculo pode conseguir nessas linhas como que por mágica".

O TEOREMA FUNDAMENTAL VIA DIFERENCIAIS

Outro triunfo das diferenciais de Leibniz é terem tornado transparente o teorema fundamental. Lembre-se de que o teorema fundamental diz respeito à função de acumulação de área $A(x)$, que revela a área sob a curva $y = f(x)$

no intervalo de 0 a x. O teorema diz que quando deslizamos x para a direita, a área sob a curva se acumula a uma taxa dada pela própria $f(x)$. Assim, $f(x)$ é a derivada de $A(x)$.

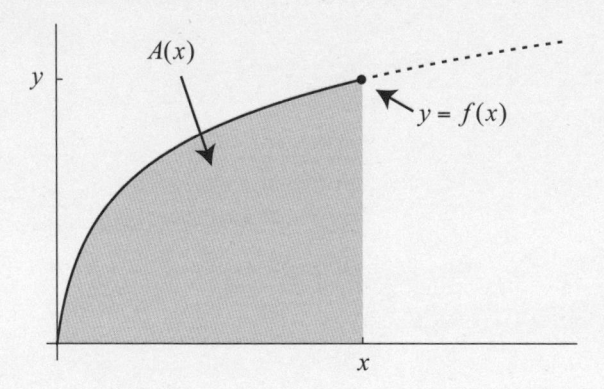

Para sabermos de onde vem esse resultado, suponha que alteremos x em uma quantidade infinitesimal como $x + dx$. Quanto muda a área $A(x)$? Por definição, muda em uma quantidade dA. Assim, a nova área é igual à área antiga mais a mudança na área e, portanto, é $A + dA$.

O teorema fundamental desaparece imediatamente quando visualizamos o que deve ser dA. Conforme sugerido na figura a seguir, a área muda pela quantidade infinitesimal dA dada pela área da faixa vertical infinitesimalmente fina entre x e $x + dx$:

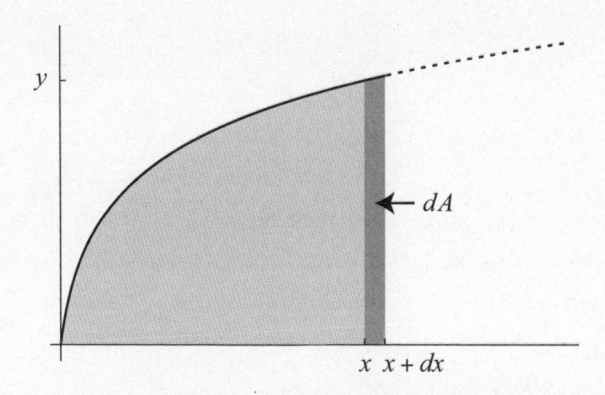

Essa faixa é um retângulo de altura y e base dx. Portanto, sua área é sua altura vezes sua base, que é $y\,dx$ ou, se você preferir, $f(x)\,dx$.

Na verdade, a faixa é um retângulo somente quando visualizada infinitesimalmente. Na realidade, para uma faixa de qualquer largura finita Δx, a mudança na área ΔA oferece duas contribuições. A dominante é um retângulo de área $y\,\Delta x$. Outra, muito menor, é a área da pequena tampa recurvada, de aparência triangular, na parte superior do retângulo.

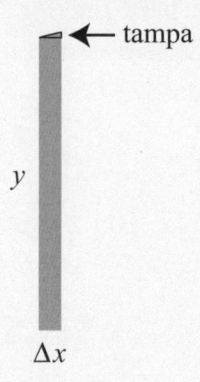

← tampa

y

Δx

Eis mais um caso em que o mundo infinitesimal é mais agradável que o mundo real. No mundo real, teríamos de contabilizar a área do limite, o que não seria fácil, pois dependeria dos detalhes da curva no topo. Porém, à medida que a largura do retângulo se aproxima de zero e "se torna" dx, a área do limite se torna insignificante em comparação com a área do retângulo. É o superpequeno comparado ao pequeno.

O resultado é que $dA = y\,dx = f(x)\,dx$. Bum! Esse é o teorema fundamental do cálculo. Ou, como é mais polidamente formulado hoje (em nossa era equivocada em que as diferenciais foram abandonadas em favor das derivadas):

$$\frac{dA}{dx} = y = f(x).$$

Isso é exatamente o que vimos no capítulo 7 com o argumento do rolo de pintura.

Uma última coisa: quando consideramos a área sob uma curva como a soma infinita de muitas faixas retangulares infinitesimais, formulamos a equação deste modo:

$$A(x) = \int_0^x f(x)dx.$$

Esse símbolo de pescoço longo como o de um cisne é, na verdade, um S esticado. O S nos lembra que um somatório está ocorrendo. É um somatório de tipo peculiar, diferente do cálculo integral, que envolve uma soma de infinitas tiras infinitesimais, todas integradas em uma única área coerente.

Sendo um símbolo da integração, é chamado de sinal integral. Leibniz o introduziu em um manuscrito de 1677, que publicou em 1686. É o ícone mais reconhecível do cálculo. O 0 na parte inferior e o x na parte superior indicam as extremidades do intervalo do eixo x, sobre o qual repousam os retângulos. Essas extremidades são chamadas de limites de integração.

O QUE LEVOU LEIBNIZ ÀS DIFERENCIAIS E AO TEOREMA FUNDAMENTAL?

Newton e Leibniz chegaram ao teorema fundamental do cálculo por dois caminhos separados. Newton o fez pensando em movimento e fluxo, o lado contínuo da matemática. Leibniz chegou pelo outro lado. Embora não fosse matemático por treinamento, passara algum tempo em sua juventude pensando em matemática discreta – números inteiros, contagens, combinações, permutações, frações e somas de um tipo específico.

Ele começou a entrar em águas mais profundas após conhecer Christiaan Huygens. Na época, servia em uma missão diplomática em Paris, mas ficou fascinado pelo que Huygens lhe dizia sobre os últimos desenvolvimentos na matemática e quis aprender mais. Com incrível presciência pedagógica (ou foi sorte?), Huygens desafiou seu aluno com um problema que o levou ao teorema fundamental.

O problema que lhe deu foi calcular a seguinte soma infinita:

$$\frac{1}{1\cdot 2} + \frac{1}{2\cdot 3} + \frac{1}{3\cdot 4} + \ldots + \frac{1}{n\cdot (n+1)} + \ldots = ?$$

(Os pontos nos denominadores significam multiplicação.) Para facilitar as coisas, vamos começar com uma versão de aquecimento. Suponha que a soma tenha, digamos, 99 termos, em vez de infinitamente muitos. Assim, teríamos de calcular:

$$S = \frac{1}{1\cdot 2} + \frac{1}{2\cdot 3} + \frac{1}{3\cdot 4} + \ldots + \frac{1}{n\cdot (n+1)} + \ldots + \frac{1}{99\cdot 100}.$$

Se você não percebeu o truque, é um cálculo tedioso, porém direto. Com paciência suficiente (ou um computador), poderíamos somar as 99 frações. O que seria errado. O objetivo é encontrar uma solução *elegante*. Soluções elegantes são valorizadas em matemática, em parte porque são bonitas, mas também porque são poderosas. Em geral, a luz que emitem pode ser usada para iluminar *outros* problemas. Nesse caso, a luz elegante que Leibniz descobriu o direcionou rapidamente para o teorema fundamental.

Ele solucionou o problema de Huygens com um truque brilhante. A primeira vez que o vi, tive a impressão de que estava presenciando um mágico tirar um coelho de uma cartola. Se você quiser vivenciar a mesma experiência, pule a analogia que vou apresentar. Mas se preferir saber o que há por trás da mágica, eis o que a faz funcionar.

Imagine alguém subindo uma escadaria longa e irregular.

Suponha que nosso personagem queira medir a elevação vertical total, desde a base da escada até o topo. Como fazer isso? Bem, ele sempre poderia somar todas as elevações dos degraus compreendidos entre a base e o topo. Uma estratégia sem inspiração; seria como somar os 99 termos na soma S anterior. Pode ser feito, mas seria desagradável, pois a escada é muito irregular. Se tiver milhões de degraus, por exemplo, somar todas as elevações seria tarefa impossível. Deve haver um modo melhor.

O melhor modo é usar um *altímetro*. O altímetro é um instrumento que mede a altitude. Se Zenão, na imagem, tivesse um altímetro, poderia resolver o problema subtraindo a altitude na base da altitude no topo da escadaria. Seria o bastante: a elevação vertical total é igual à diferença entre as duas alturas. A diferença entre elas tem que ser igual à soma de todas as elevações entre ambas. Por mais irregular que seja a escadaria, esse truque sempre funcionará.

Seu sucesso se deve ao fato de que as leituras do altímetro estão intimamente relacionadas às elevações dos degraus; a elevação de qualquer degrau é a diferença de leituras consecutivas do altímetro. Em outras palavras, a altura de um degrau é igual à altitude em seu topo menos a altitude em sua base.

Agora você já deve estar pensando: *O que um altímetro tem a ver com o problema matemático original – somar uma longa lista de números complicados e irregulares?* Bem, se de alguma forma pudéssemos encontrar o análogo de um altímetro para uma soma complicada e irregular, essa soma se tornaria fácil. Bastaria somar a diferença entre as leituras mais altas e as mais baixas do altímetro. Foi basicamente o que Leibniz fez: encontrou um altímetro para a soma S. O que lhe permitiu escrever cada termo na soma como uma diferença entre leituras consecutivas do altímetro; assim, pôde obter a soma desejada usando a ideia mencionada acima. Ele depois generalizou seu altímetro para outros problemas, o que, em última análise, conduziu-o ao teorema fundamental do cálculo.

Tendo em mente essa analogia, examinemos o S novamente:

$$S = \frac{1}{1 \cdot 2} + \frac{1}{2 \cdot 3} + \frac{1}{3 \cdot 4} + \ldots + \frac{1}{n \cdot (n+1)} + \ldots + \frac{1}{99 \cdot 100}.$$

Agora vamos reescrever cada termo como uma diferença entre dois outros números. Isso é como dizer que a elevação de cada degrau é a diferença das leituras do altímetro no topo e na base. No primeiro passo, a reformulação ficaria assim:

$$\frac{1}{1 \cdot 2} = \frac{2-1}{1 \cdot 2} = \frac{1}{1} - \frac{1}{2}.$$

Devemos reconhecer que o rumo que estamos tomando ainda não é óbvio. Logo veremos como é útil reescrever a fração $1/(1 \cdot 2)$ como uma diferença entre duas frações unitárias consecutivas, $\frac{1}{1}$ e $\frac{1}{2}$. (Uma *fração unitária* é uma fração com 1 no numerador. Essas frações unitárias consecutivas farão o papel de leituras consecutivas do altímetro.) Se a aritmética acima lhe parecer pouco clara, tente simplificar as equações, trabalhando nelas da direita para a esquerda. Na extremidade direita subtrairemos uma fração unitária ($\frac{1}{2}$) de outra fração unitária ($\frac{1}{1}$); na metade, colocaremos ambas sobre um denominador comum; e na extremidade esquerda, simplificaremos o numerador.

Da mesma forma, podemos escrever todos os outros termos em S como uma diferença de frações unitárias consecutivas:

$$\frac{1}{2\cdot 3} = \frac{3-2}{2\cdot 3} = \frac{1}{2} - \frac{1}{3}$$

$$\frac{1}{3\cdot 4} = \frac{4-3}{3\cdot 4} = \frac{1}{3} - \frac{1}{4}$$

E assim por diante. Após somarmos todas as diferenças entre as frações unitárias, S se torna:

$$S = \left(\frac{1}{1} - \frac{1}{2}\right) + \left(\frac{1}{2} - \frac{1}{3}\right) + \left(\frac{1}{3} - \frac{1}{4}\right) + \ldots + \left(\frac{1}{98} - \frac{1}{99}\right) + \left(\frac{1}{99} - \frac{1}{100}\right).$$

Agora já podemos discernir um método na loucura. Observe atentamente a estrutura dessa soma. Quase todas as frações da unidade aparecem duas vezes, uma com sinal negativo e outra com sinal positivo. Por exemplo, ½ é subtraído e depois adicionado novamente, e o resultado é que os termos ½ se anulam. O mesmo vale para os termos ⅓, que ocorrem duas vezes e se cancelam. Quase todas as outras frações unitárias, até ¹⁄₉₉, inclusive, fazem o mesmo. As únicas exceções são a primeira e a última frações unitárias – ¹⁄₁ e ¹⁄₁₀₀ –, que, estando nas extremidades do S, não têm parceiras a ser canceladas. Assim, depois que a fumaça se dissipa, são as únicas frações unitárias restantes. E o resultado é:

$$S = \frac{1}{1} - \frac{1}{100}.$$

Isso faz todo o sentido se tivermos em mente a analogia da escada, segundo a qual a elevação total dos degraus é a altitude no topo menos a altitude na base.

Aliás, o S pode ser simplificado para ⁹⁹⁄₁₀₀. Essa é a resposta para o quebra-cabeça com 99 termos. Leibniz percebeu que poderia adicionar *qualquer* número de termos usando o mesmo truque. Se a soma tivesse N termos em vez de 99, o resultado seria:

$$S = \frac{1}{1} - \frac{1}{N+1}.$$

Portanto, a resposta à pergunta original de Huygens sobre a soma infinita se torna clara: à medida que N se aproxima do infinito, o termo $1/(N+1)$ se aproxima de 0, e *S* se aproxima de 1. Esse valor-limite de 1 é a resposta ao enigma de Huygens.

O que permitiu a Leibniz encontrar a soma foi sua estrutura muito particular: podia ser reescrita como uma soma de diferenças consecutivas (nesse caso, diferenças de frações unitárias consecutivas). Foi essa estrutura de diferenças que ensejou os numerosos cancelamentos que vimos. As somas com essa propriedade são hoje denominadas somas telescópicas, pois lembram um daqueles antigos telescópios articulados que se vê nos filmes de piratas, que pode ser esticado ou encolhido à vontade. A analogia é que a soma original aparece em sua forma esticada, mas, devido à sua estrutura de diferenças, pode ser encolhida até um resultado muito mais compacto. Os únicos termos que sobrevivem à compressão são aqueles sem parceiros para cancelá-los, os que estão nas extremidades do telescópio.

Leibniz, naturalmente, especulou se poderia usar o truque da telescopia em outros problemas. Era uma ideia em que valeria a pena insistir, considerando como seria poderosa. Ao se ver diante de uma longa lista de números a ser somados, caso ele pudesse escrever cada qual como uma diferença de números consecutivos (a ser determinada), o truque da telescopia funcionaria novamente.

Foi o que o levou a refletir sobre áreas. Aproximar a área sob uma curva no plano *xy*, afinal de contas, equivalia a somar uma longa lista de números – correspondente às áreas de muitas tiras retangulares finas e verticais.

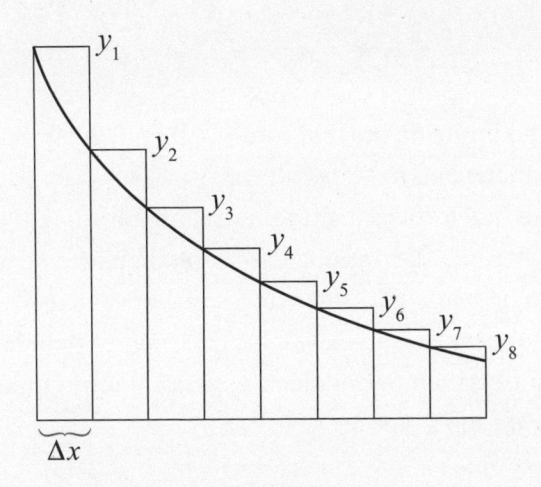

A ideia por trás do que ele tinha em mente é demonstrada na figura acima. Ela mostra apenas oito áreas retangulares, mas tente imaginar uma imagem semelhante com milhões ou bilhões de retângulos muito mais finos; ou melhor ainda, uma série infinita de retângulos infinitesimalmente finos. Seria algo difícil de desenhar ou visualizar. Eis por que estou usando, no momento, oito retângulos razoavelmente largos.

Suponhamos, para simplificar, que todos os retângulos tenham a mesma largura. Vamos chamá-la de Δx. As alturas dos retângulos são: $y_1, y_2, ..., y_8$. Assim, a área total dos retângulos aproximados será:

$$y_1 \Delta x + y_2 \Delta x + ... + y_8 \Delta x.$$

Essa soma de oito números seria convenientemente telescópica se, de alguma forma, pudéssemos encontrar números mágicos $A_0, A_1, A_2, ..., A_8$ cujas diferenças proporcionam as áreas retangulares:

$$y_1 \Delta x = A_1 - A_0$$
$$y_2 \Delta x = A_2 - A_1$$
$$y_3 \Delta x = A_3 - A_2$$

E assim por diante, até $y_8 \Delta x = A_8 - A_7$. Então a área total dos retângulos seria ampliada para:

$$y_1 \Delta x + y_2 \Delta x + ... + y_8 \Delta x = (A_1 - A_0) + (A_2 - A_1) + ... + (A_8 - A_7)$$
$$= A_8 - A_0.$$

Pense agora no limite de tiras infinitesimalmente finas. Sua largura Δx se transforma no diferencial dx. Suas alturas variáveis $y_1, y_2, ..., y_8$ se tornam $y(x)$, uma função que fornece a altura do retângulo sobre o ponto rotulado pela variável x. A soma das infinitas áreas retangulares se torna a integral $\int y(x) dx$. E, como no telescópio anterior, a soma que era $A_8 - A_0$ agora se torna $A(b) - A(a)$, onde a e b são os valores de x nas extremidades esquerda e direita da área que está sendo calculada. A versão infinitesimal do telescópio produz a área *exata* sob a curva:

$$\int_a^b y(x) dx = A(b) - A(a).$$

E como encontramos a função mágica $A(x)$ que torna tudo isso possível?

Bem, observe as equações anteriores como $y_1 \Delta x = A_1 - A_0$, que se transformam em

$$y(x)dx = dA$$

à medida que os retângulos se tornam infinitesimalmente finos. Para obter os mesmos resultados em termos de derivadas, em vez de diferenciais, divida ambos os lados da equação acima por dx para obter:

$$\frac{dA}{dx} = y(x).$$

É assim que encontramos os análogos dos números mágicos $A_0, A_1, A_2, ...,$ A_8 que ensejam a telescopia. No limite de faixas infinitesimalmente finas, eles são dados pela função desconhecida $A(x)$, cuja derivada é a curva dada $y(x)$.

Tudo isso é a versão de Leibniz para o problema inverso e o teorema fundamental do cálculo. Como ele colocou: "Encontrar as áreas das figuras está reduzido a isto: dada uma série, encontrar as somas; ou (explicando melhor), dada uma série, encontrar outra cujas diferenças coincidam com os termos da série dada." Desse modo, diferenças e somas telescópicas levaram Leibniz às diferenciais e integrais, e daí ao teorema fundamental. Assim como fluxões e áreas em expansão levaram Newton à mesma fonte secreta.

LUTANDO CONTRA O HIV COM A ASSISTÊNCIA DO CÁLCULO

Embora sejam ficções da mente, as diferenciais têm influenciado nosso mundo, nossas sociedades e nossa vida em aspectos profundamente não ficcionais desde que Leibniz as inventou. Considere, por exemplo, o apoio prestado hoje pelas diferenciais no entendimento e tratamento do HIV, o vírus da imunodeficiência humana.

Nos anos 1980, uma doença misteriosa começou a matar centenas de milhares de pessoas por ano em todo o mundo. Ninguém sabia o que era, de onde vinha ou o que a provocava, mas seu efeito era claro: enfraquecia tão severamente o sistema imunológico que os pacientes se tornavam vulneráveis a pneumonias, infecções oportunistas e tipos raros de câncer. Além de provocar uma morte lenta, a doença desfigurava os indivíduos afetados. Os médicos a chamaram síndrome da imunodeficiência adquirida, ou aids, na sigla em inglês. Pacientes e médicos estavam desesperados. Não havia cura à vista.

Pesquisas básicas encontraram o culpado: um retrovírus cujo mecanismo era insidioso: atacar e infectar os glóbulos brancos chamados células T auxiliares, componentes essenciais do sistema imunológico. Tão logo penetrava nas células, o vírus sequestrava seu mecanismo genético e o cooptava para produzir mais vírus. Novas partículas de vírus escapavam da célula, pegavam carona na corrente sanguínea e em outros fluidos corporais, e procuravam outras células T para infectar. O sistema imunológico respondia à invasão tentando expulsar as partículas virais do sangue e matar o maior número possível de células T infectadas. Ao fazê-lo, o sistema imunológico matava uma parte importante de si mesmo.

O primeiro medicamento antirretroviral aprovado para combater o HIV apareceu em 1987. Embora desacelerasse a ação do HIV, interferindo no processo de sequestro, não era tão eficaz quanto se esperava, e o vírus muitas vezes se tornava resistente a ele. Em 1994, surgiram medicamentos de uma nova estirpe, conhecidos como inibidores de protease. Seu modo de ação era impedir o amadurecimento das novas partículas de vírus, de modo a torná-las não infecciosas. Ainda que também não representassem uma cura, os inibidores de protease foram uma dádiva divina.

Logo após a disponibilização dos inibidores de protease, uma equipe de pesquisadores liderada pelo dr. David Ho (ex-físico da Caltech e, presumivelmente, alguém à vontade com cálculo) e um imunologista e matemático chamado Alan Perelson colaboraram em um estudo que revolucionou a compreensão e a forma de tratamento do HIV. Antes do trabalho de Ho e Perelson, sabia-se que a aids não tratada geralmente progredia em três estágios: um primeiro estágio, agudo, que durava algumas semanas; um estágio crônico e paradoxalmente assintomático de até 10 anos; e um estágio terminal.

No primeiro estágio, logo após ser infectada pelo HIV, a pessoa apresenta sintomas semelhantes aos da gripe, como febre, erupção cutânea e dores de cabeça. O número de células T auxiliares (também conhecidas como células CD4) na corrente sanguínea cai acentuadamente – de cerca de mil células por milímetro cúbico de sangue, em uma contagem normal, para poucas centenas. Como as células T ajudam o corpo a combater infecções, sua diminuição enfraquece gravemente o sistema imunológico. Enquanto isso, o número de partículas virais no sangue, conhecido como carga viral, aumenta e cai, à medida que o sistema imunológico começa a combater a infecção provocada pelo HIV. Os sintomas semelhantes aos da gripe desaparecem e o paciente se sente melhor.

No final desse primeiro estágio, a carga viral se estabiliza em um nível que, intrigantemente, pode durar muitos anos. Os médicos se referem a esse nível como ponto de ajuste. Um paciente não tratado pode sobreviver por uma década sem sintomas relacionados ao HIV, e sem nenhum resultado laboratorial além de uma persistente carga viral e uma contagem de células T em lento declínio. Entretanto, o estágio assintomático um dia termina e a aids se instala, marcada por novo declínio na contagem de células T e um aumento acentuado na carga viral. Com a doença em plena atividade, um paciente não tratado é acometido por infecções oportunistas, câncer e outras complicações, que em geral causam sua morte no tempo de dois a três anos.

A chave para a resolução do mistério estava na fase assintomática de uma década. O que estaria acontecendo? O HIV permanecia adormecido no corpo? Outros vírus também hibernavam. O do herpes genital, por exemplo, se entoca nos gânglios nervosos para fugir do sistema imunológico. O da catapora se oculta em células nervosas durante anos, despertando às vezes para causar herpes-zóster. No caso do HIV, o motivo da latência ainda era desconhecido. Só ficou claro após o trabalho de Ho e Perelson.

Em um estudo de 1995, eles deram um inibidor de protease aos pacientes. Não como tratamento, mas como um teste. Isso tirou seus corpos do ponto de equilíbrio e permitiu que Ho e Perelson – pela primeira vez na história – acompanhassem a dinâmica do sistema imunológico em sua luta contra o HIV. Descobriram então que, após os pacientes receberem o inibidor de protease, o número de partículas virais em sua corrente sanguínea caía com rapidez exponencial, atingindo um resultado incrível: metade de todas as partículas virais no sangue era eliminada pelo sistema imunológico a cada dois dias.

O cálculo diferencial permitiu que Perelson e Ho modelassem essa redução exponencial e extraíssem implicações surpreendentes. Para começar, eles representaram as mudanças na concentração do vírus no sangue como uma função desconhecida, $V(t)$, em que t indica o tempo decorrido desde a administração do inibidor da protease. Depois estabeleceram, hipoteticamente, o quanto a concentração do vírus mudaria, dV, em um intervalo de tempo infinitesimalmente curto, dt. Seus dados indicaram que uma fração constante do vírus no sangue era eliminada todos os dias; assim, talvez a constância se mantivesse quando extrapolada para um intervalo de tempo infinitesimal dt. Como dV/V é a mudança fracionária na concentração do vírus, seu modelo pode ser traduzido em símbolos pela seguinte equação:

$$\frac{dV}{V} = -c\, dt.$$

Aqui, a constante de proporcionalidade c é a taxa de eliminação, uma medida da rapidez com que o corpo se livra do vírus.

A equação acima é um exemplo de *equação diferencial*. Relaciona o diferencial dV ao próprio V e ao diferencial dt do tempo decorrido. Usando o teorema fundamental para integrar ambos os lados da equação, Perelson e Ho resolveram para $V(t)$ e verificaram que o resultado correspondia a:

$$\ln\,[V(t)/V_0] = -ct$$

V_0 é a carga viral inicial e ln denota o logaritmo natural (a mesma função logarítmica que Newton e Mercator estudaram na década de 1660). Inverter essa função, portanto, implicava que

$$V(t) = V_0 e^{-ct},$$

onde e é a base do logaritmo natural, confirmando assim que a carga viral de fato caía com rapidez exponencial no modelo. Finalmente, ajustando uma curva de redução exponencial aos dados experimentais, Ho e Perelson calcularam o valor, antes desconhecido, da taxa de depuração c.

Para aqueles que preferem derivadas a diferenciais, a equação-modelo pode ser reescrita como:

$$\frac{dV}{dt} = -cV.$$

Aqui, dV/dt é a derivada de V, que mede a rapidez do aumento ou da redução da concentração do vírus. Valores positivos da derivada indicam crescimento; valores negativos, diminuição. Como a concentração V é positiva, então $-cV$ deve ser negativo, e a derivada também deve ser negativa; portanto, a concentração do vírus deve diminuir, como de fato acontece no experimento. Além disso, a proporcionalidade entre dV/dt e V significa que, quanto mais próximo de 0 está, mais lentamente V diminui. Esse lento declínio de V é como você encher uma pia com água e depois permitir que ela escorra. Quanto menos água houver na pia, mais lentamente ela flui, pois haverá menos volume de água para pressioná-la para baixo. Nessa analogia, a quantidade de vírus é como a água e o escoamento é como a saída do vírus, por conta de sua remoção pelo sistema imunológico.

Após modelar o efeito do inibidor de protease, Perelson e Ho modificaram sua equação para descrever as condições antes da administração do medicamento. Presumiram então que a equação seria:

$$\frac{dV}{dt} = P - cV.$$

Nessa equação, P se refere à taxa desinibida de produção de novas partículas virais, outra incógnita fundamental na época. Segundo Perelson e Ho, antes da administração do inibidor de protease, as células infectadas liberavam a todo momento novas partículas de vírus infecciosas, as quais infectavam outras células e assim por diante. Esse potencial de rápida propagação é o que torna o HIV tão devastador.

Na fase assintomática, no entanto, existe evidentemente um equilíbrio entre a produção do vírus e sua eliminação pelo sistema imunológico. Nesse ponto de ajuste, a produção do vírus é tão rápida quanto sua eliminação. Isso proporcionou um novo entendimento sobre o que leva a carga viral a permanecer estável durante anos. Na analogia da água na pia, é o que acontece quando abrimos a torneira e o ralo ao mesmo tempo. A água logo atinge um nível estacionário no qual a vazão será igual à entrada.

No ponto de ajuste, como a concentração do vírus não muda, sua derivada deve ser zero: $dV/dt = 0$. Portanto, a carga viral em estado estacionário V_0 satisfaz

$$P = cV_0.$$

Perelson e Ho usaram essa equação simples, $P = cV_0$, para estimar um número de vital importância que ninguém antes havia conseguido medir: o número de partículas virais eliminadas diariamente pelo sistema imunológico. Descobriram que era *1 bilhão*.

Foi um número inesperado e sem dúvida impressionante. Indicava que uma luta titânica ocorria ao longo dos 10 anos aparentemente calmos da fase assintomática no corpo dos pacientes. Todos os dias, o sistema imunológico eliminava 1 bilhão de partículas de vírus, enquanto as células infectadas liberavam 1 bilhão de novas partículas. O sistema imunológico travava uma guerra furiosa e total contra o vírus, e praticamente o neutralizava.

Em 1996, Ho, Perelson e seus colegas realizaram um acompanhamento para entender melhor o que haviam visto em 1995, mas não conseguiram resolver na época. Dessa vez, após a administração do inibidor de protease, coletaram dados de carga viral a intervalos de tempo mais curtos, de modo a obter informações adicionais sobre um atraso inicial observado na absorção, distribuição e penetração do medicamento nas células-alvo. Após administrá-lo, a equipe mediu a carga viral dos pacientes a cada duas horas até a sexta hora; em seguida, a cada seis horas até o segundo dia; e depois uma vez por dia até o sétimo dia. Pelo lado matemático, Perelson refinou o modelo de equações diferenciais, não só para explicar o atraso como também para rastrear a dinâmica de outra variável importante: o número cambiante de células T infectadas.

Após refazerem o experimento, ajustando os dados às previsões do modelo e calculando mais uma vez seus parâmetros, os pesquisadores obtiveram resultados ainda mais impressionantes que na fase anterior: *10 bilhões* de partículas de vírus eram produzidas e removidas da corrente sanguínea todos os dias. Eles descobriram também que as células T infectadas tinham uma vida útil de apenas dois dias. Esse período surpreendentemente curto acrescentou outra peça ao quebra-cabeça, já que o esgotamento das células T é a marca registrada da infecção pelo HIV e da aids.

A descoberta de que a replicação do HIV era tão rápida mudou o modo como os médicos tratavam seus pacientes. Até o trabalho de Ho e Perelson, eles esperavam o HIV emergir de sua suposta hibernação antes de prescreverem medicamentos antivirais. A ideia era conservar forças até que o sistema imunológico do paciente de fato precisasse de ajuda, pois o vírus geralmente se tornava resistente aos medicamentos e, nesse caso, nada mais haveria que se pudesse tentar. Portanto, era mais sensato esperar até que a doença já estivesse bem adiantada.

O trabalho de Ho e Perelson virou esse quadro de cabeça para baixo. Não havia hibernação. O HIV e o corpo estavam envolvidos em uma luta encarniçada a cada segundo de cada dia. Assim, o sistema imunológico precisaria de toda a ajuda possível, e o mais rápido possível, após os primeiros dias críticos da infecção. Era óbvio, agora, por que nenhum medicamento funcionava por muito tempo. O vírus se replicava tão rápido e sofria mutações tão velozes que encontrava um meio de escapar de quase todos os medicamentos.

A matemática de Perelson proporcionou uma avaliação quantitativa de quantos medicamentos teriam de ser combinados para combater o HIV e mantê-lo em um nível baixo. Ao levar em consideração a taxa de mutação do vírus, o tamanho de seu genoma e o número estimado de partículas virais produzidas diariamente, ele demonstrou matematicamente que o HIV gerava todas as mutações possíveis em todas as bases de seu genoma, e muitas vezes por dia. Como bastava uma única mutação para conferir resistência aos medicamentos, havia pouca esperança de sucesso para uma terapia baseada em um só medicamento. Dois medicamentos administrados ao mesmo tempo teriam chances maiores de funcionar; mas os cálculos de Perelson mostraram que uma fração considerável de todas as possíveis mutações duplas também ocorria a cada dia. Três drogas combinadas, no entanto, dificilmente seriam superadas pelo vírus. A matemática sugeriu que as probabilidades eram de 10 milhões contra uma possibilidade de o HIV conseguir efetuar três mutações simultâneas para escapar à terapia de combinação tripla.

Quando Ho e seus colegas testaram um coquetel de três drogas em pacientes infectados pelo HIV, os resultados foram notáveis. O nível de vírus no sangue caiu cerca de 100 vezes em duas semanas. No mês seguinte, tornou-se indetectável.

Mas isso não significava que o HIV fora erradicado. Estudos realizados em seguida revelaram que o vírus poderia ressurgir de forma agressiva caso os pacientes fizessem uma pausa na terapia. O problema é que o HIV pode se esconder em lugares do corpo onde os medicamentos não conseguem penetrar; ou repousar, sem se replicar, em células infectadas latentemente – uma forma sorrateira de escapar ao tratamento. A qualquer momento, essas células dormentes podem acordar e começar a produzir novos vírus. Por isso é tão importante que indivíduos HIV positivos continuem tomando seus remédios, mesmo que suas cargas virais estejam baixas ou sejam indetectáveis.

Apesar de não curar o HIV, a terapia de combinação tripla o transformou em uma condição crônica, que pode ser gerenciada, pelo menos para quem tiver acesso ao tratamento. Ofereceu esperanças quando quase nada existia.

Em 1996, o dr. David Ho foi escolhido como Homem do Ano pela revista *Time*. Em 2017, Alan Perelson recebeu o Prêmio Max Delbrück por suas "profundas contribuições à imunologia teórica, que trazem conhecimentos e salvam vidas". Ele ainda trabalha com cálculo e equações diferenciais para analisar a dinâmica viral. Seu trabalho mais recente diz respeito à hepatite C, um vírus que afeta aproximadamente 170 milhões de pessoas em todo o mundo e mata por volta de 350 mil a cada ano. É a principal causa de cirrose e câncer de fígado. Em 2014, com a ajuda da matemática de Perelson, foram desenvolvidos tratamentos seguros e fáceis de ser administrados para a hepatite C. Incrivelmente, o tratamento cura a infecção em quase todos os pacientes.

9
O UNIVERSO LÓGICO

O CÁLCULO SOFREU UMA METAMORFOSE na segunda metade do século XVII. Tornou-se tão sistemático, tão penetrante e tão poderoso que muitos historiadores dizem que foi "inventado" na época. De acordo com essa visão, antes de Newton e Leibniz havia um protocálculo; o cálculo em si surgiu depois. Eu não colocaria a coisa nesses termos. Para mim, sempre foi cálculo, desde que Arquimedes domou o infinito.

Seja como for, o cálculo mudou radicalmente entre 1664 e 1676, e mudou o mundo junto com ele. Na ciência, permitiu que a humanidade começasse a ler o livro da natureza sonhado por Galileu. Na tecnologia, ensejou a Revolução Industrial e a era da informação. Em filosofia e política, deixou sua marca nas modernas concepções de direitos humanos, sociedade e leis.

Eu não diria que o cálculo foi inventado no final do século XVII. Descreveria o que aconteceu como um avanço evolutivo, análogo a algum evento decisivo na evolução biológica. Quando a vida surgiu na Terra, os organismos eram criaturas unicelulares relativamente simples; algo como as bactérias de hoje. Esse período de vida unicelular durou mais ou menos 3,5 bilhões de anos, abrangendo a maior parte da história do planeta. Mas há meio bilhão de anos, na chamada explosão cambriana, uma assombrosa diversidade de vida multicelular surgiu no cenário. Em algumas dezenas de milhões de anos – uma fração de segundo em termos evolutivos –, muitos dos principais filos animais apareceram de repente. De modo análogo, o cálculo foi a explosão cambriana da matemática. Após seu aparecimento, uma incrível diversidade de áreas matemáticas começou a evoluir. Sua linhagem é visível nos adjetivos baseados em tipos de cálculos, como *diferencial*, *integral* e *analítico*, presentes, por exemplo, em geometria diferencial, equações integrais e teoria analítica dos números. Esses ramos avançados da matemática são como as muitas ramificações e espécies da vida multicelular. Nessa analogia, os micróbios da matemática são os primeiros tópicos: números, formas e problemas de palavras, que, como os organismos unicelulares, dominaram a cena matemática durante a maior parte de sua história. Mas após a explosão cambriana do cálculo, 350 anos atrás, novas formas de vida matemática começaram a proliferar e florescer, alterando a paisagem ao redor.

Grande parte da história da vida é uma história de avanços cada vez mais sofisticados e complexos com base em estudos anteriores. Isso também vale para o cálculo. Mas para onde a história caminha? Existe alguma direção para a evolução do cálculo? Ou seria ela indireta e aleatória, como alguns diriam sobre evolução biológica?

Dentro da matemática pura, a evolução do cálculo tem sido uma história de hibridização e seus benefícios. As partes mais antigas da matemática foram revigoradas após ter sido cruzadas com o cálculo. O antigo estudo dos números e seus padrões, por exemplo, foi revitalizado por uma infusão de ferramentas baseadas no cálculo, como integrais, somas infinitas e séries de potências. O campo híbrido resultante é conhecido como teoria analítica dos números. Da mesma forma, a geometria diferencial usou o cálculo para lançar luz sobre a estrutura de superfícies suaves, revelando correlatos que não se sabia que existiam, como, entre outras coisas, incríveis formas curvas em quatro dimensões. Desse modo, a explosão cambriana do cálculo tornou a matemática mais abstrata e mais poderosa. Também a tornou semelhante a uma família. O cálculo expôs uma rede de relações ocultas, unindo todas as partes da matemática.

Na matemática aplicada, a evolução do cálculo tem sido uma história de nossa crescente compreensão de mudanças. Como vimos, o cálculo começou com o estudo de curvas, onde as mudanças eram de direção, e continuou com o estudo do movimento, onde as mudanças se tornaram de posição. Na esteira de sua explosão cambriana, principalmente com o advento das equações diferenciais, o cálculo avançou para o estudo das mudanças de um modo muito mais geral. Hoje as equações diferenciais nos ajudam a prever como as epidemias se propagarão, que lugar será atingido por um furacão e quanto devemos pagar por uma opção de compra de ações no futuro. Em todas as áreas do esforço humano, as equações diferenciais surgiram como uma estrutura comum para descrever como as coisas mudam à nossa volta e dentro de nós, desde o domínio subatômico até os confins mais distantes do cosmos.

A LÓGICA DA NATUREZA

O primeiro triunfo das equações diferenciais alterou o curso da cultura ocidental. Em 1687, Isaac Newton propôs um sistema para o mundo que demonstrava o poder da razão, inaugurando assim o Iluminismo. Ele formulou um pequeno conjunto de equações – suas leis de movimento e gravidade – que poderiam explicar os padrões misteriosos que Galileu e Kepler haviam encontrado em corpos que caíam na Terra e órbitas planetárias do Sistema Solar. Ao fazê-lo, apagou a distinção entre os reinos terrestre e celeste. Depois de Newton, restou somente um universo, com leis que se aplicavam a todos os lugares e todo momento.

Em sua magistral obra-prima em três volumes, *Princípios matemáticos da filosofia natural* (também conhecida como *Principia*), Newton aplicou suas teorias a muito mais coisas: a forma da Terra, com sua cintura levemente abaulada causada pela força centrífuga de sua rotação; o ritmo das marés; as órbitas excêntricas dos cometas; e a movimentação da Lua, um problema tão difícil que – conforme se lamentou com seu amigo Edmond Halley – fazia sua cabeça doer, mantinha-o acordado com muita frequência, e por isso ele deixaria de pensar no assunto.

Atualmente, quando os estudantes universitários estudam física, aprendem primeiro a mecânica clássica, a mecânica de Newton e seus sucessores. Depois seus professores lhes dizem que esta foi substituída pela teoria da relatividade de Einstein e pela teoria quântica de Planck, Einstein, Bohr, Schrödinger, Heisenberg e Dirac. Há muita verdade nisso, com certeza. As novas teorias derrubaram as concepções newtonianas de espaço e tempo, massa e energia, além do próprio determinismo – que a teoria quântica substituiu por uma descrição estatística, mais probabilística, da natureza.

O que não mudou foi o papel do cálculo. Na teoria da relatividade, assim como na mecânica quântica, as leis da natureza são ainda escritas na linguagem do cálculo, expressas sob a forma de equações diferenciais. Esse, para mim, é o maior legado de Newton. Ele demonstrou que a natureza é lógica. No mundo natural, causa e efeito se comportam como em uma demonstração de geometria, em que uma verdade se segue a outra em função da lógica.

Só que no mundo natural o encadeamento é entre um *evento* e outro, não entre *ideias* em nossas mentes.

Essa estranha conexão entre natureza e matemática remonta ao sonho pitagórico. A ligação entre harmonia musical e números, descoberta pelos pitagóricos, levou-os a proclamar que *tudo* são números. Eles estavam no caminho certo. Os números são importantes para o funcionamento do universo. As formas também são importantes. No livro da natureza sonhado por Galileu, as palavras eram figuras geométricas. Entretanto, por mais importantes que sejam, números e formas não são os diretores da peça. No drama do universo, formas e números são como atores dirigidos por uma presença invisível e silenciosa: a lógica das equações diferenciais.

Newton foi o primeiro a explorar essa lógica do universo e construir um sistema nela alicerçado. Isso não seria possível antes dele, pois os conceitos necessários ainda não haviam surgido. Arquimedes nada sabia sobre equações diferenciais. Galileu, Kepler, Descartes ou Fermat também não. Leibniz sim, mas não tinha tanta vocação para as ciências naturais quanto Newton nem tanta virtuosidade matemática. A lógica secreta do universo estava reservada com exclusividade para Newton.

A peça central de sua teoria é sua equação diferencial de movimento:

$$F = ma.$$

Essa equação é tida como uma das mais importantes da história. Significa que a força, F, em um corpo em movimento é igual à massa do corpo, m, vezes sua aceleração, a. Trata-se de uma equação diferencial, pois a aceleração é uma derivada (a taxa de mudança da velocidade do corpo), ou, em termos leibnizianos, a razão entre dois diferenciais:

$$a = \frac{dv}{dt}.$$

Aqui, dv é a mudança infinitesimal na velocidade do corpo, v, durante um intervalo de tempo infinitesimal, dt. Portanto, se conhecemos a força, F, sobre o corpo e se conhecemos sua massa, m, podemos usar $F = ma$ para encontrar sua aceleração via $a = F/m$. Essa aceleração, por sua vez, determina como o corpo se moverá. Diz-nos como a velocidade do corpo mudará no instante seguinte; e sua velocidade nos diz como sua posição mudará. Dessa maneira, $F = ma$ é um oráculo. Prevê o comportamento futuro do corpo, um pequeno passo de cada vez.

Considere a situação mais simples e sombria que se possa imaginar: um corpo sozinho em um universo vazio. Como se moveria? Bem, já que não há nada por perto para empurrá-lo ou puxá-lo, a força no corpo é zero: $F = 0$. Então, já que m não é zero (presumindo-se que o corpo tenha alguma massa), a lei de Newton produz $F/m = a = 0$; isso implica também que $dV/dt = 0$. Mas $dV/dt = 0$ significa que a velocidade do corpo solitário não muda durante o intervalo de tempo infinitesimal dt. Nem durante o intervalo seguinte, ou o seguinte a este. O resultado é que quando $F = 0$, um corpo mantém sua velocidade para sempre. Esse é o princípio de inércia de Galileu: na ausência de uma força externa, um corpo em repouso permanece em repouso; e um corpo em movimento permanece em movimento, movendo-se a uma velocidade constante. Sua velocidade e direção nunca mudam. Assim, acabamos de deduzir que a lei da inércia é uma consequência lógica da lei mais profunda do movimento de Newton, $F = ma$.

Newton parece ter entendido, desde os tempos de faculdade, que a aceleração era proporcional à força. Ele sabia, tendo estudado Galileu, que se não se aplicasse força a um corpo, este permaneceria em repouso ou continuaria se movendo em linha reta a uma velocidade constante. A força, percebeu ele, não era necessária para produzir movimento, mas para produzir *mudanças* no movimento. A força era responsável por fazer os corpos acelerarem, desacelerarem ou se desviarem de um caminho reto.

Essa percepção constituiu um grande avanço em relação ao pensamento aristotélico antes vigente. Aristóteles não gostava da inércia. Imaginava que uma força era necessária simplesmente para manter um corpo em movimento. Em situações dominadas pelo atrito, sejamos justos, isso é verdade. Se você quiser arrastar uma mesa pelo chão, precisará empurrá-la. Se parar de empurrar, a mesa para de se mover. Mas o atrito é muito menos relevante para planetas que deslizam pelo espaço ou maçãs que caem no chão. Nesses casos, a força de atrito é insignificante. Pode ser ignorada sem que se perca a essência do fenômeno.

Na imagem do universo concebida por Newton, a força dominante é a gravidade, não o atrito. Como todo mundo sabe, considerando que Newton e a gravidade estão intimamente associados na imaginação popular. Quando as pessoas pensam em Newton, imediatamente se lembram do que aprenderam quando criança: que Newton descobriu a gravidade quando uma maçã caiu sobre sua cabeça. Alerta de *spoiler*: não foi o que aconteceu. Newton não descobriu a gravidade; as pessoas já sabiam que coisas pesadas caíam. Mas ninguém sabia a extensão do alcance da gravidade. Terminaria no céu?

Newton teve o pressentimento de que a gravidade poderia se estender até a Lua e possivelmente além dela. Sua ideia era que a órbita da Lua era uma espécie de queda sem fim em direção à Terra. Porém, diferentemente de uma maçã em queda, a Lua em queda não cai na Terra porque também viaja lateralmente em função da inércia. É como uma das balas de canhão de Galileu, deslizando para os lados e caindo ao mesmo tempo, traçando um caminho curvo – exceto pelo fato de estar deslizando tão rápido que nunca atinge a superfície da esfera terrestre, que se curva abaixo. À medida que sua órbita se desvia de uma linha reta, a Lua acelera – não que sua velocidade mude, o que muda é a direção de seu movimento. O que a tira de um caminho em linha reta é o puxão incessante da gravidade terrestre. O tipo de aceleração resultante, chamado aceleração centrípeta, é o que a atrai em direção a um centro – no caso, o centro da Terra.

Da terceira lei de Kepler, Newton deduziu que a força da gravidade enfraquecia com a distância, o que explicava por que os planetas mais distantes demoravam mais tempo para contornar o Sol. Seus cálculos sugeriam que, se o Sol estivesse puxando os planetas com o mesmo tipo de força que atraía uma maçã para a Terra e mantinha a Lua em sua órbita, essa força teria que se tornar mais fraca inversamente ao *quadrado* da distância. Portanto, se a distância entre a Terra e a Lua pudesse ser duplicada de algum modo, a força gravitacional entre ambas se enfraqueceria por um fator de 4 (2 ao quadrado, não 2). Se a distância fosse triplicada, a força diminuiria nove vezes, não três. É certo que havia algumas suposições dúbias nos cálculos de Newton, sobretudo a de que a gravidade agia instantaneamente à distância, como se a vastidão do espaço fosse irrelevante. Ele não tinha ideia de como isso era possível, mas a lei do quadrado inverso ainda o intrigava.

Para testá-la quantitativamente, ele estimou a aceleração centrípeta da Lua enquanto circundava a Terra em sua distância conhecida (cerca de 60 vezes o raio da Terra) e em seu período conhecido de revolução (por volta de 27 dias). Depois comparou a aceleração da Lua com a aceleração da queda de corpos na Terra, que Galileu havia medido em suas experiências com planos inclinados. Descobriu então que as acelerações diferiam por um fator encorajadoramente próximo a 3.600, que equivale a 60^2. Exatamente o que sua lei do quadrado inverso previa. Afinal, a Lua estava cerca de 60 vezes mais distante do centro da Terra que uma maçã caindo de uma árvore na superfície terrestre, portanto sua aceleração deveria ser cerca de 60 vezes ao quadrado menor. Em anos posteriores, Newton lembrou: "Comparei a força necessária para manter a Lua em seu orbe com a força da gravidade na superfície da Terra, e descobri que praticamente correspondiam."

A noção de que a força da gravidade poderia se estender até a Lua era uma ideia maluca à época. Basta lembrar que, na doutrina aristotélica, tudo abaixo da Lua era considerado corruptível e imperfeito; e tudo além da Lua era perfeito, eterno e imutável. Newton quebrou esse paradigma. Unificando céu e Terra, ele demonstrou que as mesmas leis da física descreviam ambos os corpos.

Cerca de 20 anos após sua percepção da lei do quadrado inverso, Newton interrompeu seus estudos de alquimia e cronologia bíblica, e revisitou a questão do movimento em função da gravidade. Isso porque fora provocado por seus colegas e rivais da Royal Society de Londres, que o desafiaram a resolver um problema muito mais difícil que qualquer um que ele já tivesse considerado e que nenhum deles conseguia resolver: se havia uma força de atração emanando do Sol, que enfraquecia de acordo com uma lei do quadrado inverso, como os planetas se moveriam? "Em elipses", respondeu Newton imediatamente, segundo dizem, quando seu amigo Edmond Halley fez a pergunta. "Mas", perguntou Halley, espantado, "como você sabe?" "Bem, já calculei isso", respondeu Newton. Quando Halley o incitou a explicar seu raciocínio, Newton começou a reconstruir seu antigo trabalho. Em uma furiosa torrente de atividades, uma efusão criativa quase tão frenética quanto a que o dominara em seus tempos de estudante durante os anos de peste, Newton escreveu os *Principia*.

Adotando suas leis de movimento e gravidade como axiomas e usando seu cálculo como instrumento dedutivo, ele provou que as três leis de Kepler eram necessidades lógicas. O mesmo se aplicava às descobertas de Galileu – a lei de inércia, o isocronismo dos pêndulos, a regra dos números ímpares para bolas rolando rampas e os arcos parabólicos traçados por projéteis. Cada qual era um corolário da lei do quadrado inverso e de $F = ma$. Esse apelo ao raciocínio dedutivo chocou os colegas de Newton e os perturbou por questões filosóficas. Muitos deles eram empiristas. Pensavam que a lógica se aplicava apenas à matemática em si. A natureza tinha que ser estudada por experimentos e observações. Assim, ficaram estupefatos com o pensamento de que a natureza tinha um núcleo matemático interno e de que os fenômenos na natureza poderiam ser deduzidos pela lógica a partir de axiomas empíricos, como as leis da gravidade e do movimento.

O PROBLEMA DOS DOIS CORPOS

A pergunta feita por Halley a Newton era monstruosamente difícil. Exigia a conversão de informações locais em informações globais, a dificuldade básica do cálculo integral e das previsões que discutimos no capítulo 7.

Pense no que envolveria uma previsão da interação gravitacional entre dois corpos. Para simplificar o problema, finja que um deles, o Sol, é infinitamente pesado e, portanto, imóvel; enquanto o outro, o planeta em órbita, se move ao seu redor. Inicialmente, o planeta está a alguma distância do Sol, em determinado local, movendo-se a uma determinada velocidade em determinada direção. No instante seguinte, a velocidade do planeta o leva a seu próximo local, a uma distância infinitesimal de onde estava um momento antes. Como agora está em um local um pouco diferente, sente uma atração gravitacional do Sol ligeiramente diferente, tanto em direção quanto em magnitude. Essa nova força (calculada a partir da lei do quadrado inverso) puxa o planeta novamente, mudando sua velocidade e direção de viagem em outra quantidade infinitesimal (calculada a partir de $F = ma$) no próximo incremento infinitesimal de tempo. O processo continua *ad infinitum*. Para que se descubra a órbita completa do planeta em movimento, todos esses passos locais e infinitesimais precisam ser integrados de alguma forma e, depois, somados.

Integrar $F = ma$ para o problema dos dois corpos é, portanto, um exercício no uso do Princípio do Infinito. Arquimedes e outros o haviam aplicado ao mistério das curvas, mas Newton foi o primeiro a aplicá-lo ao mistério do movimento. Por mais desencorajador que o problema dos dois corpos parecesse, Newton conseguiu resolvê-lo com a ajuda do teorema fundamental do cálculo. Em vez de avançar o planeta instante a instante, ele usou o cálculo para empurrá-lo aos trancos e barrancos, como que por mágica. Suas fórmulas podiam prever onde o planeta estaria – e a que velocidade estaria se movendo – até o ponto no futuro que ele escolhesse.

O Princípio do Infinito e o teorema fundamental do cálculo entraram no trabalho de Newton sob um aspecto novo. Em sua primeira investida contra o problema dos dois corpos, Newton imaginou o planeta e o Sol como pontos materiais. Mas poderia modelá-los de modo mais realista, como os corpos esféricos colossais que realmente eram, e ainda resolver o problema? E, se pudesse, os resultados seriam diferentes?

Na época, esse foi outro problema extraordinariamente difícil no desenvolvimento do cálculo. Basta considerar o que seria necessário para calcular de forma exata a força de atração da esfera gigantesca do Sol sobre a esfera menor – mas ainda gigantesca – da Terra. Todos os átomos do Sol atraem todos os átomos da Terra. A dificuldade é que esses átomos estão a distâncias diferentes uns dos outros. Os átomos na parte de trás do Sol estão mais distantes da Terra e, portanto, exercem uma atração gravitacional mais fraca que os átomos que estão à frente. Além disso, os átomos do lado esquerdo e direito do Sol puxam a Terra em direções conflitantes e com forças variadas, dependendo de suas próprias distâncias da Terra. Todos esses efeitos precisam ser somados. Reunir de novo as peças para esse problema foi mais difícil que qualquer coisa já feita no cálculo integral. Quando o resolvemos hoje, usamos um método bastante complicado chamado integral tripla.

Newton conseguiu resolver essa integral tripla, encontrando algo tão bonito e tão simples que até hoje é quase inacreditável. Ele descobriu que poderia fazer de conta que toda a massa do Sol estava concentrada em seu centro; e usou o mesmo processo em relação à Terra. Seus cálculos revelaram que a órbita da Terra seria a mesma de qualquer forma. Em outras palavras, ele poderia substituir as esferas gigantes por pontos infinitesimais sem incorrer em nenhum erro. Que tal isso para uma mentira que revela a verdade?

Muitas outras aproximações nos cálculos, no entanto, tinham efeitos mais sérios e problemáticos. Para simplificar as coisas, Newton ignorou completamente as forças gravitacionais exercidas pelos outros planetas. Além disso, continuou presumindo que a gravidade agia de modo instantâneo. Ele sabia que era impossível ambas as aproximações estarem corretas, mas não via outra forma de progredir. E confessou que não tinha resposta para o que realmente era a gravidade ou por que esta obedecia à descrição matemática que ele havia formulado. Como sabia que seus críticos duvidariam de todo o trabalho, procurou torná-lo o mais convincente e persuasivo possível. Assim, descreveu-o na linguagem tranquilizadora da geometria, considerada na época como o padrão-ouro de rigor e certeza. Mas não se tratava da tradicional geometria euclidiana, e sim de uma mistura peculiar e idiossincrática da geometria e do cálculo clássicos. Era cálculo em roupagem geométrica.

No entanto, ele fez o possível para lhe dar um toque clássico. O estilo dos *Principia* é euclidiano, da velha escola. Seguindo o formato da geometria clássica, Newton partiu de axiomas e postulados – suas leis de movimento e gravidade – e os tratou como pedras fundamentais inquestionáveis. Sobre eles, erigiu um edifício de lemas,* proposições, teoremas e provas, todos deduzidos uns dos outros pela lógica, em uma cadeia ininterrupta, que remontava aos axiomas. Assim como Euclides deu ao mundo os 13 livros imortais dos *Elementos*, Newton deu ao mundo três livros de sua autoria. Sem falsa modéstia, chamou o terceiro de *O sistema do mundo*.

Esse sistema descrevia a natureza como um mecanismo. Nos anos seguintes, seria comparado a um relógio: engrenagens girando, molas se esticando e todas as partes se movendo em sequência. Uma maravilha de causa e efeito. Aplicando o teorema fundamental do cálculo e armado com séries de potência, engenhosidade e sorte, Newton muitas vezes conseguia resolver com exatidão suas equações diferenciais. Em vez de se arrastar de instante a instante, podia dar um salto à frente e prever as condições de seu relógio em um futuro indefinidamente longínquo, assim como fizera com o problema de um planeta orbitando o Sol – o problema de dois corpos.

Nos séculos seguintes a Newton, seu sistema foi aperfeiçoado por diversos matemáticos, físicos e astrônomos. Era tão confiável que, quando o movimento de algum planeta divergia de suas previsões, os astrônomos presumiam que houvessem negligenciado algo importante. Foi assim que o planeta Netuno foi descoberto, em 1846. Irregularidades na órbita de Urano sugeriam a presença de um planeta desconhecido mais além, um vizinho invisível que o afetava de modo gravitacional. Os cálculos previam onde o planeta desconhecido deveria estar e, quando os astrônomos observaram a área, lá estava ele.

NEWTON E AS *ESTRELAS ALÉM DO TEMPO*

Em meados do século XX, parecia que a física deixara para trás a mecânica newtoniana, que a teoria quântica e a relatividade haviam enfim aposentado

---

* *N. do T.* Proposição preliminar cuja demonstração prévia é necessária para provar a tese principal que se pretende estabelecer.

o velho cavalo de batalha. Acabaram, no entanto, retornando triunfalmente, graças à corrida espacial entre Estados Unidos e União Soviética.

No início dos anos 1960, Katherine Johnson, a matemática afro-americana que inspirou o filme *Estrelas além do tempo* (*Hidden Figures*), utilizou o problema dos dois corpos para trazer o astronauta John Glenn – o primeiro americano a orbitar a Terra – de volta para casa em segurança. Johnson abriu novos caminhos em várias frentes. Em sua análise, os dois corpos em gravitação eram uma espaçonave e a Terra, não um planeta e o Sol como no estudo de Newton. Ela usou o cálculo para prever a posição da espaçonave em movimento enquanto orbitava a Terra e para calcular uma trajetória que lhe assegurasse uma entrada bem-sucedida na atmosfera. Nesse sentido, precisou incluir complicações que Newton deixara de fora, sendo a mais importante delas a de que a Terra não era uma esfera perfeita: é levemente dilatada à altura do equador e achatada nos polos. Obter corretamente os detalhes era questão de vida ou morte. A cápsula espacial teria de entrar na atmosfera no ângulo correto ou se incendiaria. E teria de pousar no ponto certo do oceano. Se o fizesse muito longe do local calculado para o encontro, Glenn poderia se afogar em sua cápsula espacial antes que alguém pudesse resgatá-lo.

Em 20 de fevereiro de 1962, o coronel John Glenn completou três órbitas em nosso planeta. Depois, guiado pelos cálculos de Johnson, ingressou na atmosfera e pousou em segurança no Atlântico Norte. Era um herói nacional. Anos depois, seria eleito senador dos Estados Unidos. Poucas pessoas souberam que, no dia em que fez história, ele se recusou a iniciar sua missão antes que a própria Katherine Johnson verificasse todos os cálculos de última hora. Confiou sua vida a ela.

Katherine Johnson era uma computadora da Administração Nacional de Aeronáutica e Espaço (Nasa, na sigla em inglês), em uma época em que computadores eram mulheres, não máquinas. Atuando na Nasa quase desde o início da agência, ela ajudou Alan Shepard a se tornar o primeiro americano a ir ao espaço e trabalhou nos cálculos da trajetória do primeiro pouso na Lua. Durante décadas, seu trabalho permaneceu desconhecido do público. Felizmente, suas contribuições pioneiras e sua inspiradora história de vida foram reconhecidas. Em 2015, aos 97 anos, ela recebeu, das mãos do então presidente Barack Obama, a Medalha Presidencial da Liberdade. Um ano depois, a Nasa a homenageou batizando um de seus prédios com o nome dela. Na cerimônia, um funcionário da agência lembrou à plateia que "milhões de pessoas em todo o mundo assistiram ao voo de [Alan] Shepard, mas o que não sabiam, na época, era que os cálculos que o levaram ao espaço e o trouxeram de volta à segurança do lar foram feitos pela convidada de honra de hoje, Katherine Johnson".

O CÁLCULO E O ILUMINISMO

A imagem de um mundo governado pela matemática, concebida por Newton, reverberou muito além da ciência. Nas letras, serviu como antípoda para poetas românticos como William Blake, John Keats e William Wordsworth. Em um turbulento jantar em 1817, Wordsworth e Keats, entre outros, concordaram que Newton havia destruído a poesia do arco-íris ao reduzi-lo às suas cores prismáticas. Ergueram então as taças em um brinde barulhento: "À saúde de Newton e à confusão para a matemática."

Newton recebeu uma recepção mais calorosa na filosofia, campo em que suas ideias influenciaram Voltaire, David Hume, John Locke, entre outros pensadores do Iluminismo, que se entusiasmaram com o poder da razão e os sucessos explicativos do sistema newtoniano, cujo universo mecânico era regido pela causalidade. Sua abordagem empírico-dedutiva, ancorada em fatos e alimentada pelo cálculo, varreu a metafísica apriorística dos filósofos anteriores (estou falando de você, Aristóteles). Além da ciência, deixou sua marca nas concepções iluministas, desde determinismo e liberdade até leis naturais e direitos humanos.

Considere, por exemplo, a influência de Newton sobre Thomas Jefferson – arquiteto, inventor, agricultor, terceiro presidente norte-americano e um dos autores da Declaração de Independência dos Estados Unidos. Há ecos de Newton em toda a declaração. A frase "consideramos essas verdades evidentes por si mesmas" anuncia a estrutura retórica desde o início. Como Euclides fez nos *Elementos* e Newton, nos *Principia*, Jefferson iniciou o documento com os axiomas, as verdades evidentes do assunto. Em seguida, com a força da lógica, deduziu uma série de proposições inevitáveis a partir desses axiomas, sendo a mais importante a de que as colônias tinham o direito de se desligar do domínio britânico. A declaração justifica tal separação recorrendo às "Leis da Natureza e do Deus da Natureza". (A propósito, vale observar o deísmo pós-newtoniano implícito na sequência escolhida por Jefferson: Deus vem depois das leis da natureza e em um papel subordinado, como "Deus da natureza".) O argumento é corroborado pelas "causas que induzem [os colonos] à separação" da Coroa britânica. Essas causas desempenham o papel das forças newtonianas, impulsionando o movimento do relógio e determinando os efeitos que devem ocorrer – no caso, a Revolução Americana.

Se tudo isso parece absurdo, lembremos que Jefferson reverenciava Newton. Em um ato macabro de devoção, chegou a adquirir uma cópia de sua máscara mortuária. Em 21 de janeiro de 1812, quando já não era mais presidente, Jefferson escreveu a seu velho amigo John Adams discorrendo sobre os prazeres de deixar a política para trás: "Desisti dos jornais em favor de Tácito e Tucídides, Newton e Euclides, e me sinto muito mais feliz."

O fascínio de Jefferson pelos princípios newtonianos contagiou seu interesse pela agricultura quando ele especulou sobre qual seria o melhor formato para uma aiveca (parte recurvada do arado, que levanta e revolve o solo cortado pela relha). A questão foi formulada nos parâmetros da eficiência: como a aiveca deveria ser curvada para sofrer menos resistência da terra? Sua superfície precisaria ser horizontal na frente, para penetrar sob o solo cortado e levantá-lo, e depois, gradualmente, deveria ir se encurvando até se tornar perpendicular ao chão, na parte de trás, de modo a poder revirar o solo e empurrá-lo para o lado.

Para resolver esse problema de otimização, Jefferson pediu ajuda a um amigo matemático. De muitos modos, a pergunta lembrava uma que o próprio Newton formulara nos *Principia* sobre o formato de um corpo sólido que oferecesse a menor resistência possível ao movimento através da água. Guiado por essa teoria, Jefferson obteve um arado com uma aiveca de madeira idealizada por ele mesmo.

Em 1798, ele relatou: "Uma experiência de cinco anos me permite dizer que a ferramenta responde na prática ao que promete em teoria." Era o cálculo newtoniano a serviço da agricultura.

DOS SISTEMAS DISCRETOS AOS SISTEMAS CONTÍNUOS

Na maior parte das vezes, Newton aplicou o cálculo a no máximo dois corpos – um pêndulo oscilante, uma bala de canhão em voo, um planeta circundando o Sol. Resolver equações diferenciais para três ou mais corpos foi um pesadelo, como ele aprendeu do modo mais difícil. O problema de uma gravitação mútua do Sol, da Terra e da Lua já lhe havia provocado enxaqueca. Analisar todo o Sistema Solar estava muito acima do que ele poderia obter com o cálculo – fora de cogitação, portanto. Como ele escreveu em um de seus artigos não publicados na época: "A menos que eu esteja muito enganado, considerar tantas causas de movimento ao mesmo tempo excederia a força da inteligência humana."

Para nossa surpresa, porém, subir ainda mais, subir até partículas *infinitamente* numerosas, tornou as equações diferenciais manejáveis novamente... contanto que essas partículas formassem um meio contínuo, não um conjunto discreto. Lembre-se da diferença: um conjunto discreto de partículas é como uma coleção de bolas de gude espalhadas pelo chão. É discreto no sentido de que você pode tocar uma bola de gude, mover seu dedo pelo espaço vazio, tocar outra e assim por diante. Existem lacunas entre as bolas. Mas em um meio contínuo, como uma corda de violão, você jamais precisará levantar o dedo da corda ao acompanhar seu comprimento. Todas as partículas estão juntas. Na verdade, não estão, pois uma corda de violão, como todos os objetos materiais, é discreta e granular na escala atômica. Porém, em nossa mente, uma corda de violão é mais apropriadamente considerada um *continuum*. Essa ficção útil nos liberta da tarefa de ter de considerar trilhões e trilhões de partículas.

Foi abordando os mistérios de como um meio contínuo se move e muda – assim como as cordas de um violão vibram para produzir música, ou como o calor flui de pontos quentes para pontos frios – que o cálculo deu seus grandes passos seguintes rumo à mudança do mundo. Mas primeiro teve de mudar a si mesmo. Precisou ampliar seu conceito sobre o que eram equações diferenciais e o que poderiam descrever.

EQUAÇÕES DIFERENCIAIS:
ORDINÁRIAS VERSUS PARCIAIS

Quando Isaac Newton explicou as órbitas elípticas dos planetas e quando Katherine Johnson calculou a trajetória da cápsula espacial de John Glenn, ambos resolveram uma classe de equações diferenciais conhecidas como *ordinárias*. O adjetivo "ordinário", aqui, não pretende ser pejorativo. É o termo técnico para equações diferenciais que dependem de apenas *uma* variável independente.

Nas equações de Newton para o problema dos dois corpos, por exemplo, a posição de um planeta era uma função do tempo. Sua localização mudava de momento a momento, de acordo com os ditames de $F = ma$. Essa equação diferencial ordinária determinava quanto a posição do planeta mudaria durante o incremento infinitesimal de tempo seguinte. Nesse exemplo, a posição do planeta é a variável dependente, pois depende do tempo (a variável independente). Da mesma forma, o tempo era a variável independente no modelo de Alan Perelson para a dinâmica do HIV, que representou como a concentração de partículas de vírus no sangue diminuía após a administração de um medicamento antirretroviral. A questão, novamente, foram as mudanças no tempo – como a concentração viral mudava de momento a momento. Neste exemplo, a concentração desempenhou o papel de variável dependente; a variável independente foi ainda o tempo.

Em termos mais genéricos, uma equação diferencial ordinária descreve como alguma coisa (a posição de um planeta, a concentração de um vírus) muda infinitesimalmente como resultado de uma variação infinitesimal em outra coisa (como um incremento infinitesimal de tempo). O que torna essa equação "ordinária" é a existência de uma variável independente.

Curiosamente, não importa quantas variáveis *dependentes* existam. Enquanto houver pelo menos uma variável independente, a equação diferencial será considerada ordinária. Por exemplo, são necessários três números para identificar a posição de uma espaçonave em movimento no espaço tridimensional. Vamos chamá-los de x, y e z. Eles indicam onde a sonda está em determinado momento – à esquerda ou à direita, acima ou abaixo, na frente ou atrás –, dizendo-nos assim a que distância está de algum ponto arbitrário de referência chamado origem. À medida que a espaçonave se move, suas coordenadas x, y e z se modificam a cada momento. Portanto, são funções do tempo. Para enfatizar sua dependência do tempo, podemos escrevê-los como $x(t)$, $y(t)$ e $z(t)$.

As equações diferenciais ordinárias são perfeitamente ajustadas a sistemas discretos que envolvam um ou mais corpos. Podem descrever o movimento de uma nave espacial entrando na atmosfera, de um pêndulo balançando para a frente e para trás ou de um planeta orbitando o Sol. O problema é que precisamos idealizar cada um dos corpos individuais como um ponto material, uma mancha infinitesimal sem dimensão espacial. Isso nos permite pensar nele como um ponto com as coordenadas x, y e z. A mesma abordagem funciona quando há muitas partículas materiais – um enxame de minúsculas naves espaciais, uma cadeia de pêndulos conectados por molas, um sistema solar com oito ou nove planetas e incontáveis asteroides. Todos esses sistemas são descritos por equações diferenciais ordinárias.

Nos séculos seguintes a Newton, matemáticos e físicos desenvolveram muitas técnicas engenhosas para resolver equações diferenciais ordinárias e, assim, prever o futuro dos sistemas do mundo real que descrevem. As técnicas matemáticas envolviam extensões das ideias de Newton sobre séries de potência, ideias de Leibniz sobre diferenciais, transformações inteligentes que permitissem a invocação do teorema fundamental do cálculo e assim por diante. Um esforço enorme que perdura até hoje.

Mas nem todos os sistemas são discretos – pelo menos nem todos são mais bem visualizados assim, como vimos no exemplo da corda de violão. Consequentemente, nem todos os sistemas podem ser descritos por equações diferenciais ordinárias. Para entender por que não, vamos dar mais uma olhada em nossa imaginária tigela de sopa esfriando na mesa da cozinha.

Uma tigela de sopa é, de certa forma, uma coleção discreta de moléculas se agitando de forma errática. Mas não há como vê-las, medi-las ou quantificar seus movimentos. Assim, não há como usar equações diferenciais ordinárias para modelar o esfriamento de uma tigela de sopa. As partículas são numerosas demais para ser analisadas e seu movimento é por demais irregular, aleatório e irreconhecível.

Um modo muito mais prático de descrever o que está acontecendo é pensar na sopa como um *continuum* – o que, embora não seja verdade, é útil. Em uma aproximação contínua, fingimos que a sopa existe em todos os pontos do volume tridimensional da tigela de sopa. A temperatura, T, em determinado ponto (x, y, z) depende do tempo, t. Toda essa informação é capturada por uma função $T(x, y, z, t)$. Como logo veremos, existem equações diferenciais para descrever como essa função se modifica no espaço e no tempo. Uma equação diferencial desse tipo não é uma equação diferencial ordinária. Não pode ser, porque não tem apenas uma variável independente. Na verdade, tem: x, y, z e t. Trata-se de um tipo novo, uma *equação diferencial parcial*, assim chamada porque cada uma de suas variáveis independentes desempenha seu próprio "papel" na realização de mudanças.

As equações diferenciais parciais são muito mais ricas que as ordinárias. Descrevem sistemas contínuos em movimento e mudanças espaçotemporais *de forma simultânea*, ou em duas ou mais dimensões do espaço. Além de coisas como uma tigela de sopa, a forma arqueada de uma rede de dormir é descrita por essa equação. Assim como a propagação de um poluente em um lago ou o fluxo de ar sobre a asa de um avião de combate.

Equações diferenciais parciais são extremamente difíceis de lidar. Fazem as equações diferenciais ordinárias, que já são difíceis, parecerem brincadeira de criança. Mas também são extremamente importantes. Nossa vida depende delas sempre que subimos aos céus.

EQUAÇÕES DIFERENCIAIS PARCIAIS E O BOEING 787

O voo dos aviões modernos é uma das maravilhas do cálculo. Mas nem sempre foi assim. Nos primórdios da aviação, especialistas em engenharia inventavam as primeiras máquinas voadoras mediante analogias com pássaros e obstinados processos de tentativa e erro. Os irmãos Wright, por exemplo, usaram seu conhecimento de bicicletas para conceber um sistema de três eixos capaz de controlar as instabilidades inerentes a aeroplanos em voo.

À medida que as aeronaves se tornavam cada vez mais sofisticadas, entretanto, projetos também mais sofisticados se faziam necessários. Túneis de vento permitiram aos engenheiros testar as propriedades aerodinâmicas de suas máquinas voadoras sem que a aeronave saísse do solo. Modelos em escala permitiram que a navegabilidade aérea fosse testada sem necessidade de dispendiosos modelos em tamanho real.

Após a Segunda Guerra Mundial, os engenheiros aeronáuticos acrescentaram computadores a seu arsenal de projetos. Os gigantescos tubos de vácuo usados para quebras de códigos, cálculos de artilharia e previsões do tempo foram também mobilizados para a criação dos modernos aviões a jato – ajudando a solucionar as complexas equações diferenciais parciais que sempre surgiam nos processos de criação.

A matemática envolvida nessa atividade podia ser tremendamente difícil, por várias razões. Por um lado, a geometria de um avião é complicada. Não é como a de uma esfera, uma pipa ou um planador de madeira. É uma forma muito mais complexa, com asas, fuselagem, motores, cauda e flapes – que defletem o ar que passa em alta velocidade pelo avião. E sempre que é defletido, o ar exerce uma força sobre aquilo que o deflete (como sabe qualquer pessoa que já colocou a mão para fora da janela de um carro em velocidade). Se uma asa de avião tiver a forma adequada, o ar que sobe rapidamente tende a levantá-la. Caso o avião esteja se movendo com rapidez suficiente pela pista, essa força ascendente o levanta e o sustenta no ar. Mas enquanto a sustentação é uma força perpendicular à direção do fluxo de ar, outro tipo de força – o arrasto – atua paralelamente ao fluxo. O arrasto é como uma fricção. Resiste ao movimento do avião e o desacelera, levando seus motores a trabalharem mais e a queimarem mais combustível. Calcular o somatório das forças de sustentação e arrasto é um problema brutalmente difícil, muito além da capacidade de qualquer ser humano na modelagem de um avião real. Contudo, problemas assim precisam ser resolvidos. São cruciais para o projeto do avião.

Vejamos o Boeing 787 Dreamliner. Em 2011, a Boeing – maior fabricante mundial de veículos aeroespaciais – lançou seu mais novo jato de médio porte, destinado ao transporte de 200 a 300 pessoas em voos de longa distância. O avião foi considerado 60% mais silencioso e 20% mais econômico em termos de combustível do que o Boeing 767, a aeronave que deveria substituir. Uma de suas características mais inovadoras foi o uso de polímeros reforçados com fibra de carbono na fuselagem e nas asas. Esses materiais compostos, da era espacial, são mais leves e resistentes que alumínio, aço ou titânio, os materiais convencionais usados na fabricação de aviões a jato. Por serem mais leves que os metais, economizam combustível, além de facilitar o voo do avião.

Mas a coisa mais inovadora no Boeing 787 talvez tenha sido sua previsão matemática e computacional, que excedeu em muito a utilizada no desenvolvimento de qualquer outro avião anterior. Cálculo e computadores economizaram à Boeing uma quantidade enorme de tempo – simular um novo protótipo é muito mais rápido que construí-lo. Também economizaram dinheiro – simulações de computador são muito mais baratas que testes em túneis de vento, cujo preço disparou nas últimas décadas. Douglas Ball, o engenheiro-chefe de habilitação em tecnologia e pesquisa da Boeing, apontou em entrevista que, durante o projeto do Boeing 767, nos anos 1980, a empresa construiu e testou 77 protótipos de asas. Vinte e cinco anos depois, usando supercomputadores para simular as asas do Boeing 787, precisaram construir e testar apenas sete.

Equações diferenciais parciais foram usadas de várias formas no processo. Por exemplo, além dos cálculos de sustentação e arrasto, os matemáticos aplicados da Boeing também usaram o cálculo para prever como as asas flexionariam quando o avião voasse a 600 km/h. Quando uma asa gera sustentação, ela é flexionada para cima. Um efeito perigoso – que os engenheiros sempre desejam evitar – é um fenômeno conhecido como vibração aeroelástica, uma versão muito mais perigosa da vibração de persianas agitadas por uma brisa. Na melhor das hipóteses, as vibrações indesejadas das asas produzem um movimento sacolejante e desagradável. Na pior, criam um loop de feedback positivo: quando as asas vibram, alteram o fluxo de ar sobre elas de um modo que aumenta as vibrações. Sabe-se que a vibração aeroelástica danifica as asas das aeronaves de teste, provocando falhas e acidentes estruturais (como ocorreu certa vez com um caça invisível Lockheed F-117 Nighthawk durante um show aéreo). Se uma vibração violenta ocorresse em um voo comercial, colocaria centenas de passageiros em risco.

As equações que governam a vibração aeroelástica estão intimamente relacionadas àquelas mencionadas em nossa discussão sobre cirurgia facial. Lá, os modeladores encarnaram o espírito de Arquimedes quando se aproximaram dos tecidos moles e do crânio de um paciente usando centenas de milhares de polígonos e poliedros em forma de gemas. No mesmo espírito, os matemáticos da Boeing se aproximaram de uma asa usando centenas de milhares de minúsculos cubos, prismas e tetraedros. Essas formas mais simples desempenharam o papel de blocos de construção elementares. Rigidez e propriedades elásticas foram atribuídas a cada uma delas, como na modelagem da cirurgia facial; em seguida, os blocos de construção foram submetidos às pressões e estiramentos relevantes transmitidos pelos vizinhos. As equações diferenciais parciais da teoria da elasticidade previam como cada elemento simples responderia a essas forças. Finalmente, com a ajuda de um supercomputador, todas as respostas foram combinadas e usadas para prever a vibração geral da asa.

Da mesma forma, equações diferenciais parciais foram usadas para otimizar o processo de combustão nos motores das aeronaves. Trata-se de um problema de modelagem particularmente complicado. Envolve a interação de três ramos diferentes da ciência: química (o combustível sofre centenas de reações químicas em altas temperaturas); fluxo de calor (o calor se redistribui no motor à medida que a energia química é convertida na energia mecânica que gira as pás da turbina); e fluxo de fluidos (gases quentes se agitam na câmara de combustão, e prever seu comportamento é um problema extremamente difícil em função da turbulência de tais gases). Como antes, a equipe da Boeing usou uma abordagem arquimediana: fatiaram o problema em pedaços, resolveram o problema de cada fatia e juntaram as peças novamente. É o Princípio do Infinito em ação, a estratégia de dividir para conquistar, na qual repousa todo o cálculo – aqui auxiliado por supercomputadores e um método numérico conhecido como análise de elementos finitos. Mas no cerne de tudo ainda está o cálculo, incorporado em equações diferenciais.

A ONIPRESENÇA DAS EQUAÇÕES DIFERENCIAIS PARCIAIS

A aplicação do cálculo à ciência moderna é principalmente um exercício de formulação, solução e interpretação de equações diferenciais parciais. As equações de Maxwell para a eletricidade e o magnetismo são equações diferenciais parciais. O mesmo ocorre com as leis da elasticidade, acústica, fluxo de calor, fluxo de fluidos e dinâmica de gases. A lista continua: o modelo Black-Scholes para a precificação de opções financeiras e o modelo Hodgkin-Huxley para a propagação de impulsos elétricos ao longo de fibras nervosas são também equações diferenciais parciais.

As equações diferenciais parciais fornecem a infraestrutura matemática até para a vanguarda da física moderna. Consideremos a teoria geral da relatividade, de Einstein, que redefine a gravidade como a manifestação de uma curvatura no tecido quadridimensional do espaço-tempo. Uma metáfora bastante utilizada nos convida a imaginar o espaço-tempo como uma cama elástica – um material normalmente firme, mas que pode se curvar sob o peso de algo pesado colocado em seu centro, como, por exemplo, uma pesada bola de boliche. Da mesma forma, um corpo celeste maciço, como o Sol, pode curvar o tecido do espaço-tempo ao redor. Imaginemos então algo muito menor: uma bolinha de gude (aqui representando um planeta) rolando pela cama elástica. Como o tecido está deformado pela bola de boliche, a trajetória da bolinha de gude é desviada. Em vez de viajar em linha reta, a bolinha segue os contornos da superfície curva e orbita repetidamente a bola de boliche. É por isso que, segundo Einstein, os planetas giram em torno do Sol. Não são atraídos por uma força, estão apenas seguindo os caminhos de menor resistência no tecido curvo do espaço-tempo.

Por mais desconcertante que seja essa teoria, existem equações diferenciais parciais em seu núcleo matemático. O mesmo vale para a mecânica quântica, a teoria do reino microscópico, cuja equação basilar – a equação de Schrödinger – é também uma equação diferencial parcial. O próximo capítulo examinará mais de perto essas equações para oferecer uma ideia do que são, de onde vieram e por que são importantes em nosso cotidiano. Como veremos, equações diferenciais parciais fazem mais do que descrever uma tigela de sopa esfriando na mesa. Também explicam como o micro-ondas a cozinhou.

10

FAZENDO ONDAS

Antes dos primeiros anos da década de 1800, o calor era um enigma. O que seria exatamente? Um líquido, como a água? De fato, parecia fluir. Não se podia vê-lo ou segurá-lo. Era possível medi-lo, indiretamente, rastreando a temperatura de algo quente enquanto esfriava, mas ninguém sabia o que estava acontecendo no interior do material que esfriava.

Os segredos do calor foram revelados por um homem que sentia frio com bastante frequência. Órfão aos 10 anos, Jean Baptiste Joseph Fourier era asmático e dispéptico quando adolescente. Quando adulto, acreditava que o calor era essencial à saúde. Mantinha o quarto superaquecido e se embrulhava em um sobretudo pesado, mesmo no verão. Em todos os aspectos de sua vida científica, Fourier foi um obcecado pelo calor. Foi ele quem originou o conceito de aquecimento global. Foi também a primeira pessoa que explicou como o efeito estufa regula a temperatura média na Terra.

Em 1807, Fourier usou o cálculo para resolver o enigma do fluxo de calor. Foi quando apresentou uma equação diferencial parcial que lhe permitia prever como a temperatura de um objeto (por exemplo, uma haste de ferro em brasa) mudaria à medida que esfriasse. Incrivelmente, ele descobriu que poderia solucionar qualquer problema como esse, não importando que a temperatura da haste variasse no sentido longitudinal ao se iniciar o processo de resfriamento. A haste poderia ter pontos quentes aqui e pontos frios ali. Sem problemas – o método analítico de Fourier resolveria isso.

Imagine uma haste de ferro longa, fina e cilíndrica, aquecida de maneira desigual na forja de um ferreiro, de modo a ter áreas quentes e frias dispersas ao longo do comprimento. Para simplificar as coisas, suponha que a haste seja enrolada em uma capa perfeitamente isolante, que não deixe o calor escapar. Assim, o único modo de o calor fluir será se propagando ao longo do comprimento, dos pontos quentes para os frios. Fourier postulou (e experimentos confirmaram) que a taxa da mudança de temperatura em determinado ponto da haste era proporcional à diferença entre a temperatura naquele ponto e a média das temperaturas de seus vizinhos em ambos os lados. E quando digo *vizinhos* quero dizer realmente *vizinhos*; imagine dois pontos flanqueando o ponto em que estamos focando, cada qual infinitamente próximo a ele.

Sob tais condições idealizadas, a física do fluxo de calor é simples. Se um ponto está mais frio que seus vizinhos, esquentará. Se estiver mais quente, esfriará. Quanto maior a incompatibilidade, mais depressa a temperatura se nivelará. Se um ponto estiver na média exata de temperatura dos vizinhos, tudo permanecerá em equilíbrio; o calor não fluirá e a temperatura desse ponto será a mesma no instante seguinte.

O processo de comparar a temperatura instantânea de um ponto à de seus vizinhos levou Fourier a uma equação diferencial parcial hoje conhecida como equação do calor – que envolve derivadas com relação a duas variáveis independentes: uma para mudanças infinitesimais no tempo (t) e outra para mudanças infinitesimais na posição (x) ao longo da haste.

A parte mais difícil do problema que Fourier criou para si mesmo é que pontos quentes e pontos frios, no início, podem estar distribuídos de forma desordenada. Para resolver um problema tão geral, Fourier afirmou que poderia substituir *qualquer* padrão inicial de temperatura por uma soma equivalente de simples ondas senoidais. Era uma solução que parecia exageradamente otimista, quase tola.

Ele escolheu as ondas senoidais porque tornavam o problema mais fácil. Eram seus blocos de montar. Ele sabia que caso a temperatura se iniciasse em um padrão de onda senoidal, permaneceria nesse mesmo padrão quando a haste esfriasse.

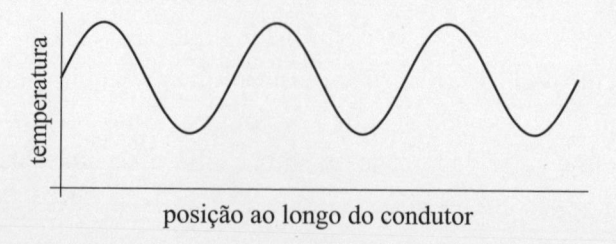

Esta era a chave: as ondas senoidais não se moviam. Apenas permaneciam onde estavam. É verdade que arrefeciam à medida que seus pontos quentes esfriavam e seus pontos frios esquentavam. Mas era fácil lidar com isso. O declínio significava apenas que as variações de temperatura diminuíam com o passar do tempo. Como se observa no diagrama a seguir, um padrão de temperatura que se iniciasse como a onda senoidal tracejada diminuiria gradativamente até se parecer com a onda senoidal sólida.

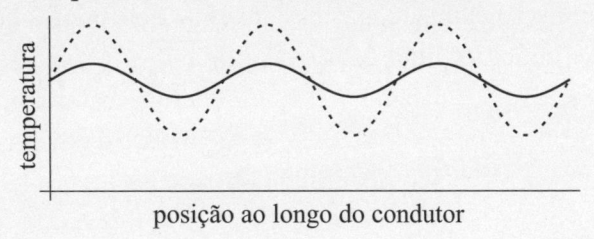

O importante era que as ondas senoidais permaneciam imóveis enquanto diminuíam. Eram *ondas estacionárias*.

Portanto, se ele descobrisse como isolar um padrão inicial de temperatura e depois quebrá-lo em ondas senoidais, poderia resolver o problema do fluxo de calor para cada onda senoidal separadamente. Na verdade, ele já sabia a resposta para esse problema: cada onda senoidal decaía de forma exponencialmente rápida a um ritmo que dependia de quantos picos e vales possuísse. As ondas senoidais com mais picos decaíam mais depressa, pois seus pontos quentes e frios estavam mais próximos, o que proporcionava uma troca mais rápida de calor entre elas e, portanto, um equilíbrio mais rápido. Então, sabendo como cada bloco de construção senoidal decaía, tudo o que Fourier precisava fazer para resolver o problema original era reuni-los novamente.

O problema foi que Fourier invocou por acaso uma *série infinita* de ondas senoidais, convocando o Golem do infinito para o cálculo de modo ainda mais despreocupado que seus predecessores. Em vez de usar uma soma infinita de números ou de fragmentos triangulares, utilizou elegantemente uma soma infinita de ondas. Foi uma reminiscência do que Newton fizera com suas infinitas somas de funções de potência x^n, exceto que Newton nunca alegou que poderia representar arbitrariamente curvas complicadas que incluíssem horrores como saltos descontínuos ou ângulos pontiagudos. Fourier agora reivindicava exatamente isto: curvas com quinas e saltos não o assustavam. Além disso, as ondas de Fourier surgiam naturalmente da própria equação diferencial, no sentido de que eram seus modos naturais de vibração, seus padrões naturais de ondas estacionárias. Eram adaptadas ao fluxo de calor. As funções de potência de Newton não tinham nenhuma aplicação especial como blocos de construção; as ondas senoidais de Fourier tinham. Eram organicamente adequadas ao problema em questão.

Embora o uso ousado das ondas senoidais como blocos de construção tenha gerado controvérsias e levantado problemas complicados, que os matemáticos levaram um século para resolver, a grande ideia de Fourier desempenhou um papel de destaque em tecnologias como sintetizadores de voz computadorizados e exames de ressonância magnética para diagnósticos por imagem.

TEORIA DAS CORDAS

Ondas senoidais também surgem na música. São os modos naturais de vibração para as cordas de violões, violinos e pianos. Uma equação diferencial parcial para essas vibrações pode ser derivada aplicando-se a mecânica newtoniana e os diferenciais leibnizianos a um modelo idealizado de uma corda esticada. Nesse modelo, a corda é considerada como uma matriz contínua de partículas infinitesimais dispostas lado a lado e ligadas a seus vizinhos por forças elásticas. A qualquer instante do tempo t, cada partícula da corda se move de acordo com as forças que a afetam. Essas forças são produzidas pela tensão na corda quando partículas vizinhas puxam umas às outras. Cada partícula se move de acordo com a lei de Newton $F = ma$. Isso acontece em todos os pontos x ao longo da cadeia. Assim, a equação diferencial resultante depende de x e t e constitui mais um exemplo de equação diferencial parcial. É chamada de equação da onda, pois, como esperado, prevê que o típico movimento de uma corda vibrando é uma onda.

Como no problema do fluxo de calor, certas ondas senoidais são úteis porque se regeneram à medida que vibram. Se as extremidades da corda estiverem presas, as ondas senoidais não se propagam, simplesmente permanecem imóveis e vibram no lugar. Se a resistência do ar e o atrito interno na corda forem desprezíveis, uma corda ideal vibrará para sempre em determinado padrão de onda senoidal, se for iniciada nesse mesmo padrão de onda senoidal. E sua frequência de vibração jamais mudará. Por todos esses motivos, as ondas senoidais continuam a servir como blocos de construção ideais para esse problema também.

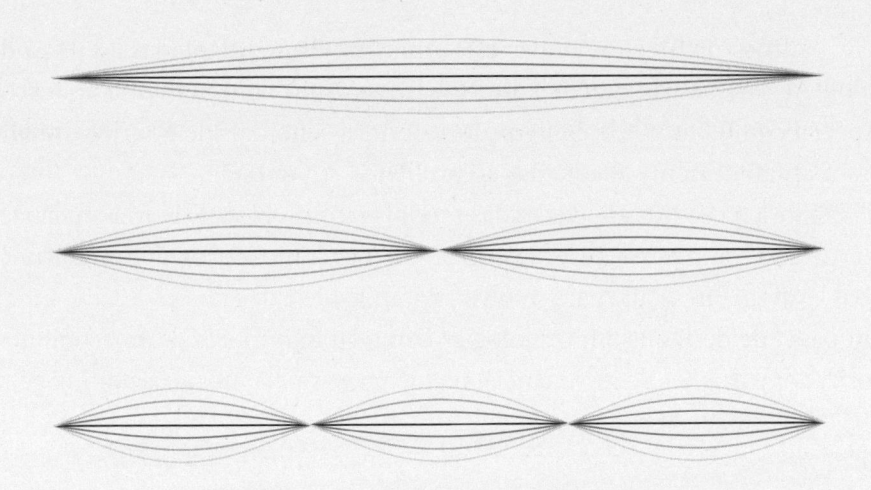

Outras formas de vibração podem ser construídas a partir de somas infinitas de ondas senoidais. Nos cravos usados na década de 1700, por exemplo, as cordas em geral eram puxadas por um plectro, delineando uma forma triangular antes de ser liberadas.

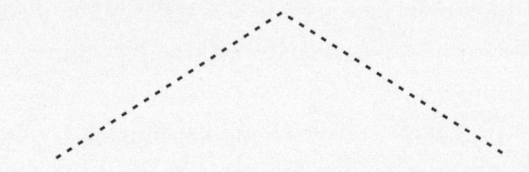

Mesmo que tenha uma quina aguda, uma onda triangular pode ser representada por uma soma infinita de ondas senoidais perfeitamente curvas. Em outras palavras, não são necessárias arestas para formar arestas. No diagrama a seguir, aproximei uma onda triangular, mostrada tracejada na parte inferior, de três aproximações de ondas senoidais progressivamente mais fiéis.

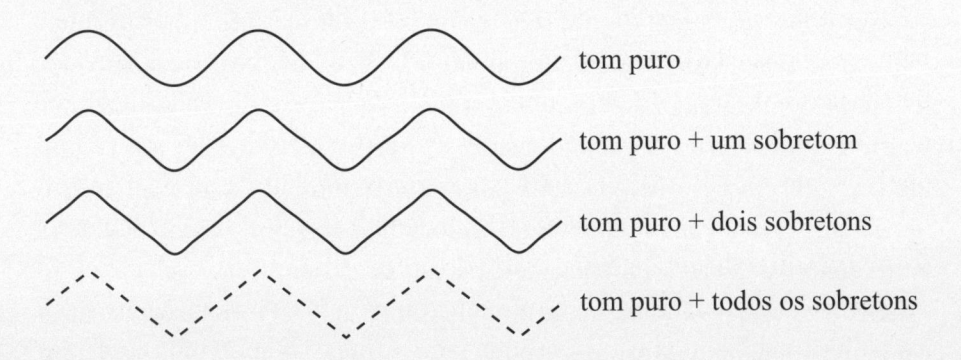

tom puro

tom puro + um sobretom

tom puro + dois sobretons

tom puro + todos os sobretons

A primeira aproximação, no topo, mostra uma única onda senoidal com a melhor amplitude possível ("melhor" no sentido de que minimiza o erro quadrado total da onda triangular, o mesmo critério de otimização que encontramos no capítulo 4). A segunda aproximação é a soma ótima de duas ondas senoidais. E a terceira é a melhor soma de três ondas senoidais. As amplitudes das ondas senoidais perfeitas seguem uma receita descoberta por Fourier:

Onda triangular = sen $x - \frac{1}{9}$ sen $3x + \frac{1}{25}$ sen $5x - \frac{1}{49}$ sen $7x + ...$

Essa soma infinita é chamada de série de Fourier para a onda triangular. Observe os belos padrões numéricos. Apenas frequências ímpares 1, 3, 5, 7, ... ocorrem nas ondas senoidais, e suas amplitudes correspondentes são os quadrados inversos dos números ímpares com sinais alternados de mais e de menos. Infelizmente, não posso explicar de modo resumido por que essa receita funciona; teríamos de efetuar muitos cálculos detalhados para descobrir de onde vêm essas amplitudes mágicas. Mas o importante é que Fourier sabia como fazê-los. Assim, era capaz de sintetizar uma onda triangular ou qualquer outra curva arbitrariamente complicada a partir de ondas senoidais muito mais simples.

A grande ideia de Fourier é a base dos sintetizadores de música. Para entender por quê, considere o som de uma nota, digamos, o lá acima do dó central. Para gerar esse tom exato, podemos colocar um diapasão oscilando na frequência de 440 ciclos por segundo, correspondente à referida nota musical. Um diapasão é um garfo de metal com dois dentes. Ao ser atingidos por um martelo de borracha, os dentes vibram para a frente e para trás 440 vezes a cada segundo. As vibrações agitam o ar ao seu redor. Quando um dente vibra para a frente, comprime o ar circundante; quando vibra para trás, rarefaz o ar. À medida que as moléculas de ar oscilam para a frente e para trás, produzem um distúrbio de pressão senoidal que nossos ouvidos percebem como um tom puro, um lá monótono e insípido. Falta-lhe o que os músicos chamam de timbre. Se tocássemos o mesmo lá com um violino ou um piano, os sons obtidos soariam coloridos e quentes. Embora também emitam vibrações a uma frequência fundamental de 440 ciclos por segundo, soam diferentes de um diapasão (e um do outro) em função de seu conjunto distinto de sobretons. Esse é o termo musical para ondas como sen $3x$ e sen $5x$, na fórmula da onda triangular que vimos antes. Os sobretons conferem cor a uma nota musical ao adicionarem múltiplos da frequência fundamental. Além da onda senoidal a 440 ciclos por segundo, uma onda triangular sintetizada inclui um sobretom de onda senoidal três vezes maior que a frequência (3 × 440 = 1.320 ciclos por segundo). Esse som harmônico não é tão forte quanto o modo *senx* fundamental. Sua amplitude relativa é de apenas $1/9$ do tamanho fundamental; os outros modos de números ímpares são ainda mais fracos. Em termos musicais, essas amplitudes determinam o volume dos sobretons. A riqueza do som de um violino tem a ver com sua particular combinação de sobretons mais suaves e mais altos.

O poder unificador da ideia de Fourier é o fato de que o som de *qualquer* instrumento musical pode ser sintetizado por uma variedade infinita de diapasões. Só precisamos tocá-los com as forças certas e nos momentos certos para, incrivelmente, obter o som de um violino, um piano, um trompete ou mesmo um oboé, embora sem utilizarmos nada além de incolores ondas senoidais. Era assim que os primeiros sintetizadores eletrônicos funcionavam: reproduziam o som de qualquer instrumento combinando um grande número de ondas senoidais.

No ensino médio, fiz um curso de música eletrônica que me deu uma ideia do que as ondas senoidais podem fazer. Isso foi na década de 1970, idade das trevas, quando a música eletrônica era produzida por uma grande caixa que parecia uma mesa telefônica antiquada. Meus colegas de classe e eu ligávamos cabos em várias tomadas, girávamos botões para cima e para baixo e obtínhamos o som de ondas senoidais, quadradas e triangulares. Lembro que as ondas senoidais tinham um som claro e aberto, como o de flautas. As ondas quadradas eram penetrantes como alarmes de incêndio. As triangulares eram atrevidas. Com um botão, podíamos alterar a frequência de uma onda para aumentar ou diminuir seu tom. Com outro botão, podíamos mudar sua amplitude para torná-la mais alta ou mais suave. Conectando vários cabos ao mesmo tempo, podíamos adicionar ondas e sobretons em diferentes combinações, tal como Fourier fez abstratamente; para nós, porém, a experiência foi sensorial. Podíamos ver as formas das ondas em um osciloscópio ao mesmo tempo que as ouvíamos. Hoje, você pode tentar fazer tudo isso na internet. Pesquise alguma coisa como "som de ondas triangulares" e você encontrará demonstrações interativas que lhe darão a impressão de estar na minha sala de aula, em 1974, divertindo-se com ondas senoidais.

O significado maior do trabalho de Fourier é ter dado o primeiro passo no uso do cálculo para prever como um *continuum* de partículas poderia se mover e mudar. Foi um enorme avanço sobre o trabalho de Newton, no tocante à movimentação de conjuntos discretos de partículas. Nos séculos seguintes, os cientistas estenderiam os métodos de Fourier com o propósito de prever o comportamento de outras mídias contínuas, como a vibração da asa de um Boeing 787, a aparência de um paciente após uma cirurgia facial, o fluxo de sangue por uma artéria ou o estrondo do solo após um terremoto. Essas técnicas, hoje onipresentes nas ciências e na engenharia, são usadas para analisar ondas de choque de uma explosão termonuclear; ondas de rádio em comunicações; ondas peristálticas do intestino, que permitem a absorção de nutrientes e enviam os resíduos na direção certa; ondas elétricas patológicas no cérebro, associadas à epilepsia e aos tremores do mal de Parkinson, e ondas de engarrafamentos em uma rodovia, sobretudo no fenômeno exasperante de engarrafamentos-fantasmas, quando o tráfego se torna mais lento sem motivo aparente. As ideias de Fourier e suas ramificações permitiram que todos os fenômenos de ondas fossem entendidos matematicamente – às vezes com a ajuda de fórmulas, outras, mediante numerosas simulações em computadores –, de modo a serem explicados, previstos, controlados e, em alguns casos, abolidos.

POR QUE ONDAS SENOIDAIS?

Antes de deixarmos de lado as ondas senoidais e passarmos para suas correspondentes bidimensionais e tridimensionais, vale esclarecer o que as torna tão especiais. Afinal, outros tipos de curvas também podem servir como blocos de construção e às vezes funcionam melhor que as ondas senoidais. Por exemplo, para capturar recursos localizados, como cristas de impressões digitais, as *wavelets* receberam o aval do FBI. As *wavelets* são geralmente superiores às ondas senoidais para muitas tarefas de processamento de imagens e sinais em áreas como análise de terremotos, restauração e autenticação de obras de arte, e reconhecimento facial.

Então, por que as ondas senoidais são tão adequadas à solução da equação da onda, da equação do calor e de outras equações diferenciais parciais? Sua grande virtude é lidar muito bem com derivadas. Especificamente, a derivada de uma onda senoidal é outra onda senoidal, deslocada em ¼ de ciclo. Trata-se de uma propriedade notável, que não existe em outros tipos de ondas. De modo geral, quando tomamos a derivada de qualquer tipo de curva, a curva fica distorcida ao ser diferenciada. Não terá a mesma forma antes nem depois. Ser diferenciada é uma experiência traumática para a maioria das curvas. Mas não para uma onda senoidal. Depois que sua derivada é tomada, ela espana a poeira e permanece imperturbável, tão senoidal como sempre. A única lesão que sofre – e nem chega a ser uma lesão – decorre do fato de que uma onda senoidal muda com o tempo, e atinge o pico ¼ de ciclo mais cedo do que costumava atingir.

Vimos uma versão imperfeita disso no capítulo 4, quando analisamos as variações diárias da duração dos dias na cidade de Nova York, em 2018, e as comparamos com o número de minutos de luz solar de um dia para o outro. Vimos que ambas as curvas pareciam aproximadamente senoidais, exceto que a diferença na luz do dia de um dia para o outro formava uma onda que se deslocava para três meses antes da primeira medição. Simplificando, o dia mais longo em 2018 foi 21 de junho, enquanto o que se prolongou mais rapidamente foi 20 de março, três meses antes. Isso é o que esperamos dos dados senoidais. Se os dados do dia fossem uma onda senoidal *perfeita*, e se observássemos sua diferença não de um dia para o outro, mas de um instante para o outro, sua taxa instantânea de mudança (a onda "derivada" deriva dela) seria uma onda senoidal perfeita, alterada para exatamente ¼ de ciclo antes. De volta ao capítulo 4, vimos também que a mudança de ¼ de ciclo ocorre por conta da profunda conexão entre ondas senoidais e movimento circular uniforme. (Você pode revisitar esse argumento, caso o raciocínio lhe pareça nebuloso agora.)

Esse deslocamento do quarto de ciclo tem uma consequência fascinante; implica que, se tomarmos *duas* derivadas da onda senoidal, esta se desloca para ¼ + ¼ de ciclo antes. Assim, no total, desloca-se para *meio* ciclo antes. Ou seja, seu pico anterior se tornou um vale e vice-versa. A onda senoidal virou de cabeça para baixo. Em termos matemáticos, isso é expressado pela fórmula

$$\frac{d}{dx}\left(\frac{d}{dx}\operatorname{sen} x\right) = -\operatorname{sen} x,$$

onde o símbolo de diferenciação leibniziano *d/dx* significa "tome a derivada de qualquer expressão que apareça à direita". A fórmula mostra que tomar duas derivadas de *senx* equivale a nada mais do que multiplicá-las por –1. Essa substituição de duas derivadas por uma simples multiplicação é uma simplificação fantástica. Tomar duas derivadas exige uma longa operação de cálculo, enquanto uma multiplicação por –1 é aritmética de ensino médio.

Mas por que, cabe a pergunta, alguém iria querer tomar duas derivadas de alguma coisa? Porque a natureza faz isso – e faz isso o tempo todo. Ou melhor, nossos *modelos* da natureza fazem isso o tempo todo. Por exemplo, na lei do movimento de Newton, $F = ma$, a aceleração a envolve duas derivadas. Para entender o motivo, lembre-se de que a aceleração é a derivada da velocidade e a velocidade é a derivada da distância. Isso faz da aceleração a *derivada da derivada* da distância, ou, para ser mais conciso, a segunda derivada da distância. Segundas derivadas surgem em toda parte na física e na engenharia. Juntamente com a equação de Newton, desempenham papéis importantes na equação do calor e na equação da onda.

É por *isso* que as ondas senoidais são tão adequadas a tais equações. Para as ondas senoidais, duas derivadas se resumem à mera multiplicação por –1. De fato, o cálculo inerente que dificultava a análise das equações de calor e onda deixa de ser um problema quando restringimos nossa atenção às ondas senoidais – o cálculo pode ser removido e substituído pela multiplicação. Foi isso o que tornou os problemas da vibração das cordas e do fluxo de calor muito mais fáceis de resolver. Se uma curva arbitrária fosse construída a partir desses problemas, esta herdaria as virtudes das ondas senoidais. A única dificuldade seria que um número infinito de ondas senoidais precisaria ser somado para a construção de uma curva arbitrária, mas seria um preço pequeno a pagar.

Essa é a perspectiva do cálculo sobre o que torna as ondas senoidais tão especiais. Os físicos têm uma perspectiva própria, que também vale a pena entender. Para um físico, o mais notável nas ondas senoidais (no contexto dos problemas de vibração e fluxo de calor) é que elas formam *ondas estacionárias*. Não viajam ao longo da corda ou da haste. Permanecem no lugar. Oscilam para cima e para baixo, mas nunca se propagam. E mais notável ainda: as ondas estacionárias vibram em uma frequência única, o que é uma raridade no mundo das ondas, pois a maioria delas é uma combinação de muitas frequências, assim como a luz branca é uma combinação de todas as cores do arco-íris. Sob esse aspecto, uma onda estacionária é pura, não uma mistura.

VISUALIZANDO MODOS DE VIBRAÇÃO: OS PADRÕES DE CHLADNI

O som caloroso de um violão e o som melancólico de um violino estão relacionados às vibrações estabelecidas no corpo, na madeira e nas cavidades internas do instrumento, onde as ondas sonoras vibram e ressoam. Esses padrões de vibração determinam a qualidade e a voz do instrumento. Isso é parte do que torna um Stradivarius tão especial, com seus exclusivos padrões de vibração, evocativos de madeira e ar. Ainda não entendemos exatamente o que faz certos violinos soarem melhor que outros, mas deve ter algo a ver com seus modos de vibração.

Em 1787, o alemão Ernst Chladni, físico e fabricante de instrumentos musicais, publicou um artigo revelando um modo inteligente de visualizar esses padrões vibracionais. Em vez de usar uma forma complicada como um violão ou um violino, ele fez soar um instrumento muito mais simples – uma fina placa de metal –, deslizando um arco de violino sobre sua borda. Dessa forma, conseguiu fazer a placa vibrar e ressoar (algo como fazer um copo de vinho cheio até a metade ressoar esfregando um dedo em sua borda). Para visualizar as vibrações, Chladni jogou uma fina camada de areia sobre a placa antes de tocá-la com o arco. Quando o fez, a areia se deslocou das partes que mais vibravam para as que não vibravam. As formas resultantes são hoje chamadas de padrões de Chladni.

Você pode já ter visto uma demonstração dos padrões de Chladni em museus de ciência. Uma placa de metal é colocada sobre um alto-falante, coberta com areia e levada a vibrar mediante um gerador de sinal eletrônico. À medida que a frequência do som é ajustada, a placa se cobre com diferentes padrões de ressonância. Sempre que o alto-falante sintoniza uma nova frequência de som, a areia se reorganiza em um padrão diferente. A placa se divide em regiões vizinhas que vibram em direções opostas, delimitadas por curvas nodais onde a placa se mantém imóvel.

Pode parecer estranho que algumas partes da placa não se mexam, mas isso não deveria ser uma surpresa. Vimos a mesma coisa com as ondas senoidais em uma corda. Os pontos em que a corda não se move são os nós de vibração. Para uma placa, os nós são semelhantes, mas, em vez de serem pontos isolados, ligam-se para formar linhas e curvas nodais como as que Chladni exibiu em seus experimentos. Na época, elas foram consideradas tão espantosas que Chladni foi convidado a mostrá-las a Napoleão. O imperador, que tinha algum treinamento em matemática e engenharia, ficou tão intrigado que instaurou um concurso desafiando os maiores matemáticos da Europa a explicar os padrões de Chladni.

A matemática necessária não existia na época. O matemático mais proeminente da Europa, Joseph Louis Lagrange, achou que o problema era insolúvel e que ninguém o resolveria. Na verdade, apenas uma pessoa tentou. Seu nome era Sophie Germain.

A MAIS NOBRE CORAGEM

Sophie Germain aprendeu cálculo sozinha e ainda bem jovem. De família rica, ficou fascinada pela matemática após ler um livro sobre Arquimedes na biblioteca do pai. Quando seus pais descobriram que ela ficava acordada até tarde da noite trabalhando com matemática, confiscaram suas velas e camisolas e deixaram a lareira apagada. Sophie persistiu. Enrolada em colchas, estudava à luz de velas roubadas. Por fim, sua família cedeu e lhe desejou boa sorte.

Como todas as mulheres da época, Germain não tinha permissão para frequentar a universidade. Assim, continuou a aprender sozinha, às vezes obtendo resumos das aulas dos cursos da École Polytechnique, situada nas proximidades. Usava o nome de Antoine-August Le Blanc, um aluno que havia deixado a escola. Sem saber do fato, a administração do estabelecimento continuou a imprimir resumos das aulas e conjuntos de problemas para "Le Blanc". Germain enviava trabalhos em nome dele. Até que um dia o grande Lagrange, que era professor na escola, observou os notáveis progressos no desempenho – anteriormente péssimo – de *monsieur* Le Blanc. Solicitou então uma reunião com Le Blanc. Ao descobrir sua verdadeira identidade, ficou encantado. E tomou Germain sob sua proteção.

Os primeiros triunfos dela foram na teoria dos números, onde fez importantes contribuições para um dos problemas não resolvidos mais difíceis nessa área, conhecido como o último teorema de Fermat. Quando sentiu que havia obtido um grande avanço, escreveu para o maior teórico de números do mundo (e um dos maiores matemáticos de todos os tempos), Carl Friedrich Gauss, mais uma vez usando o pseudônimo de Antoine Le Blanc. Gauss ficou admirado com o brilho de seu misterioso correspondente e estabeleceu com ele uma animada troca de cartas que durou três anos. A situação se complicou em 1806, quando o exército de Napoleão invadiu a Prússia e a cidade natal de Gauss, Brunswick, foi tomada. Usando conexões familiares, Germain escreveu a um general do exército francês pedindo-lhe que garantisse a segurança de Gauss. Quando soube que sua vida fora preservada por intervenção de uma certa *mademoiselle* Sophie Germain, Gauss ficou agradecido, porém intrigado, pois não conhecia ninguém com esse nome. Em sua carta seguinte, Germain se desmascarou. Gauss ficou pasmo ao saber que estava se correspondendo com uma mulher. Dada a profundidade de suas ideias e reconhecendo todos os preconceitos e obstáculos que ela devia ter enfrentado, ele lhe disse que "sem dúvida ela tinha a mais nobre coragem, talentos extraordinários e gênio superior".

Ao ouvir falar da competição para resolver o mistério dos padrões de Chladni, Germain aceitou o desafio. Era a única pessoa corajosa o suficiente para desenvolver a teoria necessária a partir do zero. Sua solução envolveu a criação de um novo subcampo da mecânica, a teoria da elasticidade para chapas planas, finas e bidimensionais, que foi além das teorias anteriores, muito mais simples, para cordas e vigas unidimensionais. Ela se baseou nos princípios de forças, deslocamentos e curvaturas, e usou técnicas de cálculo para formular e resolver as equações diferenciais parciais relevantes para as placas vibratórias de Chladni e os maravilhosos padrões que produziam. No entanto, em função das lacunas em sua educação e da falta de treinamento formal, a tentativa de solução que propôs continha falhas que os juízes notaram. Achando que o problema não havia sido totalmente resolvido, eles renovaram o concurso por mais dois anos e depois por mais dois. Em sua terceira tentativa, Germain recebeu o prêmio. Foi a primeira mulher a ser laureada pela Academia de Ciências de Paris.

FORNOS DE MICRO-ONDAS

Os padrões de Chladni nos permitem visualizar ondas estacionárias em duas dimensões. Em nosso dia a dia, contamos com a contraparte tridimensional dos padrões de Chladni sempre que usamos um forno de micro-ondas. O interior desse aparelho é um espaço tridimensional. Quando você pressiona o botão "iniciar", o forno é preenchido com um padrão estacionário de micro-ondas. Embora não consiga enxergar diretamente essas vibrações eletromagnéticas, você poderá visualizá-las indiretamente, imitando o que Chladni fez com areia.

Pegue um prato para micro-ondas e cubra-o completamente com uma fina camada de queijo ralado processado (ou qualquer outra coisa que fique plana e derreta facilmente, como chocolate em pó). Antes de colocar o prato no forno, retire o suporte rotativo. Isso é importante, pois é preciso que o prato de queijo (ou o que você estiver usando) fique parado para que você possa detectar os pontos quentes. Após remover o suporte giratório e colocar o prato no compartimento, feche a porta e ligue o micro-ondas por 30 segundos, não mais. Em seguida, retire o prato. Você verá lugares onde o queijo derreteu completamente. São os pontos quentes. Correspondem aos antinodos do padrão de micro-ondas, os locais onde as vibrações são mais vigorosas. Lembram os picos e vales de uma onda senoidal ou, no padrão de Chladni, os locais onde a areia *não* está (pois oscilações vigorosas a sacudiram).

Para um forno de micro-ondas padronizado, que funciona a 2,45 GHz (significando que as ondas vibram para a frente e para trás 2,45 bilhões de vezes por segundo), você vai descobrir que a distância entre as partes derretidas estará em torno de 6 centímetros. Essa é apenas a distância de um pico a um vale e, portanto, corresponde a *meio* comprimento de onda. Para obter o comprimento de onda completo, dobramos essa distância. Portanto, o comprimento de onda de uma onda estacionária padrão no forno é em torno de 12 centímetros.

Aliás, você pode usar seu micro-ondas para calcular a velocidade da luz. Multiplique a frequência da vibração (listada na moldura da porta do forno) pelo comprimento de onda que mediu em seu experimento. Você deverá obter a velocidade da luz ou algo muito próximo a ela. Eis como as coisas acontecerão com os números que acabei de fornecer: a frequência é de 2,45 bilhões de ciclos por segundo e o comprimento de onda é de 12 cm por ciclo. Multiplicá-los dará 29,4 bilhões de centímetros por segundo. O que está bem próximo do valor aceito para a velocidade da luz: 30 bilhões de centímetros por segundo. Nada mau para uma medição tão rudimentar.

POR QUE OS FORNOS DE MICRO-ONDAS ERAM CHAMADOS DE FAIXAS DE RADAR

No final da Segunda Guerra Mundial, a Raytheon Company procurava novas aplicações para seus magnétrons – tubos de vácuo de alta potência usados em radares. São o análogo eletrônico de um apito. Assim como um apito envia ondas sonoras, um magnétron envia ondas eletromagnéticas. Essas ondas podem ricochetear em um avião em voo, de modo a detectar sua distância e velocidade. Hoje em dia, o radar é usado para rastrear os movimentos de tudo, de navios e carros velozes a bolas chutadas, saques de tênis e padrões climáticos.

Após a guerra, em 1946, a Raytheon não tinha ideia do que faria com os magnétrons que fabricava. Até que um engenheiro chamado Percy Spencer, certo dia, notou que uma barra de caramelo em seu bolso havia se transformado em uma coisa pegajosa enquanto ele trabalhava com um magnétron. Percebeu então que as micro-ondas emitidas podiam aquecer alimentos de modo muito eficaz. Para explorar ainda mais a ideia, ele apontou um magnétron para um ovo. De tão quente, o ovo explodiu. Spencer também demonstrou que podia fazer pipoca com um magnétron. Essa conexão entre radar e micro-ondas é o motivo pelo qual os primeiros fornos de micro-ondas foram chamados de "faixas de radar". Os primeiros eram muito grandes – tinham quase 1,80 metro de altura – e custavam o equivalente a dezenas de milhares de dólares em valores de hoje. Assim, não fizeram sucesso comercial até o final da década de 1960, quando foram miniaturizados e se tornaram baratos o suficiente para que famílias comuns pudessem comprá-los. Hoje, nos países industrializados, pelo menos 90% das famílias possuem micro-ondas.

A história do radar e dos fornos de micro-ondas é um testemunho da interconectividade da ciência. Pense no que foi aplicado neles: física, engenharia elétrica, ciência dos materiais e química, além da boa e velha descoberta casual. O cálculo também desempenhou um papel importante – proporcionou a linguagem para descrever as ondas e as ferramentas para analisá-las. A descoberta da equação da onda, que se iniciou como um desdobramento da música em conexão com a vibração de cordas, foi usada por Maxwell para prever a existência de ondas eletromagnéticas. Daí até os tubos de vácuo, transístores, computadores, radares e fornos de micro-ondas foi um pulo. Ao longo do caminho, os métodos de Fourier foram indispensáveis. E suas técnicas, como logo veremos, desempenharam um papel importante na descoberta de uma nova utilização para ondas eletromagnéticas de energia elevada. Essas ondas, extremamente energéticas, foram descobertas por acidente na virada do século XX. Ninguém sabia bem o que eram, na época. Portanto, em homenagem aos mistérios da matemática, foram chamados de raios X.

TOMOGRAFIA COMPUTADORIZADA E IMAGENS DO CÉREBRO

As micro-ondas são boas para cozinhar alimentos, mas os raios X são bons para se observar o interior de nossos corpos, permitindo o diagnóstico não invasivo de ossos quebrados, fraturas do crânio e curvaturas em colunas vertebrais. Infelizmente, os raios X tradicionais, capturados em filmes em preto e branco, são insensíveis a variações sutis na densidade do tecido, o que limita sua utilidade para examinar tecidos e órgãos moles. Uma forma mais moderna de se efetuar diagnósticos por imagens, conhecida como varredura por TC, é centenas de vezes mais sensível que os filmes convencionais de raios X. Sua precisão revolucionou a medicina.

O T significa *tomografia*, que é o processo de cortar alguma coisa em fatias para melhor visualizá-la, e o C significa *computadorizada*. A tomografia computadorizada utiliza raios X para criar imagens de um órgão ou tecido, uma fatia de cada vez. Quando um paciente é colocado em um escâner de TC, os raios X são projetados através de seu corpo em diversos ângulos e registrados no lado oposto por um detector. De todas essas informações – de todas essas tomadas em ângulos diferentes –, é possível reconstruir com muita clareza o que os raios X atravessaram. Em outras palavras, a TC não é apenas um processo de visualização, é também um processo de inferência, dedução e cálculo. Na verdade, a parte mais genial e revolucionária da TC é o uso de matemática sofisticada. Com a ajuda do cálculo, da análise de Fourier, do processamento de sinais e de computadores, o aplicativo de tomografia infere as propriedades do tecido, órgão ou osso que os raios X atravessaram e, em seguida, gera uma imagem detalhada da parte do corpo em foco.

Para conhecermos o papel que o cálculo desempenha nisso tudo, precisamos antes entender quais problemas a TC resolve, e como resolve.

Imagine a projeção de um feixe de raios X através de uma fatia de tecido cerebral. À medida que viajam, os raios X encontram massa cinzenta, substância branca, possíveis tumores cerebrais, coágulos sanguíneos e assim por diante. Esses tecidos, dependendo do tipo, absorvem a energia dos raios X em maior ou menor grau. O objetivo da TC é mapear o padrão de absorção em toda a fatia. A partir dessa informação, a TC pode revelar onde podem haver tumores ou coágulos. A TC não vê o cérebro diretamente, vê o padrão de absorção dos raios X no cérebro.

A matemática funciona assim. À medida que um raio X viaja através de determinado ponto da fatia do cérebro, perde parte de sua intensidade. Essa perda de intensidade é como o que acontece quando a luz comum passa através de óculos escuros e se torna menos brilhante. A complicação aqui é que há uma sequência de diferentes tecidos cerebrais ao longo do caminho do raio X, de modo que os tecidos agem mais como uma sequência de óculos escuros, um diante do outro, todos com opacidades diferentes. Mas não conhecemos a opacidade de nenhum dos óculos escuros; é o que estamos tentando descobrir!

Em função dessas diferenças nas propriedades de absorção de cada tecido, quando os raios X emergem do cérebro e atingem o detector no lado oposto, sua intensidade é reduzida em quantidades desiguais ao longo do caminho. Para calcular o efeito líquido de todas essas reduções, precisamos descobrir o quanto a intensidade foi reduzida conforme os raios X viajavam através do tecido – passo infinitesimal a passo infinitesimal – e, em seguida, combinar os resultados adequadamente. Esse cálculo corresponde a uma integral.

O uso do cálculo integral aqui não deve ser nenhuma surpresa. É o modo mais natural de tornarmos mais acessível esse problema, de resto muito complicado. Como sempre, apelamos para o Princípio do Infinito. Primeiro, imaginamos a divisão do caminho dos raios X em infinitas etapas infinitesimais; depois, descobrimos o quanto sua intensidade se reduz a cada etapa; e, finalmente, reunimos todas as respostas para calcular a atenuação líquida ao longo da rota especificada.

Infelizmente, após tudo isso, obteremos apenas um pedaço da informação. Conheceremos a atenuação total dos raios X apenas ao longo do caminho específico que os raios X seguiram, o que não nos diz muito sobre a fatia do cérebro como um todo, nem sobre a rota específica seguida pelos raios X. Saberemos a atenuação líquida do feixe de raios X ao longo do caminho, não seu padrão de atenuação ponto a ponto.

Deixe-me tentar ilustrar a dificuldade por analogia: pense em todas as formas diferentes de somar números para totalizar 6. Assim como o número 6 pode resultar de 1 + 5 ou 2 + 4 ou 3 + 3, a mesma atenuação líquida do feixe de raios X pode resultar de diversas sequências de atenuações locais. Por exemplo, pode haver grande atenuação no início da rota e baixa atenuação no final. Ou o contrário. Talvez possa haver um nível médio constante de atenuação durante todo o processo. Não temos como distinguir entre essas possibilidades com apenas uma medição.

No entanto, reconhecida a dificuldade, podemos imediatamente resolvê-la disparando raios X em *muitas* direções. Esse é o cerne da tomografia computadorizada. Ao dispararmos raios X de múltiplas direções para o mesmo ponto do tecido, e repetir a operação em muitos pontos diferentes, poderemos, em princípio, mapear os fatores de atenuação em todo o cérebro. Não é exatamente o mesmo que *enxergar* o cérebro, mas é quase tão bom, pois oferece informações sobre quais tipos de tecidos ocorrem em quais regiões.

O desafio matemático, então, é reunir as informações obtidas de todas as medições ao longo das trajetórias em uma imagem bidimensional coerente de toda a fatia do cérebro. Foi aqui que entrou a análise de Fourier, permitindo que um físico sul-africano chamado Allan Cormack resolvesse o problema da reconstrução, pois havia um círculo oculto no problema: o círculo formado por todas as direções das quais os raios X podiam ser disparados lateralmente em uma fatia bidimensional.

Cabe lembrar que os círculos estão sempre associados a ondas senoidais, e as ondas senoidais são os blocos de construção da série de Fourier. Ao escrever o problema de reconstrução nos termos dessa série, Cormack conseguiu reduzir um problema de reconstrução bidimensional a um problema unidimensional mais fácil. Na verdade, livrou-se dos 360 graus de ângulos possíveis. Depois, com grande habilidade no cálculo integral, conseguiu resolver o problema de reconstrução unidimensional. O resultado foi que, dadas as medidas ao longo de um círculo completo de linhas, ele podia deduzir as propriedades do tecido interno. Podia inferir o mapa de absorção. Era quase como ver o próprio cérebro.

Em 1979, Cormack foi agraciado com o Prêmio Nobel de Fisiologia ou Medicina, juntamente com Godfrey Hounsfield, pelo desenvolvimento da tomografia computadorizada. Nenhum dos dois era médico. Cormack desenvolveu a teoria matemática da tomografia computadorizada – com base no trabalho de Fourier – no final dos anos 1950. Hounsfield, um engenheiro elétrico britânico, inventou o escâner de TC no início dos anos 1970, em colaboração com alguns radiologistas.

A invenção desse escâner oferece mais uma demonstração da incrível eficácia da matemática. No caso, as ideias que tornaram possível o desenvolvimento da tomografia computadorizada já existiam havia mais de meio século e não tinham nenhuma conexão com a medicina.

A parte seguinte da história se iniciou no final dos anos 1960. Hounsfield, que já havia testado um protótipo de sua invenção no cérebro de porcos, estava ansioso para encontrar um radiologista clínico que pudesse ajudá-lo a estender seu trabalho a pacientes humanos. Porém os médicos se recusavam a conversar com ele. Achavam que ele era louco. Sabiam que tecidos moles não podiam ser visualizados com raios X. Um raio X tradicional de uma cabeça, por exemplo, mostraria claramente os ossos do crânio, mas o cérebro apareceria como uma nuvem indistinta. Tumores, hemorragias e coágulos sanguíneos não seriam visíveis, apesar das afirmativas de Hounsfield.

Finalmente, um radiologista concordou em ouvi-lo. A conversa não correu bem. No final da reunião, o cético radiologista lhe entregou um recipiente contendo um cérebro humano com um tumor e o desafiou a mapeá-lo com seu escâner. Hounsfield logo retornou com imagens do cérebro que identificavam não só o tumor como também áreas de sangramento em sua parte interna.

O radiologista ficou atônito. A notícia se espalhou e outros radiologistas logo se interessaram pelo escâner. Quando Hounsfield publicou as primeiras tomografias computadorizadas, em 1972, estas assombraram o mundo da medicina. Os radiologistas, de repente, já poderiam usar raios X para enxergar tumores, cistos, massa cinzenta, substância branca e cavidades cheias de líquido no cérebro.

Ironicamente – considerando que a teoria das ondas e a análise de Fourier foram iniciadas com o estudo da música –, a música se mostrou também importante em um momento-chave do desenvolvimento da tomografia computadorizada. Hounsfield teve suas ideias inovadoras em meados da década de 1960, quando trabalhava em uma empresa chamada Electric and Musical Industries. No início, ele atuou na produção de radares e armamentos teleguiados. Depois, voltou sua atenção para o desenvolvimento do primeiro computador totalmente transistorizado da Grã-Bretanha. Foi quando obteve um sucesso estrondoso, após o qual a EMI decidiu deixá-lo fazer o que quisesse. Tinha bastante dinheiro e podia correr o risco. Afinal, depois de ter contratado uma banda de Liverpool chamada The Beatles, seus lucros haviam dobrado.

Hounsfield decidiu conversar com a administração da empresa a respeito de sua ideia de mapear órgãos com raios X. Os bolsos recheados da EMI o ajudaram a dar o primeiro passo. Ele apresentou então sua solução matemática para o problema de reconstrução, sem saber que Cormack já havia resolvido esse problema uma década antes. E Cormack não sabia que um matemático puro chamado Johann Radon havia resolvido o mesmo problema 40 anos antes dele, sem visar nenhuma aplicação prática. A busca pela pura compreensão matemática proporcionara, meio século antes, as ferramentas necessárias à TC.

No discurso que proferiu ao receber o Prêmio Nobel, Cormack mencionou que ele e seu colega Todd Quinto haviam analisado os resultados de Radon e estavam tentando generalizá-los para regiões tridimensionais, ou mesmo quadridimensionais, o que deve ter sido difícil para a plateia entender. Vivemos em um mundo tridimensional. Por que alguém iria querer estudar um cérebro quadridimensional? Cormack explicou:

> Qual é a utilidade desses resultados? A resposta é que não sei. Quase certamente produzirão alguns teoremas na teoria das equações diferenciais parciais, e alguns deles talvez possam ser aplicados a imagens por ressonância magnética ou ultrassom, mas isso não é de modo algum uma certeza. E também não vem ao caso. Quinto e eu estamos estudando esses tópicos porque são interessantes por si mesmos, como problemas matemáticos, e a ciência é assim.

11
O FUTURO DO CÁLCULO

Quem acredita que o cálculo chegou ao fim talvez erga as sobrancelhas diante do título deste capítulo. Como poderia o cálculo ter um futuro? Já deu o que tinha de dar, não deu? Isso é algo que se ouve com surpreendente frequência nos círculos matemáticos. De acordo com essa narrativa, o cálculo entrou em cena, e com estrondo, graças às descobertas revolucionárias de Newton e Leibniz – que, no século XVIII, suscitaram uma mentalidade de corrida do ouro. Esse período foi marcado por uma exploração lúdica, quase vertiginosa, durante a qual o Golem do infinito ficou à solta. Ao deixá-lo sem rédeas, os matemáticos obtiveram uma série de resultados espetaculares, mas também produziram muita bobagem e confusão. Assim, no século XIX, a geração seguinte, um grupo mais rigoroso, conduziu o Golem de volta à jaula. Expurgaram o infinito e os infinitesimais do cálculo, reforçaram os fundamentos da matéria e finalmente esclareceram o que eram de fato limites, derivadas, integrais e números reais. Por volta de 1900, a operação de limpeza foi concluída.

Essa visão do cálculo, a meu ver, é por demais limitada. O cálculo não é somente o trabalho de Newton, Leibniz e seus sucessores. Veio à luz muito antes deles e ainda está ganhando envergadura. O cálculo, para mim, é definido por seu credo: para resolver um problema difícil sobre qualquer coisa contínua, corte-a em partes infinitas e as solucione. Quando reorganizar as respostas, você entenderá o todo original. Chamo esse credo de Princípio do Infinito.

O Princípio do Infinito estava presente desde o início, no trabalho de Arquimedes sobre formas curvas, na revolução científica e no sistema concebido por Newton para o mundo, e está conosco hoje em nossas casas, em nossos empregos e em nossos carros. O cálculo contribuiu para nos proporcionar o GPS, telefones celulares, lasers e fornos de micro-ondas. O FBI o utilizou para comprimir milhões de arquivos de impressões digitais; Allan Cormack, para criar a teoria que alicerçou a tomografia computadorizada. Tanto o FBI quanto Cormack resolveram um problema difícil ao reconstruí-lo a partir de partes mais simples: *wavelets* para impressões digitais, ondas senoidais para a TC. Sob esse aspecto, o cálculo é a coleção abrangente de ideias e métodos usados para estudar qualquer coisa – qualquer padrão, qualquer curva, qualquer movimento, qualquer processo, sistema ou fenômeno natural – que mude de forma suave e contínua. Portanto, é essencial para o Princípio do Infinito. Trata-se de uma definição ampla, que vai muito além do cálculo de Newton e Leibniz de modo a incluir seus descendentes: cálculo multivariável, equações diferenciais ordinárias, equações diferenciais parciais, análise de Fourier, análise complexa e qualquer outra parte da matemática superior em que apareçam limites, derivadas e integrais. Visto assim, o cálculo não acabou. Continua tão faminto como sempre.

Tal ponto de vista, porém, me situa em uma minoria. Na verdade, uma minoria de um. Nenhum de meus colegas do departamento de matemática concordaria que tudo isso é cálculo, e por uma boa razão: seria um absurdo. Metade dos cursos do currículo teria de ser renomeada. Juntamente com Cálculo 1, 2 e 3, teríamos Cálculos de 4 a 38. Não seria muito descritivo. Assim, atribuímos nomes diferentes a cada ramo do cálculo e obscurecemos a continuidade entre eles. Dividimos o cálculo nas menores fatias consumíveis. Isso é irônico, ou talvez adequado, considerando que o próprio cálculo divide coisas contínuas para facilitar a compreensão. Que fique claro: não faço objeções aos diferentes nomes de cursos. Só estou dizendo que a fatia pode ser enganosa se nos fizer esquecer que as partes estão juntas, que integram algo maior. Meu objetivo neste livro tem sido mostrar o cálculo como um todo e transmitir sua beleza, unidade e grandiosidade.

O que, então, o futuro reserva para o cálculo? Como se costuma dizer, fazer previsões é sempre difícil, sobretudo a respeito do futuro, mas acho seguro presumir que algumas tendências serão importantes nos próximos anos. Entre elas:

- Novas aplicações para o cálculo em ciências sociais, música, artes e humanidades.

- Aplicações permanentes para o cálculo em medicina e biologia.
- Enfrentamento das incertezas inerentes a finanças, economia e clima.
- Utilização do cálculo a serviço do *big data* (ciência que estuda modos de obter informações de imensos conjuntos de dados, muitas vezes gerados a cada segundo, grandes demais para ser analisados por aplicativos tradicionais) e vice-versa.
- Envolvimento do cálculo no desafio contínuo da não linearidade, do caos e dos sistemas complexos.
- Contínua parceria entre cálculo e computadores, incluindo inteligência artificial.
- Extrapolação dos limites do cálculo para os domínios da teoria quântica.

É um bocado de terreno a ser percorrido. Em vez de falar um pouco sobre cada tópico mencionado, vou me concentrar em alguns deles. Após uma breve incursão na geometria diferencial do DNA, onde o mistério das curvas encontra o segredo da vida, consideraremos alguns estudos de caso que, segundo espero, você achará filosoficamente provocativos. Isso inclui os desafios à nossa capacidade de percepção e previsão impostos pelo aumento do caos, pela teoria da complexidade e pela inteligência artificial. Para que tudo faça sentido, no entanto, precisaremos revisitar os fundamentos da dinâmica não linear. Examinar esse contexto nos permitirá uma apreciação melhor dos desafios futuros.

O NÚMERO RETORCIDO DO DNA

O cálculo tem sido tradicionalmente aplicado nas ciências "difíceis", como física, astronomia e química. Mas nas últimas décadas fez avanços na biologia e na medicina, em áreas como epidemiologia, biologia populacional, neurociência e diagnóstico por imagem. Vimos exemplos de biologia matemática ao longo de nossa história, desde o uso do cálculo na previsão de resultados na cirurgia facial até a representação do HIV em seu combate ao sistema imunológico. Mas todos esses exemplos estavam focados em algum aspecto do mistério das mudanças, a obsessão mais moderna do cálculo. O exemplo a seguir, porém, é retirado do antigo mistério das curvas, que ganhou nova vida mediante um quebra-cabeça sobre o caminho tridimensional do DNA.

O quebra-cabeça tinha a ver com o modo como o DNA, uma molécula imensamente longa que contém todas as informações genéticas necessárias para formar uma pessoa, é empacotado nas células. Cada uma de nossas 10 trilhões de células contém aproximadamente 2 metros de DNA. Se fosse possível esticar e unir essas "fitas" de DNA, o resultado seria longo o suficiente para ir até o Sol e voltar dezenas de vezes. Ainda assim, algum cético poderia argumentar que essa comparação não é tão impressionante quanto parece, apenas reflete quantas células cada um de nós possui. Uma comparação mais informativa é com o tamanho do núcleo da célula, o recipiente que contém o DNA. O diâmetro de um núcleo típico é por volta de 5 milionésimos de metro, portanto 400 mil vezes menor que o DNA que precisa se encaixar dentro dele. Um fator de compressão equivalente a colocar cerca de 30 quilômetros de corda dentro de uma bola de tênis.

Além disso, o DNA não pode ser depositado no núcleo de modo aleatório, pois não deve ficar emaranhado. O acondicionamento tem de ser feito de maneira ordenada para que o DNA possa ser lido pelas enzimas e traduzido em proteínas necessárias para a manutenção da célula. Um acondicionamento ordenado é também importante para que o DNA possa ser copiado de forma organizada quando a célula estiver prestes a se dividir.

A evolução resolveu o problema de embalagem com carretéis, a mesma solução que usamos quando precisamos armazenar um longo pedaço de linha. O DNA nas células é enrolado em carretéis moleculares constituídos de proteínas especializadas chamadas histonas. Para obter maior compactação, os carretéis são ligados de ponta a ponta, como contas em um colar; o colar é então enrolado em fibras semelhantes a cordões, que são enroladas em cromossomos. Esses carretéis de carretéis de carretéis compactam o DNA o suficiente para encaixá-lo no espaço apertado do núcleo.

Mas os carretéis não foram a solução original da natureza para o problema do acondicionamento. As primeiras criaturas da Terra eram organismos unicelulares que careciam de núcleos e cromossomos. Não possuíam carretéis, tal como as bactérias e os vírus de hoje. Nesses casos, o material genético é compactado por um mecanismo com base em geometria e elasticidade. Imagine-se puxando um elástico com firmeza e, em seguida, retorcendo uma de suas extremidades enquanto segura a outra entre os dedos. No início, cada volta do elástico provoca uma torção. Enquanto as torções se acumulam, o elástico permanece reto, até que o acúmulo de torções ultrapasse um limite.

Então, de repente, o elástico se enrosca e se compacta em uma terceira dimensão, como que retorcendo de dor. O mesmo acontece com o DNA.

Esse fenômeno, conhecido como superenrolamento, é prevalente em laços circulares de DNA. Embora nossa tendência seja imaginar o DNA como uma hélice reta com pontas livres, muitas vezes ele se fecha sobre si mesmo para formar um círculo. Quando isso acontece, é como se você torcesse um cinto o máximo possível. A certa altura, o número de voltas não poderá mudar. Se você tentar torcê-lo mais um pouco, uma alça se formará em algum ponto, como forma de compensação. Uma lei de conservação entra em cena. O mesmo ocorre quando você guarda uma mangueira de jardim com muitos laços, empilhados uns sobre os outros. Quando você tenta recolocá-la na posição reta, ela retorce em suas mãos. Os laços se convertem em torções. A conversão também pode ir no sentido inverso, de torções a laços, como no exemplo do elástico. O DNA dos organismos primitivos faz uso dessa torção. Certas enzimas cortam, retorcem e fecham novamente o DNA. Quando ele relaxa as torções para diminuir o dispêndio de energia, a lei de conservação o força a superenrolar, tornando-se mais compacto. E o caminho seguido pela molécula de DNA deixa de ser plano. O superenrolamento o transformou em tridimensional.

No início dos anos 1970, um matemático americano chamado Brock Fuller apresentou a primeira descrição matemática dessa contorção tridimensional do DNA, inventando uma quantidade que chamou de *número de torções* do DNA. Derivando fórmulas mediante integrais e derivadas, ele provou certos teoremas sobre o número de torções que formalizaram a lei de conservação para torções e carretéis. O estudo da geometria e topologia do DNA tem prosperado desde então. Os matemáticos usaram a teoria dos nós e o cálculo de enlaces para elucidar os mecanismos de certas enzimas que podem torcer, cortar ou introduzir nós e ligamentos no DNA. Como tais enzimas alteram a topologia do DNA, são chamadas de topoisomerases. Elas podem quebrar filamentos de DNA e selá-los novamente, sendo essenciais para as células se dividirem e crescerem. Já provaram ser alvos eficazes para drogas quimioterápicas contra o câncer. Embora seu mecanismo de ação ainda não esteja completamente claro, acredita-se que, ao bloquear a ação das topoisomerases, esses medicamentos (conhecidos como inibidores da topoisomerase) danificam seletivamente o DNA das células cancerígenas – e isso as leva a cometer suicídio celular. Boas notícias para o paciente, más notícias para os tumores.

Na aplicação do cálculo ao DNA superenrolado, a dupla hélice é modelada como uma curva contínua. Como sempre, o cálculo gosta de trabalhar com objetos contínuos. Na realidade, o DNA é uma coleção discreta de átomos. Nada tem de verdadeiramente contínuo. Mas, para uma boa aproximação, pode ser tratado como se fosse uma curva contínua, como um elástico idealizado. A vantagem de fazer isso é que o aparato da teoria da elasticidade e da geometria diferencial, duas derivações de cálculo, pode ser aplicado para calcular como o DNA se deforma quando sujeito a forças provenientes de proteínas, do ambiente e de interações com ele mesmo.

O ponto mais importante é que o cálculo está exercendo sua habitual licença criativa, tratando objetos discretos como se fossem contínuos para revelar como se comportam. A modelagem é aproximada, mas útil. Além do mais, é o que há por enquanto. Sem o pressuposto de continuidade, o Princípio do Infinito não pode ser implantado. E sem o Princípio do Infinito, não temos cálculo, nem geometria diferencial nem teoria da elasticidade.

Espero que, no futuro, vejamos muitos outros exemplos de cálculo e matemática contínua sendo aplicados aos assuntos inerentemente discretos da biologia: genes, células, proteínas e outros atores do drama biológico. Há simplesmente muita compreensão a ser obtida da aproximação contínua para que ela não seja usada. Até desenvolvermos uma forma de cálculo que funcione tão bem em sistemas discretos quanto o cálculo tradicional em sistemas contínuos, o Princípio do Infinito continuará a nos guiar na modelagem matemática das coisas vivas.

O DETERMINISMO E SEUS LIMITES

Os dois próximos tópicos abordam o aumento da dinâmica não linear e o impacto dos computadores no cálculo. Eu os escolhi porque são por demais intrigantes, filosoficamente, em suas implicações. Podem alterar para sempre a natureza das previsões e inaugurar uma nova era no cálculo – e nas ciências, de modo geral –, em que a percepção humana comece a desaparecer, embora a própria ciência ainda continue. Para esclarecer o que significa esse aviso um tanto apocalíptico, precisamos entender como as previsões são possíveis, o que significavam em termos clássicos e como nossas noções clássicas estão sendo revisadas por descobertas feitas nas últimas décadas em estudos de não linearidade, caos e sistemas complexos.

No início da década de 1800, o matemático e astrônomo francês Pierre Simon Laplace levou o determinismo do universo mecânico de Newton ao seu extremo lógico. Imaginou um intelecto divino (hoje conhecido como demônio de Laplace) capaz de acompanhar todas as posições de todos os átomos no universo, bem como todas as forças que atuam sobre eles. "Se esse intelecto também fosse vasto o suficiente para submeter todos os dados a análise", escreveu ele, "nada seria incerto e o futuro, assim como o passado, estaria presente diante de seus olhos."

À medida que a virada do século XX se aproximava, essa formulação extrema do universo mecânico começou a parecer científica e filosoficamente insustentável, por diversas razões. A primeira teve origem no cálculo, por obra e graça de Sofia Kovalevskaya. Kovalevskaya nasceu em 1850 em uma família aristocrática de Moscou. Aos 11 anos, viu-se literalmente cercada de cálculo – uma parede de seu quarto estava coberta por anotações extraídas de um curso que seu pai frequentara quando jovem. Mais tarde, ela escreveu: "Passei horas inteiras da minha infância em frente a essa parede misteriosa, tentando decifrar uma única frase e encontrar a ordem que as páginas deviam ter seguido." Ela se tornou a primeira mulher na história a obter um doutorado em matemática.

Embora Kovalevskaya tenha demonstrado desde cedo talento para a matemática, a lei russa a impedia de se matricular em uma faculdade. Ela fez então um casamento de conveniência, que, embora tenha lhe acarretado muitos dissabores nos anos seguintes, permitiu-lhe viajar para a Alemanha, onde impressionou vários professores com seu extraordinário talento. Entretanto, mesmo naquele país, ela não obteve permissão oficial para ingressar em uma faculdade. Contratou então aulas particulares com o analista Karl Weierstrass, de quem recebeu um doutorado por resolver vários problemas pendentes em análise matemática, dinâmica e equações diferenciais parciais. Acabou se tornando catedrática na Universidade de Estocolmo, onde lecionou por oito anos até morrer de gripe, aos 41 anos. Em 2009, a escritora canadense Alice Munro, que viria a obter o Prêmio Nobel de 2013, publicou um conto sobre ela chamado "Felicidade demais".

As ideias de Kovalevskaya sobre os limites do determinismo vieram de seu trabalho sobre a dinâmica de corpos rígidos. Um corpo rígido é a abstração matemática de um objeto que não pode ser dobrado ou deformado; todos os seus pontos estão rigidamente ligados entre si. Um exemplo disso é um pião – um corpo inteiramente sólido composto de pontos infinitos. Assim, é um objeto mecânico mais complicado que as partículas materiais consideradas por Newton. O movimento dos corpos rígidos é importante na astronomia e na ciência espacial para descrever fenômenos que vão desde a rotação caótica de Hipérion, uma pequena lua de Saturno em forma de batata, até a rotação regular de uma cápsula espacial ou um satélite.

Os estudos de Kovalevskaya sobre a dinâmica dos corpos rígidos produziram dois resultados principais. O primeiro foi o exemplo de um pião cujo movimento podia ser completamente analisado e resolvido, assim como Newton resolvera o problema dos dois corpos. Dois outros "piões integráveis" já eram conhecidos, mas o dela era mais sutil e surpreendente.

Mais importante: ela provou que não havia outros piões solucionáveis. Ela encontrara o último. Todos os outros, a partir de então, seriam não integráveis, no sentido de que sua dinâmica seria impossível de ser resolvida com fórmulas ao estilo newtoniano. Não era questão de falta de inteligência. Ela demonstrou que, simplesmente, não poderia haver nenhuma fórmula de determinado tipo (no jargão, uma função meromórfica do tempo) que pudesse descrever para sempre o movimento do pião. Dessa maneira, Kovalevskaya estabeleceu limites para o que o cálculo poderia fazer. Se até um pião podia desafiar o demônio de Laplace, então não havia qualquer esperança – nem mesmo em princípio – de se encontrar uma fórmula para prever o destino do universo.

NÃO LINEARIDADE

A insolubilidade descoberta por Sofia Kovalevskaya está relacionada a um aspecto estrutural das equações de um pião: são *não lineares*. O significado técnico de *não linear* não precisa nos preocupar aqui. Para nossos propósitos, só precisamos procurar a distinção entre sistemas lineares e não lineares, o que podemos obter considerando alguns exemplos da vida cotidiana.

Para ilustrar como são os sistemas lineares, suponha que duas pessoas tentem se pesar subindo em uma balança ao mesmo tempo, apenas para se divertir. O peso combinado de ambas será a soma de seus pesos individuais.

Isso ocorre porque uma balança é um dispositivo linear. Os pesos das duas pessoas não interagem nem fazem nada complicado que demande nossa atenção. Por exemplo, seus corpos não conspiram para parecerem mais leves nem para fazer um deles parecer mais pesado. Simplesmente se somam. Em um sistema linear como uma balança, o todo é igual à soma das partes – eis a primeira propriedade fundamental da linearidade. A segunda: as causas são proporcionais aos efeitos. Imagine um arqueiro puxando a corda do arco. Se ele quiser puxar a corda até o dobro dessa primeira distância, terá de usar o dobro da força. Causa e efeito são proporcionais. Essas duas propriedades – a causa e o efeito serem proporcionais e o todo ser igual à soma das partes – são a essência da linearidade.

Entretanto, muitas coisas na natureza são mais complicadas. Sempre que partes de um sistema interferem, cooperam ou competem entre si, ocorrem interações não lineares. A maior parte da vida cotidiana é espetacularmente não linear. Se você ouvir suas duas músicas favoritas ao mesmo tempo, não terá o dobro do prazer. O mesmo se aplica ao consumo de álcool e drogas, em que os efeitos da interação podem ser mortais. Por outro lado, manteiga de amendoim e geleia são melhores juntos. Não se somam, mas cooperam.

A não linearidade é responsável pela riqueza do mundo, por sua beleza e complexidade, e, quase sempre, por sua impenetrabilidade. Por exemplo, toda a biologia é não linear, assim como a sociologia. Eis por que as ciências humanas são difíceis.

A mesma distinção entre linear e não linear se aplica a equações diferenciais, embora de modo menos intuitivo. Equações diferenciais não lineares, como no caso dos piões de Kovalevskaya, são extremamente difíceis de ser analisadas. Desde os tempos de Newton, os matemáticos as evitam sempre que possível. Para eles, são desagradáveis e recalcitrantes.

Já as equações diferenciais lineares são doces e submissas. Os matemáticos as amam porque são fáceis. Existe um enorme corpo de teoria para resolvê-las. De fato, até os anos 1980, a educação tradicional de um matemático aplicado era quase inteiramente dedicada a métodos para explorar a linearidade. Anos eram devotados ao ensino das séries de Fourier e outras técnicas adaptadas a equações lineares.

A grande vantagem da linearidade é permitir o pensamento reducionista. Para resolver um problema linear, podemos decompô-lo em suas partes mais simples, resolver cada parte separadamente e juntá-las de novo para obter a resposta. Fourier resolveu sua equação do calor – que era linear – com essa estratégia reducionista. Ele quebrou uma complicada distribuição de temperaturas em ondas senoidais, depois descobriu como cada onda mudaria por si mesma e as recombinou para prever como a temperatura geral mudaria ao longo do comprimento de uma haste de metal aquecida. A estratégia funcionou porque a equação do calor é linear. Pode ser fatiada sem perder sua essência.

Sofia Kovalevskaya nos ajudou a entender como o mundo parece diferente quando por fim enfrentamos a não linearidade. Ela percebeu que a não linearidade estabelece limites para a arrogância humana. Quando um sistema é não linear, pode ser impossível prever seu comportamento – mesmo que seja totalmente determinado – com fórmulas. Em outras palavras, o determinismo não implica previsibilidade. Foi preciso o movimento de um pião – um brinquedo de criança – para que nos tornássemos mais humildes sobre o que podemos saber.

CAOS

Em retrospecto, podemos ver mais claramente por que a cabeça de Newton doeu quando ele tentou resolver o problema dos três corpos. Porque é inescapavelmente não linear, ao contrário do problema de dois corpos, que pode ser trabalhado para se tornar linear. A não linearidade não foi causada pelo salto de dois para três corpos. Foi causada pela estrutura das próprias equações. Para dois corpos gravitacionais, mas não para três ou mais, a não linearidade podia ser eliminada por uma escolha feliz de novas variáveis nas equações diferenciais.

Demorou muito para que as humilhantes implicações da não linearidade fossem avaliadas em sua magnitude. Os matemáticos se debateram durante séculos tentando resolver o problema dos três corpos e, embora tenham feito progressos, ninguém conseguiu resolvê-lo por completo. No final de 1800, o matemático francês Henri Poincaré achou que o havia solucionado, mas cometeu um erro. Ao corrigi-lo, não conseguiu resolver o problema dos três corpos, mas descobriu algo muito mais importante: o fenômeno que hoje chamamos de *caos*.

Sistemas caóticos são melindrosos. Uma pequena mudança no início pode fazer uma grande diferença no final. Isso porque pequenas alterações em suas condições iniciais são ampliadas com rapidez exponencial. Qualquer erro ou distúrbio, por menor que seja, toma corpo tão depressa, como uma bola de neve, que a longo prazo o sistema se torna imprevisível. Os sistemas caóticos não são aleatórios – são determinísticos e, portanto, previsíveis a curto prazo. Mas a longo prazo são tão sensíveis a pequenas turbulências que, em muitos aspectos, parecem de fato aleatórios.

Os sistemas caóticos podem ser perfeitamente previstos até um ponto conhecido como horizonte de previsibilidade. Antes desse ponto, o determinismo do sistema o torna previsível. Por exemplo, o horizonte de previsibilidade para todo o Sistema Solar foi calculado em cerca de quatro milhões de anos. Para tempos muito mais curtos, como o ano em que a Terra leva para circundar o Sol, tudo se comporta como um relógio. Mas se nos adiantarmos alguns milhões de anos, tudo é possível. As sutis perturbações gravitacionais entre todos os corpos do Sistema Solar vão se acumulando até não podermos mais prever o sistema com precisão.

A existência do horizonte de previsibilidade emergiu do trabalho de Poincaré. Antes dele, acreditava-se que os erros cresciam apenas linearmente no tempo, não exponencialmente; se o tempo fosse dobrado, haveria o dobro de erros. Com um aumento linear de erros, as medições podem acompanhar uma previsão mais longa. Porém, quando os erros crescem com rapidez *exponencial*, diz-se que um sistema possui dependência sensível das condições iniciais. A previsão a longo prazo se torna impossível. Essa é a mensagem filosoficamente perturbadora do caos.

É importante entender o que há de novo nisso. As pessoas sempre souberam que sistemas grandes e complexos como o clima, por exemplo, eram difíceis de prever. A surpresa foi que coisas tão simples como um pião girando ou três corpos gravitacionais eram igualmente imprevisíveis. Foi uma descoberta chocante e mais um golpe na ingênua fusão de determinismo e previsibilidade imaginada por Laplace.

Pelo lado positivo, vestígios de ordem existem nos sistemas caóticos em função de seu caráter determinístico. Poincaré desenvolveu novos métodos para a análise de sistemas não lineares, incluindo os caóticos, e encontrou formas de extrair parte da ordem oculta dentro deles. Em vez de fórmulas e álgebra, ele usou imagens e geometria. Sua abordagem qualitativa contribuiu para a semeadura dos modernos campos matemáticos da topologia e dos sistemas dinâmicos. Graças a seu trabalho seminal, temos agora uma compreensão muito melhor da ordem e do caos.

A ABORDAGEM VISUAL DE POINCARÉ

Para dar um exemplo de como funciona a abordagem de Poincaré, considere as oscilações de um pêndulo simples, do tipo estudado por Galileu. Usando a lei do movimento de Newton e anotando as forças que afetam um pêndulo em oscilação, podemos desenhar uma figura abstrata que revela como o pêndulo altera seu ângulo e velocidade de momento a momento. Essa imagem é essencialmente uma tradução visual do que diz a lei de Newton. Não há conteúdo novo nela além do que já está na equação diferencial. É apenas outra forma de olhar para a mesma informação.

A imagem lembra o mapa de um padrão climático se deslocando por um campo. Nesses mapas, vemos setas indicando a direção local de propagação e em que direção a frente climática se moverá de instante a instante. Trata-se do mesmo tipo de informação fornecida por uma equação diferencial. É também o mesmo tipo de informação que se vê em instruções de dança: coloque o pé esquerdo aqui, coloque o pé direito ali. Esse tipo de mapa é conhecido como gráfico de um *campo vetorial*. As pequenas setas são vetores indicando que, se o ângulo e a velocidade do pêndulo estiverem em determinado ponto, em determinado momento, essa é a direção que elas devem seguir um momento depois. A imagem do campo vetorial para o pêndulo tem a seguinte aparência:

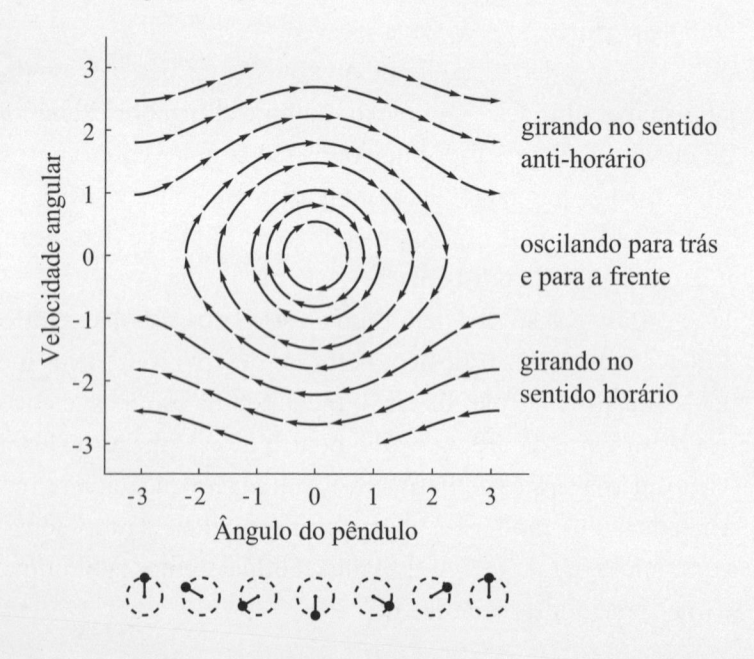

Antes de interpretar a imagem, por favor, compreenda que se trata de uma abstração – no sentido de que não oferece um retrato realista de um pêndulo. O padrão das setas giratórias não se assemelha a um peso pendurado em uma corda. Não tem a aparência que teriam fotos de um pêndulo em movimento (desenhos simples de como seriam essas fotos estão enfileirados abaixo da imagem do campo vetorial). Em vez de uma representação realista do pêndulo, a imagem do campo vetorial mostra um mapa abstrato de como o estado do pêndulo muda de um momento para o momento seguinte. Cada ponto no mapa representa uma possível combinação do ângulo e da velocidade do pêndulo em determinado instante. O eixo horizontal representa o ângulo do pêndulo. O eixo vertical representa sua velocidade. A qualquer momento, o conhecimento desses dois números – ângulo e velocidade – define o *estado* dinâmico do pêndulo. Eles fornecem as informações necessárias para prever qual será o ângulo e a velocidade do pêndulo um momento depois, e então um momento depois deste, e assim por diante. Basta seguir as setas.

O arranjo rodopiante das setas ao centro corresponde a um simples movimento de vaivém do pêndulo, quando ele está pendurado quase em linha reta para baixo. A estrutura ondulada das setas, no topo e na base, corresponde a um pêndulo girando vigorosamente acima, como uma hélice. Galileu e Newton jamais consideraram esses movimentos giratórios, pois estavam fora dos domínios do que poderia ser calculado com métodos clássicos. Mas os movimentos giratórios estão evidentes na imagem de Poincaré. Esse modo qualitativo de encarar as equações diferenciais é hoje um elemento básico em todos os campos em que surja a dinâmica não linear, desde a física do laser até as neurociências.

A NÃO LINEARIDADE VAI À GUERRA

A dinâmica não linear pode ser extremamente prática. Nas mãos dos matemáticos britânicos Mary Cartwright e John Littlewood, as técnicas de Poincaré contribuíram para a defesa da Grã-Bretanha contra os ataques aéreos nazistas durante a Segunda Guerra Mundial. Em 1938, o Departamento de Pesquisas Científicas e Industriais do governo britânico pediu ajuda à Sociedade Matemática de Londres para resolver um problema relacionado a desenvolvimentos ultrassecretos na detecção e localização por radiofrequência, tecnologia hoje conhecida como radar. Os engenheiros do governo britânico que trabalhavam no projeto estavam perplexos com as oscilações ruidosas e erráticas que observavam em seus amplificadores, sobretudo quando os dispositivos eram acionados por ondas de rádio de alta potência e alta frequência. Temiam que houvesse algo errado com seus equipamentos.

O pedido de ajuda do governo chamou a atenção de Cartwright, que já andava estudando modelos de sistemas oscilantes controlados por "equações diferenciais com aparência muito questionável", como as descreveu mais tarde. Ela e Littlewood acabaram descobrindo a fonte das oscilações erráticas nos equipamentos de radar. Como os amplificadores eram não lineares, podiam responder caoticamente caso fossem acionados com muita rapidez e com muita força.

Décadas depois, o físico Freeman Dyson se lembrou de ter ouvido uma palestra de Cartwright a respeito de seu trabalho em 1942. Escreveu então:

> Todo o desenvolvimento dos radares, durante a Segunda Guerra Mundial, dependia de amplificadores de alta potência. Era questão de vida ou morte ter amplificadores que conseguissem fazer o que deveriam. Às voltas com amplificadores que se comportavam de forma errática, os militares punham a culpa nos fabricantes. Cartwright e Littlewood descobriram que a culpa não era dos fabricantes. Era da própria equação.

As ideias de Cartwright e Littlewood permitiram que os engenheiros do governo resolvessem o problema operando os amplificadores em parâmetros nos quais se comportassem de modo mais previsível. Cartwright era caracteristicamente modesta em relação à sua contribuição. Quando leu o que Dyson escreveu sobre seu trabalho, ela o repreendeu por fazer disso uma grande coisa.

Dame Mary Cartwright foi a primeira mulher eleita para a Royal Society na área de matemática. Ela faleceu em 1998, aos 97 anos, tendo deixado instruções estritas para que nenhum elogio lhe fosse feito em sua cerimônia memorial.

A ALIANÇA ENTRE O CÁLCULO E OS COMPUTADORES

A necessidade de resolver equações diferenciais em tempos de guerra estimulou o desenvolvimento de computadores. Cérebros mecânicos ou eletrônicos, como costumavam ser chamados então, podiam ser usados para calcular as trajetórias de foguetes e projéteis de canhão sob condições realistas, contabilizando complicações como resistência do ar e direção do vento. Essas informações ajudavam os oficiais de artilharia a atingir seus alvos. Todos os dados balísticos necessários eram calculados com antecedência, sendo então compilados em tabelas e gráficos padronizados. Computadores de alta velocidade eram essenciais para essa tarefa. Em uma simulação matemática, os computadores podiam mover uma bala de canhão idealizada em sua trajetória de voo – um pequeno incremento de cada vez – usando a equação diferencial apropriada para atualizar posição e velocidade; chegavam à solução ideal por força bruta, mediante um número enorme de adições. Somente uma máquina poderia avançar incansavelmente, efetuando todas as adições e multiplicações necessárias de maneira rápida, correta e incansável.

O legado do cálculo nesse empreendimento é evidente nos nomes de alguns dos computadores mais antigos. Um deles era um dispositivo mecânico chamado Analisador Diferencial. Seu trabalho era resolver as equações diferenciais necessárias para calcular as tabelas de tiro de artilharia. Outro se chamava Eniac, sigla em inglês para Computador e Integrador Numérico Eletrônico. Aqui, a palavra *integrador* era associada ao cálculo, no sentido de resolver integrais ou integrar uma equação diferencial. Concluído em 1945, o Eniac foi um dos primeiros computadores de uso geral reprogramáveis. Além de criar tabelas computadorizadas de tiro, também avaliou a viabilidade técnica da produção de uma bomba de hidrogênio.

Embora aplicações militares de cálculo e dinâmica não linear tenham estimulado o desenvolvimento de computadores, muitos usos em tempos de paz foram encontrados tanto para a matemática quanto para as máquinas. Na década de 1950, os cientistas de outras disciplinas começaram a usá-los para resolver problemas que surgiam fora da física. Os biólogos britânicos Alan Hodgkin e Andrew Huxley, por exemplo, precisavam de computadores para ajudá-los a entender como as células nervosas conversavam entre si; mais especificamente, como os sinais elétricos viajavam ao longo das fibras nervosas. Realizando experimentos minuciosos para calcular o fluxo de íons de sódio e potássio através da membrana de um tipo muito grande e experimentalmente conveniente de fibra nervosa – o gigantesco axônio de uma lula –, eles descobriram empiricamente como esses fluxos dependiam da voltagem que passava pela membrana e como a tensão era alterada pelos íons em movimento. Mas o que não conseguiram fazer sem um computador foi calcular a velocidade e a forma de um impulso neural ao percorrer um axônio. Isso exigia a solução de uma equação diferencial parcial não linear para a voltagem em função do tempo e do espaço. Andrew Huxley resolveu o problema em três semanas ao usar uma calculadora mecânica movida a manivela.

Em 1963, Hodgkin e Huxley compartilharam um Prêmio Nobel por suas descobertas sobre a base iônica do funcionamento das células nervosas. Sua abordagem foi uma grande inspiração para todos os interessados em aplicar a matemática à biologia. Essa é certamente uma área de crescimento para as aplicações do cálculo. A biologia matemática é um exercício sem restrições nas equações diferenciais não lineares. Com a ajuda de métodos analíticos ao estilo de Newton e de métodos geométricos ao estilo de Poincaré, além de uma despudorada dependência de computadores, os biólogos matemáticos estão começando a progredir nas equações diferenciais que governam os ritmos cardíacos, a propagação de epidemias, o funcionamento do sistema imunológico, a orquestração de genes, o desenvolvimento do câncer e muitos outros mistérios da vida. Nada poderíamos fazer sem o cálculo.

SISTEMAS COMPLEXOS E A MALDIÇÃO DAS GRANDES DIMENSÕES

A limitação mais séria da abordagem de Poincaré tem a ver com o cérebro humano, que não consegue imaginar espaços com mais de três dimensões. A seleção natural ajustou nosso sistema nervoso para perceber acima e abaixo, à frente e atrás, à esquerda e à direita – as três direções do espaço comum. Por mais que tentemos, não conseguimos imaginar uma quarta dimensão, não no sentido de *vê-la* com os olhos da mente. Usando símbolos abstratos, no entanto, podemos tentar lidar com qualquer quantidade de dimensões. Fermat e Descartes nos mostraram como. O plano xy que criaram nos ensinou que os números podem ser associados a dimensões. Esquerda e direita correspondiam ao número x; acima e abaixo, ao número y. Incluindo mais números, poderiamos incluir mais dimensões. Para três dimensões, x, y e z foram suficientes. Por que não examinarmos quatro ou cinco dimensões? Há muitas cartas sobrando.

Você talvez já tenha ouvido dizer que o tempo é a quarta dimensão. De fato, nas teorias geral e especial da relatividade de Einstein, espaço e tempo são fundidos em uma única entidade, o espaço-tempo, e representados em uma arena matemática quadridimensional. Grosso modo, o espaço comum é plotado nos três primeiros eixos e o tempo, no quarto. Essa construção pode ser vista como uma generalização do plano xy bidimensional de Fermat e Descartes.

Mas não estamos falando de espaço-tempo aqui. A limitação inerente à abordagem de Poincaré envolve uma arena muito mais abstrata. É uma generalização abstrata do *espaço de estados* que encontramos ao examinarmos o campo vetorial de um pêndulo. No exemplo anterior, construímos um espaço abstrato com um eixo para o ângulo do pêndulo e outro para sua velocidade. A cada instante, o ângulo e a velocidade do pêndulo oscilante tinham certos valores; portanto, naquele instante, correspondiam a um único ponto no plano ângulo-velocidade. As setas naquele plano (aquelas que pareciam instruções de dança) ditavam como o estado mudava de instante a instante, conforme determinado pela equação diferencial de Newton para o pêndulo. Seguindo as setas, podemos prever como o pêndulo se moverá. Dependendo de onde o movimento se iniciou, ele poderia oscilar para a frente e para trás ou girar por cima do topo. Tudo isso estava contido naquela imagem.

O ponto principal a se destacar é que o espaço de estados do pêndulo tinha duas dimensões porque bastavam *duas* variáveis – o ângulo e a velocidade do pêndulo – para prever seu futuro. Elas nos deram exatamente as informações necessárias para prever seu ângulo e velocidade um instante mais tarde, um instante depois disso e assim por diante, em direção ao futuro. Nesse sentido, o pêndulo é um sistema inerentemente bidimensional. Tem um espaço de estado bidimensional.

A maldição das grandes dimensões surge quando avaliamos sistemas mais complicados que um pêndulo. Tomemos, por exemplo, o problema que causou dor de cabeça a Newton, o problema de três corpos gravitando mutuamente. Seu espaço de estados tem 18 dimensões. Para saber por que, concentre-se em um dos corpos. Em qualquer momento, ele está localizado em algum lugar do espaço físico tridimensional comum. Sua localização pode, portanto, ser especificada por três números: x, y e z. Ele pode também se mover em cada uma dessas três direções, que correspondem a três velocidades. Assim, um único corpo exige *seis* informações: três coordenadas para sua localização e três para sua velocidade nas diferentes direções. Esses seis números especificam onde ele está e como se move. Multiplicando os seis por cada um dos três corpos no problema teremos agora 6 × 3 = 18 dimensões no espaço de estados. Consequentemente, na abordagem de Poincaré, a mudança no estado de um sistema de três corpos gravitacionais é representada por um único ponto abstrato se movendo em um espaço com 18 dimensões. Com o passar do tempo, o ponto abstrato traça uma trajetória análoga à de um cometa real ou à de uma bala de canhão. Essa trajetória abstrata, porém, existe na arena fantástica de Poincaré, o espaço de estados com 18 dimensões do problema dos três corpos.

Quando aplicamos dinâmicas não lineares à biologia, geralmente achamos necessário imaginar espaços com dimensões ainda maiores. Na neurociência, por exemplo, precisamos acompanhar todas as concentrações variáveis de sódio, potássio, cálcio, cloreto e outros íons envolvidos nas equações de Hodgkin e Huxley para a membrana nervosa. Versões modernas das equações da dupla podem envolver centenas de variáveis. Elas representam as diferentes concentrações de íons na célula nervosa, a mudança de voltagem na membrana celular e a capacidade da membrana para conduzir os diversos íons e permitir que entrem ou saiam da célula. A abstração do espaço de estados, nesse caso, tem centenas de dimensões, uma para cada variável – uma para a concentração de potássio, outra para a concentração de sódio, uma terceira para a voltagem, uma quarta para a condutância de sódio, uma quinta para a condutância de potássio e assim por diante. A qualquer momento, todas essas variáveis assumem certos valores. As equações de Hodgkin-Huxley (ou suas generalizações) dão às variáveis suas instruções de dança e lhes dizem como seguir suas trajetórias. Dessa maneira, a dinâmica das células nervosas, cerebrais e cardíacas pode ser prevista, às vezes com precisão surpreendente, avançando as trajetórias pelo espaço de estados com a ajuda de computadores. Os frutos dessa abordagem estão sendo usados para estudar patologias neurais e arritmias cardíacas, bem como para projetar melhores desfibriladores.

Nos dias atuais, os matemáticos pensam regularmente em espaços abstratos com números arbitrários de dimensões. Falamos sobre espaços n-dimensionais e desenvolvemos geometria e cálculo em qualquer número de dimensões. Como vimos no capítulo 10, Allan Cormack, o inventor da teoria por trás da tomografia computadorizada, especulou sobre como a TC funcionaria em quatro dimensões apenas por curiosidade intelectual. Grandes coisas surgiram desse puro espírito de aventura. Quando Einstein precisou da geometria quadridimensional para o espaço e o tempo curvos na relatividade geral, ficou feliz em saber que ela já existia, graças a Bernhard Riemann, que a criara décadas antes por pura curiosidade matemática.

Há muito a ser dito em favor da curiosidade matemática, que muitas vezes enseja imprevisíveis recompensas de ordem prática e científica, além de proporcionar enorme prazer aos matemáticos, revelando conexões ocultas entre diferentes áreas. Por todas essas razões, a busca por espaços dimensionais mais altos tem sido uma robusta área da matemática nos últimos 200 anos.

No entanto, embora tenhamos um sistema abstrato para trabalhar com matemática em espaços de alta dimensão, os matemáticos ainda têm problemas para visualizá-los. Na verdade – para ser franco –, não *conseguimos* visualizá-los. Nosso cérebro simplesmente não foi programado para isso.

Essa limitação cognitiva aplica um duro golpe no programa de Poincaré, pelo menos em dimensões superiores a três. Sua abordagem à dinâmica não linear depende da intuição visual. Se não conseguirmos imaginar o que vai acontecer em 4, 18 ou 100 dimensões, tal abordagem não poderá nos ajudar muito. Isso se tornou um grande obstáculo ao progresso na área de *sistemas complexos*, em que espaços de alta dimensão são exatamente o que precisamos compreender se quisermos interpretar as milhares de reações bioquímicas que ocorrem em uma célula viva saudável, ou esclarecer o que deu errado quando surge um câncer. Para termos alguma esperança de entender a biologia celular usando equações diferenciais, precisamos resolver essas equações com fórmulas (o que Sofia Kovalevskaya demonstrou ser impossível) ou imaginá-las (o que nosso cérebro limitado não permite).

Portanto, a matemática de sistemas não lineares complexos é desanimadora. Parece que será sempre difícil, se não impossível, fazer progressos na resolução dos problemas mais desafiadores do nosso tempo, desde o comportamento das economias, sociedades e células até o funcionamento do sistema imunológico, dos genes, do cérebro e da consciência.

Uma dificuldade adicional é que nem sabemos se alguns desses sistemas abrigam padrões semelhantes àqueles descobertos por Kepler e Galileu. As células nervosas aparentemente sim, mas e as economias, as sociedades? Em muitas áreas, a compreensão humana ainda está na fase pré-galileana e pré-kepleriana. Como poderíamos formular teorias que nos ofereçam uma compreensão profunda dos padrões que as governam se ainda nem encontramos esses padrões? A biologia, a psicologia e a economia, por exemplo, ainda não são newtonianas. Nem sequer são galileanas ou keplerianas. Temos um longo caminho a percorrer.

COMPUTADORES, INTELIGÊNCIA ARTIFICIAL E O MISTÉRIO DA PERCEPÇÃO

É nesse ponto que os triunfalistas de computadores exigem ser ouvidos. Com os computadores, dizem eles, e com a inteligência artificial, todos esses problemas desaparecerão. Isso bem pode ser verdade. Os computadores há muito nos ajudam no estudo de equações diferenciais, da dinâmica não linear e de sistemas complexos. Quando abriram as portas para a compreensão do funcionamento das células nervosas, na década de 1950, Hodgkin e Huxley resolveram suas equações diferenciais parciais com uma calculadora movida a manivela. Ao projetarem o 787 Dreamliner, em 2011, os engenheiros da Boeing usaram supercomputadores para calcular a sustentação e o arrasto do avião e para descobrir como evitar vibrações indesejáveis nas asas.

Os computadores começaram como máquinas de calcular, mas agora são muito mais que isso. Alcançaram certo tipo de inteligência artificial. O Google Tradutor, por exemplo, faz agora um trabalho surpreendentemente bom, proporcionando até traduções idiomáticas. E alguns sistemas de inteligência artificial médica fazem diagnósticos de doenças com mais precisão que os melhores especialistas humanos.

Ainda assim, acho que ninguém diria que o Google Tradutor tem uma percepção de idiomas ou que os sistemas de IA médica entendem de doenças. Os computadores poderão ter discernimento algum dia? Poderão compartilhar conosco sua percepção sobre coisas que realmente nos importam, como sistemas complexos – tão essenciais para a maioria dos grandes problemas não resolvidos da ciência?

Para avaliar os argumentos contra e a favor de uma futura máquina perceptiva, vejamos como evoluiu o xadrez por computador. Em 1997, o Deep Blue – programa de xadrez desenvolvido pela IBM – conseguiu derrotar o então campeão do mundo, Garry Kasparov, em uma série de seis partidas. Embora na época fosse inesperado, não houve grandes mistérios nesse resultado. A máquina era capaz de avaliar 200 milhões de posições por segundo. Não tinha discernimento, mas dispunha de uma velocidade absurda, nunca se cansava, nunca errava um cálculo e nunca se esquecia do que havia pensado um minuto antes. Entretanto, jogava como um computador, de modo mecânico e materialista. Computava melhor que Kasparov, mas não era mais perspicaz. Os programas de xadrez mais fortes do mundo atualmente, como o Stockfish e o Komodo, ainda jogam no mesmo estilo desumano: gostam de capturar material. Defendem-se com tenacidade. Apesar de serem muito mais fortes que qualquer jogador humano, não são criativos nem perspicazes.

Tudo isso mudou com o surgimento de uma máquina capaz de aprender por si mesma. Em 5 de dezembro de 2017, a equipe da DeepMind, empresa de origem britânica adquirida pelo Google, surpreendeu o mundo do xadrez ao anunciar um programa de aprendizado profundo (*deep learning*) chamado AlphaZero. Jogando milhões de partidas contra si mesmo, o programa aprendeu com os próprios erros a jogar xadrez. Em questão de horas, tornou-se o melhor jogador de xadrez da história. Não só era capaz de derrotar facilmente os melhores mestres humanos (que nem se deram ao trabalho de enfrentá-lo), como também arrasou o então campeão mundial de xadrez computacional – o Stockfish, um adversário formidável. Em uma série de 100 partidas, o AlphaZero alcançou 28 vitórias e 72 empates. Não perdeu um só jogo.

O mais assustador é que o AlphaZero demonstrou percepção. Jogou como nenhum outro computador, intuitiva e lindamente, exibindo um estilo romântico e agressivo. Efetuou gambitos (lance em que o jogador cede peças em troca de uma posição favorável) e assumiu riscos. Em alguns jogos, paralisou o Stockfish e brincou com ele, parecendo malévolo e sádico. Além disso, revelou-se indescritivelmente criativo, realizando movimentos que nenhum grande mestre, nem nenhum outro programa, jamais sonharia em tentar. Tinha o espírito de um ser humano e o poder de uma máquina. Foi o primeiro vislumbre de um novo e aterrador tipo de inteligência.

Suponha que pudéssemos aplicar o AlphaZero ou algo parecido – que vamos chamar de AlphaInfinito – aos maiores problemas não resolvidos da ciência teórica, da imunologia e do entendimento do câncer, por exemplo. Para continuar a fantasia, suponha que neles existam padrões galileanos e keplerianos prontos para ser compreendidos, mas apenas por uma inteligência muito superior à nossa. Supondo que tais padrões existam, essa inteligência sobre-humana seria capaz de trabalhar com elas? Não sei. Ninguém sabe. E todas essas conjeturas podem ser irrelevantes, pois esses padrões podem nem existir.

Mas se existirem, e se o AlphaInfinito for capaz de encontrá-los, seria como um oráculo para nós. Sentaríamos a seus pés e o ouviríamos. Não saberíamos por que sempre estaria certo nem entenderíamos o que estaria dizendo, mas poderíamos verificar seus cálculos com base em experimentos ou observações. E seria como se entendêssemos tudo, reduzidos a espectadores boquiabertos de admiração e espanto. Mesmo que ele pudesse se explicar, não conseguiríamos seguir seu raciocínio. Nesse momento, a era de percepção que se iniciou com Newton chegaria ao fim, pelo menos para a humanidade, e uma nova era de percepção seria iniciada.

Ficção científica? Talvez. Mas creio que um cenário como esse não está fora de questão. Em partes da matemática e da ciência, já estamos vivenciando o crepúsculo da percepção. Há teoremas que foram comprovados por computadores, porém nenhum ser humano consegue entender a prova. Os teoremas estão corretos, mas não compreendemos por quê. E as máquinas não têm como se explicar.

Consideremos o antigo e famoso problema matemático chamado teorema do mapa de quatro cores. Esse teorema estabelece que, sob certas restrições razoáveis, qualquer mapa de países contíguos pode ser sempre colorido com apenas quatro cores de forma que dois países vizinhos não tenham a mesma cor. (Veja um mapa típico da Europa, da África ou de qualquer outro continente, além da Austrália e da Antártida, e você entenderá o que quero dizer.) O teorema das quatro cores foi provado em 1977 com a ajuda de um computador, mas nenhum ser humano conseguiu verificar todas as etapas do argumento. Embora a prova tenha sido validada e simplificada desde então, há partes que envolvem computação de força bruta, como a que os computadores anteriores ao AlphaZero utilizavam para jogar xadrez. Quando a prova veio à luz, muitos matemáticos que trabalhavam com o problema ficaram irritados. Eles já acreditavam na validade do teorema das quatro cores. Não precisavam de nenhuma garantia de que era verdadeiro. Queriam entender *por que* era verdadeiro, e a prova não os ajudou nisso.

Consideremos também um problema de geometria com 400 anos de idade, formulado por Johannes Kepler. A questão é sobre o modo mais denso de acondicionar esferas de tamanho igual em um espaço de três dimensões.

Trata-se de um problema semelhante ao que é enfrentado pelos merceeiros quando acondicionam laranjas em uma caixa. O modo mais eficiente seria empilhar as esferas em camadas idênticas, uma diretamente sobre a outra? Ou seria melhor escalonar as camadas, de modo que cada esfera se aninhe na cavidade formada pelas quatro outras abaixo, que é como os merceeiros empilham laranjas? Em caso afirmativo, esse acondicionamento é o melhor possível, ou algum outro arranjo, talvez irregular, poderia oferecer mais compactação? A conjetura de Kepler era que a solução encontrada pelos merceeiros era a melhor. E isso foi provado em 1998, quando Thomas Hales – com a ajuda de seu aluno Samuel Ferguson e 180 mil linhas de código de computador – reduziu o cálculo a um número grande mas finito de casos. Portanto, com a ajuda da força bruta computacional e algoritmos engenhosos, seu programa validou a conjetura. Mas a comunidade matemática deu de ombros. Sabemos agora que a conjetura de Kepler é verdadeira, mas ainda não entendemos por quê. Não temos a percepção necessária. E o computador de Hales não consegue nos explicar isso.

Mas e se liberarmos o AlphaInfinito para esses problemas? Uma máquina dessas apresentaria provas belas, tão belas quanto as partidas de xadrez que o AlphaZero jogou contra o Stockfish. Suas provas seriam intuitivas e elegantes. Seriam, nas palavras do matemático húngaro Paul Erdős, provas vindas da Bíblia. Erdős imaginava que Deus mantinha um livro com todas as melhores provas. Dizer que uma prova vinha da Bíblia era o maior elogio possível. A ideia era que a prova revelava *por que* um teorema era verdadeiro em vez de simplesmente obrigar o leitor a aceitá-lo com algum argumento feio e difícil. Posso imaginar um dia, não muito distante no futuro, em que a inteligência artificial nos dará provas vindas da Bíblia. Como será então o cálculo e como serão os medicamentos, a sociologia e a política?

CONCLUSÃO

Usando o infinito da forma correta, o cálculo pode desvendar os segredos do universo. Vimos isso acontecer repetidas vezes, mas ainda nos parece algo quase milagroso. Um sistema de raciocínio que os humanos inventaram está sintonizado de alguma forma com a harmonia da natureza. É confiável não apenas na escala em que foi inventado – a vida cotidiana, com seus piões e tigelas de sopa –, mas também nas menores escalas de átomos e nas maiores escalas do cosmos. Portanto, não pode ser apenas um truque de raciocínio circular. Não estamos embutindo no cálculo coisas que já sabemos para que ele as devolva para nós. O cálculo nos fala sobre coisas que nunca vimos, nunca pudemos ver e nunca veremos. Em alguns casos, fala-nos sobre coisas que nunca existiram, mas poderiam existir – caso tivéssemos a inteligência de evocá-las.

Este, para mim, é o maior mistério de todos: por que o universo é compreensível e por que está em sintonia com o cálculo? Não sei responder, mas espero que você concorde que vale a pena admitir que há uma resposta. Tendo isso em mente, deixe-me levar você para *Além da imaginação* (antiga série de TV que tratava de paranormalidade, ficção científica e fantasia) com três exemplos finais da assustadora eficácia do cálculo.

OITO CASAS DECIMAIS

O primeiro exemplo nos leva de volta ao ponto em que começamos, com o gracejo de que o cálculo é a linguagem falada por Deus, feito por Richard

Feynman. Esse exemplo está relacionado ao trabalho de Feynman sobre uma extensão da mecânica quântica chamada eletrodinâmica quântica, ou EDQ, que é a teoria quântica de como a luz e a matéria interagem. A EDQ funde a teoria da eletricidade e magnetismo de Maxwell com a teoria quântica de Heisenberg e Schrödinger e com a teoria da relatividade especial de Einstein. Feynman foi um dos principais arquitetos da EDQ. Depois de examinar a estrutura de sua teoria, entendi por que ele tinha tanta admiração pelo cálculo. Tanto na tática quanto no estilo, sua teoria está repleta de cálculo – incluindo séries de potência, integrais, equações diferenciais e muitas brincadeiras com o infinito.

Mais importante: é a teoria mais precisa que já se criou... sobre qualquer coisa. Com a ajuda de computadores, os físicos ainda estão ocupados resumindo as séries que surgem na EDQ e utilizando os chamados diagramas de Feynman para fazer previsões sobre as propriedades dos elétrons e de outras partículas. Ao compararem essas previsões com medições experimentais extremamente precisas, eles revelaram que a teoria concorda com a realidade em oito casas decimais, uma aproximação melhor que *uma parte em 100 milhões*.

O que é um modo elegante de dizer que a teoria está essencialmente correta. É sempre difícil encontrar analogias úteis para entender esses números grandes, mas vou colocar desta maneira: 100 milhões de segundos é igual a 3,17 anos; portanto, acertar alguma coisa em 100 milhões é como planejar um estalo de dedos para exatamente 3,17 anos depois, com precisão de um segundo e sem a ajuda de um relógio ou alarme.

Há algo de surpreendente nisso, filosoficamente falando. As equações diferenciais e integrais da eletrodinâmica quântica são criações da mente humana. Estão baseadas em experimentos e observações, sem dúvida, de modo a incorporar a realidade. Mas são produtos da imaginação. Invenções. Não são imitações servis da realidade. A particularidade surpreendente é que, grafando rabiscos em um papel e efetuando cálculos com métodos análogos àqueles desenvolvidos por Newton e Leibniz – ainda que turbinados para o século XXI –, podemos prever as propriedades mais íntimas da natureza com um acerto de oito casas decimais. Nada que a humanidade já tenha previsto é tão preciso quanto as previsões da eletrodinâmica quântica.

Esse fato vale a pena ser mencionado porque desmente algo que às vezes ouvimos: que a ciência é como a fé e outros sistemas de crenças, e não tem nenhuma reivindicação especial sobre a verdade. Ora, por favor. Qualquer teoria com um acerto de uma parte em 100 milhões não é apenas uma questão de fé ou de opinião. É verdade que muitas teorias da física acabaram se revelando erradas. Não essa. Pelo menos, ainda não. De fato é meio excêntrica, como toda teoria, mas com certeza chega perto da verdade.

CONVOCANDO O PÓSITRON

O segundo exemplo da eficácia assustadora do cálculo tem a ver com uma extensão anterior da mecânica quântica. Em 1928, o físico britânico Paul Dirac tentou encontrar um modo de conciliar a teoria da relatividade especial de Einstein com os princípios da mecânica quântica aplicados a um elétron que se aproxima da velocidade da luz; chegou então a uma teoria que lhe pareceu bonita. Ele a escolheu em grande parte por razões estéticas. Não tinha nenhuma evidência empírica específica para ela, apenas a sensação artística de que a beleza era um sinal de sua correção. Sua teoria, em resumo, foi guiada pela busca de uma harmonia. Três restrições – compatibilidade com a relatividade, com a mecânica quântica e com a elegância matemática – balizaram seus estudos em grau considerável. Estudando diversas teorias, ele acabou encontrando uma que combinava com suas aspirações estéticas. Como qualquer bom cientista, procurou testá-la fazendo previsões baseadas nela. Para Dirac, físico teórico, isso significava usar o cálculo.

Após resolver sua equação diferencial, hoje conhecida como equação de Dirac, ele continuou a analisá-la nos anos seguintes. Encontrou várias previsões surpreendentes. Uma delas era que a *antimatéria devia existir*. Em outras palavras, deve existir uma partícula equivalente a um elétron, mas com carga positiva. A princípio, ele achou que a partícula poderia ser um próton, mas um próton tinha massa demais; a partícula que ele previu era cerca de duas mil vezes menor que um próton. Nenhuma partícula positivamente carregada tão minúscula já fora encontrada. No entanto, sua equação a previa. Dirac a chamou então de antielétron. Em 1931, ele publicou um artigo prevendo que, quando essa partícula ainda não observada colidisse com um elétron, ambos se aniquilariam. "Esse novo desenvolvimento não exige nenhuma mudança no formalismo quando expresso em termos de símbolos abstratos", escreveu ele, acrescentando secamente: "Em tais circunstâncias, eu ficaria surpreso se a natureza não o utilizasse."

No ano seguinte, um físico experimental chamado Carl Anderson viu um rastro estranho em sua câmara de nuvens enquanto estudava raios cósmicos. Algum tipo de partícula seguia uma trajetória curva, como um elétron, mas na direção oposta, como se tivesse carga positiva. Anderson não conhecia a previsão de Dirac, mas entendeu o que estava vendo. Quando publicou um artigo sobre o assunto, em 1932, seu editor sugeriu que a partícula fosse chamada de pósitron. O nome pegou. Dirac ganhou um Prêmio Nobel por sua equação, no ano seguinte. Anderson levou o prêmio em 1936, pela descoberta do pósitron.

Nos anos subsequentes, os pósitrons foram acionados para salvar vidas, possibilitando as PET (tomografias por emissão de pósitrons, na sigla em inglês, mais utilizada no Brasil), uma forma de diagnóstico por imagem que permite a observação de regiões de atividade metabólica anormal nos tecidos moles do cérebro ou de outros órgãos. De forma não invasiva, sem cirurgias ou outras intrusões perigosas no crânio, as PET podem contribuir para a localização de tumores cerebrais e para a detecção de placas amiloides associadas ao mal de Alzheimer.

Portanto, eis mais um exemplo do cálculo funcionando como elemento decisivo na obtenção de algo maravilhosamente prático e importante. Tomando o cálculo, a linguagem do universo, como o mecanismo lógico para extrair os segredos do próprio universo, Dirac escreveu uma equação diferencial para o elétron que lhe disse algo novo, verdadeiro e belo a respeito da natureza. Isso o levou a pressupor uma nova partícula e a perceber que ela devia existir. A lógica e a beleza exigiam isso. Mas não por si sós – ambas tiveram de se alinhar a fatos conhecidos e se mesclar a teorias conhecidas. Depois que tudo foi remexido na panela, foi quase como se os próprios símbolos trouxessem o pósitron à existência.

O MISTÉRIO DE UM UNIVERSO COMPREENSÍVEL

Parece apropriado encerrar nossa jornada sobre a assombrosa eficiência do cálculo em companhia de Albert Einstein, que incorporou muitos dos temas aqui abordados: a reverência pela harmonia da natureza, a convicção de que a matemática é um triunfo da imaginação e um sentimento de admiração pela compreensibilidade do universo.

Em nenhum outro lugar esses temas são mais claramente visíveis do que em sua teoria da relatividade geral. Nessa teoria, seu *magnum opus*, Einstein derrubou as concepções de Newton sobre espaço e tempo, e redefiniu a relação entre matéria e gravidade. Para Einstein, a gravidade já não era uma força agindo instantaneamente à distância, mas algo quase palpável, uma distorção no tecido do universo, uma manifestação da curvatura do espaço e do tempo. Nas mãos de Einstein, a curvatura – uma ideia que remonta ao nascimento do cálculo, ao antigo fascínio por linhas curvas e superfícies curvas – tornou-se uma propriedade não só de formas como também do próprio espaço. É como se o plano *xy* de Fermat e Descartes assumisse vida própria. Em vez de constituir uma arena para o drama, o espaço passou a ser um ator também. Na teoria de Einstein, a matéria diz ao espaço-tempo como se curvar, enquanto a curvatura diz à matéria como se mover. É a dança entre ambas que torna a teoria não linear.

Sabemos o que isso significa: compreender o que as equações implicam será sempre difícil. As equações não lineares da relatividade geral ocultam muitos segredos até hoje. Einstein foi capaz de garimpar alguns deles mediante sua habilidade matemática e sua obstinação. Ele previu, por exemplo, que a luz das estrelas se curvaria ao passar pelo Sol a caminho de nosso planeta. Essa previsão, confirmada durante um eclipse solar em 1919, foi noticiada na primeira página do *The New York Times* e fez de Einstein uma estrela internacional.

A teoria também previa que a gravidade podia ter um efeito muito estranho: tornar a passagem do tempo mais rápida ou mais lenta para um objeto que se mova através de um campo gravitacional. Por mais estranho que pareça, esse efeito realmente ocorre. E precisa ser levado em consideração nos satélites do sistema de posicionamento global que se movem acima da Terra. Como o campo gravitacional no espaço é mais fraco, a curvatura do espaço-tempo diminui, levando os relógios a funcionarem mais rápido que no chão. Sem uma correção, os relógios a bordo dos satélites GPS se adiantariam aproximadamente 45 microssegundos por dia em relação aos relógios da superfície terrestre. Pode não parecer muito, mas lembre-se de que todo o sistema requer precisão de nanossegundos para funcionar de forma correta, e 45 microssegundos são 45.000 nanossegundos. Sem a correção da relatividade geral, os erros nas posições globais somariam cerca de 10 quilômetros por dia, tornando todo o sistema inútil em questão de minutos.

As equações diferenciais da relatividade geral fazem várias outras previsões, como a expansão do universo e a existência de buracos negros. Todas pareciam estranhas quando foram feitas, mas todas se mostraram verdadeiras.

O Prêmio Nobel de Física de 2017 foi concedido pela detecção de outro efeito ultrajante previsto pela relatividade geral: ondas gravitacionais. A teoria indicava que um par de buracos negros girando em torno um do outro esticaria e apertaria ritmicamente o espaço-tempo ao redor. E a perturbação provocada no tecido do espaço-tempo se propagaria como uma onda, movendo-se à velocidade da luz. Einstein duvidava que fosse possível medir essa onda, achando que poderia se tratar de uma ilusão matemática. A façanha da equipe que obteve o Prêmio Nobel foi projetar e construir o detector mais sensível de todos os tempos. Em 14 de setembro de 2015, o aparelho detectou um tremor no espaço-tempo mil vezes menor que o diâmetro de um próton. Para efeito de comparação, seria como reduzir a distância da estrela mais próxima para a largura de um fio de cabelo humano.

Escrevo estas palavras em uma clara noite de inverno. Saio para olhar o céu. Não posso conter meu assombro com as estrelas e a escuridão do espaço.

Como foi que nós, da espécie *Homo sapiens*, seres insignificantes de um planeta insignificante perdido em uma galáxia de tamanho médio, conseguimos prever como o espaço e o tempo tremeriam quando dois buracos negros colidissem na vastidão do universo a 1 bilhão de anos-luz de distância? Sabíamos como a onda soaria muito antes que chegasse aqui. E, por cortesia do cálculo, dos computadores e de Einstein, estávamos certos.

Essa onda gravitacional foi o menor sussurro já ouvido. Uma onda pequena e suave, que começou a rumar para cá ainda em nosso passado microbiano, antes de sermos mamíferos, antes de sermos primatas. Quando chegou, naquele dia de 2015, entendemos o significado daquele sussurro suave – porque estávamos à escuta e porque sabíamos cálculo.

AGRADECIMENTOS

Escrever sobre cálculo para o público geral foi um desafio maravilhoso e muito divertido. Eu me apaixonei pelo assunto desde que o aprendi no ensino médio, e sempre sonhei em compartilhar esse amor com um grande número de leitores. Por algum motivo, porém, nunca consegui encontrar tempo. Sempre surgia alguma coisa. Havia trabalhos de pesquisa para ser escritos, alunos de pós-graduação para orientar, aulas para preparar, crianças para criar e um cachorro para passear. De repente, dois anos atrás, ocorreu-me que minha idade (como a sua, aposto) estava aumentando à taxa de um ano por ano, e aquele momento parecia tão bom quanto qualquer outro para tentar compartilhar com todo mundo a alegria do cálculo. Meu primeiro agradecimento, portanto, vai para você, caro leitor. Visualizo você há décadas. Obrigado por estar aqui agora.

Acontece que escrever o livro que sempre quis escrever foi mais difícil que o esperado. O que não deveria ter sido surpresa, mas foi. Estou imerso em cálculo há tanto tempo que me é difícil vê-lo pelos olhos de um recém-chegado. Felizmente, fui ajudado por pessoas muito inteligentes, generosas e pacientes que não tinham a menor ideia do que era o cálculo ou por que era importante e que certamente não passavam cada minuto acordadas pensando em matemática, como eu e meus colegas.

Agradeço a minha agente literária, Katinka Matson. Há muito tempo, quando mencionei casualmente que o cálculo era uma das melhores ideias que alguém já teve, você disse que gostaria de ler um livro sobre o assunto. Bem, aqui está. Muito obrigado por acreditar em mim e neste projeto.

Fui abençoado por trabalhar com dois editores brilhantes, Eamon Dolan e Alex Littlefield. Eamon, nem posso começar a lhe agradecer o bastante. Trabalhar com você foi fantástico, do início ao fim. Você era o leitor que eu sempre tinha em mente: muito inteligente, um pouco cético, curioso e ansioso para se impressionar. O melhor de tudo é que você encontrou a estrutura da história antes de mim e me guiou com mão firme, mas gentil. Eu o perdoo por me pedir para fazer versão após versão, pois você melhorava o livro a cada vez. Na verdade, eu não poderia tê-lo escrito sem você. Alex, obrigado por conduzir este manuscrito até a linha de chegada e por ter sido, sob todos os aspectos, alguém com quem foi um prazer trabalhar.

Por falar em prazer, que prazer foi ter Tracy Roe como copidesque. Tracy, quase sinto vontade de escrever outro livro, só pelos ensinamentos bem-humorados que você me oferece todas as vezes que trabalhamos juntos.

A Rosemary McGuinness, assistente editorial, obrigado por sua alegria, eficiência e atenção aos detalhes. E obrigado a todos da editora Houghton Mifflin Harcourt por todo o trabalho e por serem ótimos companheiros de equipe. Tive sorte em trabalhar com vocês.

Margy Nelson fez as ilustrações para este livro, assim como para os meus outros. Obrigado como sempre por seu capricho e espírito de colaboração.

Sou grato aos meus colegas Michael Barany, Bill Dunham, Paul Ginsparg e Manil Suri, que gentilmente leram trechos do livro ou rascunhos inteiros, melhoraram meu fraseado, corrigiram meus erros (quem poderia saber que havia dois Mercators?) e ainda me ofereceram sugestões úteis, da forma jovial e minuciosa que todo acadêmico espera. Michael, aprendi demais com seus comentários, gostaria de ter lhe mostrado o livro mais cedo. Bill, você é um herói. Paul, você é o que sempre é (e o melhor nisso). Manil, obrigado por ler meu primeiro rascunho com tanto cuidado e boa sorte com seu novo livro, que mal posso esperar para ler impresso.

Tom Gilovich, Herbert Hui e Linda Woodard: obrigado por serem tão bons amigos. Vocês me deixaram tagarelar sobre o livro durante quase dois anos, quando ele ainda estava em gestação, e jamais vacilaram em seu encorajamento nem, como se poderia esperar, em sua atenção. Alan Perelson e John Stillwell: admiro enormemente o trabalho de vocês. Sinto-me honrado por terem compartilhado comigo seus pensamentos sobre este livro. Agradeço também a Rodrigo Tetsuo Argenton, Tony DeRose, Peter

Schröder, Tunç Tezel e Stefan Zachow, que me permitiram discutir suas pesquisas e reproduzir as ilustrações que publicaram.

Para Murray: você me ouviu dizer isso um milhão de vezes e, mesmo que não entenda o significado, sei que entende a intenção. Quem é um bom garoto? Você é.

Finalmente, agradeço a minha esposa, Carole, e a minhas filhas, Jo e Leah, por todo o seu amor e apoio, e por aguentarem meu ar distraído, que deve ter sido ainda mais irritante que o habitual. O paradoxo de Zenão sobre caminhar até o muro ganhou um novo significado em nossa casa, quando parecia que este projeto se aproximava da conclusão mas nunca chegava lá. Sou muito grato a vocês pela paciência. Amo muito vocês.

Steven Strogatz, Ithaca, Nova York

NOTAS

PREFÁCIO

7 "É a língua falada por Deus": Wouk, *The Language God Talks*, 5.
7 "o universo é profundamente matemático": para perspectivas da física, ver Barrow e Tipler, *Anthropic Cosmological Principle*; Rees, *Just Six Numbers*; Davies, *The Goldilocks Enigma*; Livio, *Deus é matemático?*; Tegmark, *Our Mathematical Universe*; e Carroll, *The Big Picture*. Para uma perspectiva filosófica, ver Simon Friederich, "Fine-Tuning", *Stanford Encyclopedia of Philosophy*, disponível em: plato.stanford.edu/archives/spr2018/entries/fine-tuning/ (acesso em 29 nov. 2021).
8 "resposta às últimas questões da vida, do universo e de tudo mais": Adams, *O guia do mochileiro das galáxias*, e Gill, *Douglas Adams' Amazingly Accurate Answer*.
9 "um ignorante em matemática como eu": Wouk, *The Language God Talks*, 6.
10 "teria uma visão diferente": para tratamentos históricos, ver Boyer, *The History of the Calculus*, e Grattan-Guinness, *From the Calculus*. Dunham, *The Calculus Gallery*; Edwards, *The Historical Development*; e Simmons, *Calculus Gems*, contam a história do cálculo nos apresentando alguns de seus mais lindos problemas e soluções.
10 "Ser um matemático aplicado": Stewart, *In Pursuit of the Unknown*; Higham et al., *The Princeton Companion*; e Goriely, *Applied Mathematics*, transmitem o espírito, a amplitude e a vitalidade da matemática aplicada.
10 "mundo imaculado e lacrado de teoremas": Kline, *Mathematics in Western*

11 *Culture*, e Newman, *The World of Mathematics*, conectam a matemática à cultura mais ampla. Passei muitas horas do ensino médio lendo essas duas obras-primas.

11 "da eletricidade e do magnetismo": para a matemática e a física, ver Maxwell, *On Physical Lines of Force*, e Purcell, *Electricity and Magnetism*. Para conceitos e história, ver Kline, *Mathematics in Western Culture*, 304-21; Schaffer, "The Laird of Physics"; e Stewart, *In Pursuit of the Unknown*, capítulo 11. Para uma biografia de Maxwell e Faraday, ver Forbes e Mahon, *Faraday, Maxwell*.

11 "equação de onda": Stewart, *In Pursuit of the Unknown*, capítulo 8.

13 "O eterno mistério do mundo": *Einstein, Physics and Reality*, 51. Esse aforismo é frequentemente reescrito como: "O mais incompreensível do universo é que ele seja compreensível." Para mais exemplos das citações de Einstein, tanto reais quanto imaginárias, ver Calaprice, *The Ultimate Quotable Einstein*, e Robinson, "Einstein Said That".

13 "A eficácia irracional da matemática": Wigner, "The Unreasonable Effectiveness"; Hamming, "The Unreasonable Effectiveness"; e Livio, *Deus é matemático?*.

13 "Pitágoras": Asimov, *Asimov's Biographical Encyclopedia*, 4-5; Burkert, *Lore and Science*; Guthrie, *Pythagorean Sourcebook*; e C. Huffman, "Pitágoras", disponível em: plato.stanford.edu/archives/sum2014/entries/pythagoras/ (acesso em 29 nov. 2021). Martínez, em *Cult of Pythagoras* e *Science Secrets*, desmitifica muitos dos mitos sobre Pitágoras de forma leve e com humor implacável.

13 "os pitagóricos": Katz, *History of Mathematics*, 48-51, e Burton, *History of Mathematics*, seção 3.2, discutem a matemática e a filosofia pitagóricas.

22 "emissão estimulada": Ball, "A Century Ago Einstein Sparked", e Pais, *Subtle Is the Lord*. O ensaio original é Einstein, "Zur Quantentheorie der Strahlung".

1. INFINITO

25 "primórdios da matemática": Burton, *History of Mathematics*, e Katz, *History of Mathematics*, oferecem leves mas competentes introduções à história da matemática, desde os tempos antigos até o século XX. Em um nível matemático mais avançado, Stillwell, *Mathematics and Its History*, é excelente. Para um amplo tratamento humanístico, com uma boa dose de opiniões extravagantes, Kline, *Mathematics in Western Culture*, é uma delícia.

27 "um ramo da geometria": ver seção 4.5 de Burton, *History of Mathematics*; capítulos 2 e 3 em Katz, *History of Mathematics*; e capítulo 4 em Stillwell, *Mathematics and Its History*.

28 "área de um círculo": Katz, *History of Mathematics*, seção 1.5, discute antigas estimativas da área de um círculo concebidas por diversas culturas do mundo.

A primeira prova da fórmula foi apresentada por Arquimedes, mediante o método da exaustão; ver Dunham, *Journey Through Genius*, capítulo 4, e Heath, *The Works of Archimedes*, 91-3.

39 "Aristóteles": Henry Mendell, "Aristotle and Mathematics", *Stanford Encyclopedia of Philosophy*, disponível em: plato.stanford.edu/archives/spr2017/entries/aristotle-mathematics/ (acesso em 29 nov. 2021).

39 "infinito completo": Katz, *History of Mathematics*, 56, e Stillwell, *Mathematics and Its History*, 54, discutem a distinção feita por Aristóteles entre infinito completo (ou real) e infinito potencial.

39 "Giordano Bruno": novas evidências. Martínez, *Burned Alive*, argumenta que Bruno foi executado por sua cosmologia, não por sua teologia. Ver também A. A. Martínez, "Was Giordano Bruno Burned at the Stake for Believing in Exoplanets?", *Scientific American* (2018), disponível em: blogs.scientificamerican.com/observations/was-giordano-bruno-burned-at-the-stake-for-believing-in-exoplanets/ (acesso em 29 nov. 2021). Ver também D. Knox, "Giordano Bruno", *Stanford Encyclopedia of Philosophy*, disponível em: plato.stanford.edu/entries/bruno/ (acesso em 29 nov. 2021).

40 "imensamente sutis e profundos": o ensaio de Russell sobre Zenão e o infinito se chama "Mathematics and the Metaphysicians", reimpresso em Newman, *The World of Mathematics*, v. 3, 1.576-90.

40 "paradoxos de Zenão": Mazur, *Zeno's Paradox*. Ver também Burton, *History of Mathematics*, 101-2; Katz, *History of Mathematics*, seção 2.3.3; Stillwell, *Mathematics and Its History*, 54; John Palmer, "Zeno of Elea", *Stanford Encyclopedia of Philosophy*, disponível em: plato.stanford.edu/archives/spr2017/entries/zeno-elea/ (acesso em 29 nov. 2021); e Nick Huggett, "Zeno's Paradoxes", *Stanford Encyclopedia of Philosophy*, disponível em: plato.stanford.edu/entries/paradox-zeno/ (acesso em 29 nov. 2021).

44 "mecânica quântica": Greene, *The Elegant Universe*, capítulos 4 e 5.

44 "equação de Schrödinger": Stewart, *In Pursuit of the Unknown*, capítulo 14.

46 "comprimento de Planck": Greene, *O universo elegante*, explica por que os físicos acreditam que o espaço se dissolve em espuma quântica na escala ultramicroscópica do comprimento de Planck. Para a filosofia, ver S. Weinstein e D. Rickles, "Quantum Gravity", *Stanford Encyclopedia of Philosophy*, disponível em: plato.stanford.edu/entries/quantum-gravity/ (acesso em 29 nov. 2021).

2. O HOMEM QUE DOMOU O INFINITO

49   "Arquimedes": para sua vida, ver Netz e Noel, *The Archimedes Codex*, e C. Rorres, "Archimedes", disponível em: www.math.nyu.edu/~crorres/Archimedes/contents.html (acesso em 29 nov. 2021). Para uma biografia erudita, ver M. Clagett, "Archimedes", em Gillispie, *Complete Dictionary*, v. 1, com correções de F. Acerbi no v. 19. Para a matemática de Arquimedes, Stein, *Archimedes*, e Edwards, *The Historical Development*, capítulo 2, são excelentes, mas veja também Katz, *History of Mathematics*, seções 3.1-3.3, e Burton, *History of Mathematics*, seção 4.5. Uma coleção erudita dos trabalhos de Arquimedes está em Heath, *The Works of Archimedes*.

49   "histórias engraçadas sobre ele": Martínez, *Cult of Pythagoras*, capítulo 4, traça a evolução de muitas lendas sobre Arquimedes, inclusive a cômica história do Eureca! e sua trágica morte pelas mãos de um soldado romano durante o cerco de Siracusa em 212 a.C. Embora pareça provável que Arquimedes tenha sido morto durante o cerco, não há razão para crer que suas palavras finais tenham sido "Não perturbe meus círculos!".

49   "Plutarco": as citações de Plutarco foram extraídas da tradução feita por John Dryden da obra *Marcellus*, de Plutarco, disponível em: classics.mit.edu/Plutarch/marcellu.html (acesso em 29 nov. 2021). Passagens específicas sobre Arquimedes e o cerco de Siracusa estão também disponíveis em: www.math.nyu.edu/~crorres/Archimedes/Siege/Plutarch.html (acesso em 29 nov. 2021).

49   "se esquecia de comer": disponível em: classics.mit.edu/Plutarch/marcellu.html (acesso em 29 nov. 2021).

49   "levado pela violência absoluta para se banhar": *ibidem*.

49   "Vitrúvio": a história do Eureca, narrada primeiramente por Vitrúvio, está disponível em latim e em inglês em: www.math.nyu.edu/~crorres/Archimedes/Crown/Vitruvius.html (acesso em 29 nov. 2021). Esse site também inclui uma versão da história feita por uma criança criada pelo aclamado escritor James Baldwin, extraída de *Thirty More Famous Stories Retold* (Nova York: American Book Company, 1905). Infelizmente, Baldwin e Vitrúvio simplificaram demais a solução de Arquimedes para o problema da coroa de ouro do rei. Rorres oferece um relato mais plausível em: www.math.nyu.edu/~crorres/Archimedes/Crown/CrownIntro.html (acesso em 29 nov. 2021), juntamente com uma conjetura de Galileu a respeito de como Arquimedes poderia tê-lo resolvido, disponível em: www.math.nyu.edu/~crorres/Archimedes/Crown/bilancetta.html (acesso em 29 nov. 2021).

50   "Um navio era frequentemente elevado a grande altura": disponível em: classics.mit.edu/Plutarch/marcellu.html (acesso em 29 nov. 2021).

51 "estimar o pi": Stein, *Archimedes*, capítulo 11, revela em detalhes como Arquimedes o fez. Esteja preparado para uma complicada aritmética.

55 "existência de números irracionais": ninguém sabe realmente quem primeiro provou que a raiz quadrada de 2 era um número irracional; nem, de modo equivalente, que a diagonal de um quadrado é incomensurável com seu lado. Há uma antiga narrativa irresistível segundo a qual o pitagórico Hípaso foi afogado no mar por causa dela. Martínez, em *Cult of Pythagoras*, capítulo 2, investiga a origem desse mito e o desacredita. O mesmo faz o cineasta americano Errol Morris no ensaio longo e maravilhosamente peculiar "The Ashtray: Hippasus of Metapontum" (parte 3), no *The New York Times*, em 8 de março de 2001, disponível em: opinionator.blogs.nytimes.com/2011/03/08/the-ashtray--hippasus-of-metapontum-part-3/ (acesso em 29 nov. 2021).

57 "A quadratura da parábola": uma tradução do texto original de Arquimedes está em Heath, *The Works of Archimedes*, 233-52. Para os detalhes que minimizei no argumento dos fragmentos triangulares, ver Edwards, *The Historical Development*, 35-9; Stein, *Archimedes*, capítulo 7; Laubenbacher e Pengelley, *Mathematical Expeditions*, seção 3.2; e Stillwell, *Matemática e sua história*, seção 4.4. Há também muitas abordagens disponíveis na internet. Uma das mais claras foi feita por Mark Reeder em: www2.bc.edu/mark-reeder/1103quadparab.pdf (acesso em 29 nov. 2021); outra, por R. A. G. Seely em: www.math.mcgill.ca/rags/JAC/NYB/exhaustion2.pdf (acesso em 29 nov. 2021). Como alternativa, Simmons, *Calculus Gems*, seção B.3, usa a geometria analítica para uma explicação que talvez você ache mais fácil.

61 "Quando se elimina o impossível": Arthur Conan Doyle, *O signo dos quatro* (Rio de Janeiro: Zahar, 2015), original em inglês disponível em: www.gutenberg.org/files/2097/2097-h/2097-h.htm (acesso em 29 nov. 2021).

64 "o Método": para o texto original, ver Heath, *The Works of Archimedes*, 326 e seguintes. Para a aplicação do Método à quadratura da parábola, ver Laubenbacher e Pengelley, *Mathematical Expeditions*, seção 3.3, e Netz e Noel, *The Archimedes Codex*, 150-7. Para a aplicação do Método a diversos outros problemas sobre áreas, volumes e centros de gravidade, ver Stein, *Archimedes*, capítulo 5, e Edwards, *The Historical Development*, 68-74.

64 "não forneça uma real demonstração": citado em Stein, *Archimedes*, 33.

64 "outros teoremas que ainda não descobrimos": citado em Netz e Noel, *The Archimedes Codex*, 66-7.

69 "composto de todas as linhas paralelas": Heath, *The Works of Archimedes*, 17.

69 "desenhadas dentro da curva": Dijksterhuis, *Archimedes*, 317. Dijksterhuis argumenta, como faço aqui, que o Método expôs algumas roupas sujas, pois revela que o uso do infinito completo "foi banido apenas dos tratados publi-

cados", mas isso não impediu Arquimedes de usá-lo privadamente. Como diz Dijksterhuis: "Na oficina dos matemáticos produtivos", argumentos baseados no infinito completo "conservaram uma influência inabalável".

69 "uma espécie de indicação": Heath, *The Works of Archimedes*, 17.
70 "volume de uma esfera": Stein, *Archimedes*, 39-41.
71 "inerentes às figuras": Heath, *The Works of Archimedes*, 1.
72 "Palimpsesto de Arquimedes": Netz e Noel, em *The Archimedes Codex*, contam a história do manuscrito perdido e sua redescoberta em grande estilo. Há também um esplêndido episódio do canal Nova sobre o assunto; o respectivo site oferece datas, entrevistas e ferramentas interativas, disponível em: www.pbs.org/wgbh/nova/archimedes/ (acesso em 29 nov. 2021). Ver também Stein, *Archimedes*, capítulo 4.
72 "legado de Arquimedes": Rorres, *Archimedes in the Twenty-First Century*.
72 "filmes de animação digital": para a matemática por trás de filmes e vídeos gerados por computador, ver McAdams *et al.*, "Crashing Waves".
72 "triangulações da cabeça de um manequim": Zorin e Schröder, "Subdivision for Modeling", 18.
73 "*Shrek*, da DreamWorks": "Why Computer Animation Looks So Darn Real", 9 de julho de 2012, disponível em: mashable.com/2012/07/09/animation-history-tech/#uYHyf6hO.Zq3 (acesso em 29 nov. 2021).
73 "45 milhões de polígonos": *Shrek*, informações sobre a produção, disponível em: cinema.com/articles/463/shrek-production-information.phtml (acesso em 29 nov. 2021).
73 "*Avatar*": "NVIDIA Collaborates with Weta to Accelerate Visual Effects for Avatar", disponível em: www.nvidia.com/object/wetadigital_avatar.html (acesso em 29 nov. 2021), e Barbara Robertson, "How Weta Digital Handled Avatar", *Studio Daily*, 5 de janeiro de 2010, disponível em: www.studiodaily.com/2010/01/how-weta-digital-handled-avatar/ (acesso em 29 nov. 2021).
73 "primeiro filme da história a utilizar polígonos aos bilhões": "NVIDIA Collaborates with Weta".
73 "*Toy Story*": Burr Snider, "The Toy Story Story", Wired, 1º de dezembro de 1995, disponível em: www.wired.com/1995/12/toy-story/ (acesso em 29 nov. 2021).
74 "mais Ph.D.s trabalhando neste filme": *ibidem*.
74 "*O jogo de Geri*": Ian Failes, "'Geri's Game' Turns 20: Director Jan Pinkava Reflects on the Game-Changing Pixar Short", 25 de novembro de 2017, disponível em: www.cartoonbrew.com/cgi/geris-game-turns-20-director-jan-pinkava-reflects-game-changing-pixar-short-154646.html (acesso em 29 nov. 2021). O filme está no YouTube em: www.youtube.com/watch?v=gLQG3sORAJQ (trilha sonora original) e em: www.youtube.com/watch?v=9IYRC7g2ICg (trilha sonora modificada). Acessos em 29 nov. 2021.

74 "processo de subdivisão": DeRose *et al.*, "Subdivision Surfaces". Explore interativamente a subdivisão de superfícies para animação por computador na Khan Academy, em colaboração com a Pixar, em: www.khanacademy.org/partner-content/pixar/modeling-character (acesso em 29 nov. 2021). Os alunos e seus professores poderão também gostar de outras lições oferecidas em "Pixar in a Box", um "olhar nos bastidores de como os artistas da Pixar fazem seu trabalho", em: www.khanacademy.org/partner-content/pixar (acesso em 29 nov. 2021). É uma excelente maneira de ver como a matemática é usada para fazer filmes hoje em dia.

75 "queixo duplo": DreamWorks, "Why Computer Animation Looks So Darn Real".

75 "cirurgia facial": Deuflhard *et al.*, "Mathematics in Facial Surgery"; Zachow *et al.*, "Computer-Assisted Planning"; e Zachow, "Computational Planning".

79 "parafuso arquimediano": Rorres, *Archimedes in the Twenty-First Century*, capítulo 6, e www.math.nyu.edu/~crorres/Archimedes/Screw/Applications.html (acesso em 29 nov. 2021).

79 "Arquimedes permaneceu mudo": para sermos justos, Arquimedes realizou um estudo relacionado ao movimento, embora fosse uma forma de movimento artificial, motivado mais pela matemática que pela física. Ver seu ensaio "On Spirals", reproduzido em Heath, *The Works of Archimedes*, 151-88. Nesse estudo, Arquimedes antecipou as modernas ideias de coordenadas polares e equações paramétricas para um ponto se movendo sobre um plano. Especificamente, ele considerou um ponto se movendo de modo uniforme na direção radial, afastando-se da origem, ao mesmo tempo que o raio radial girava de modo uniforme. Demonstrou então que a trajetória do ponto em movimento é a curva hoje conhecida como espiral de Arquimedes. Então, somando $1^2 + 2^2 + ... + n^2$ e aplicando o método da exaustão, ele encontrou a área limitada por um laço da espiral e o raio radial. Ver Stein, *Archimedes*, capítulo 9; Edwards, *The Historical Development*, 54-62; e Katz, *History of Mathematics*, 114-5.

3. DESCOBRINDO AS LEIS DO MOVIMENTO

82 "este grande livro": Galileu, *The Assayer* (1623). Seleções traduzidas por Stillman Drake, *Discoveries and Opinions of Galileo* (Nova York: Doubleday, 1957), 237-8, disponível em: www.princeton.edu/~hos/h291/assayer.htm (acesso em 29 nov. 2021).

82 "coeterna com a mente divina": Johannes Kepler, *The Harmony of the World*, tradução de E. J. Aiton, A. M. Duncan e J. V. Field, *Memoirs of the American Philosophical Society* 209 (1997): 304.

82 "dotara Deus com padrões": *ibidem*.
82 "Platão havia ensinado": Platão, *A república* (Rio de Janeiro: Nova Fronteira, 2014).
82 "ensino aristotélico": Asimov, *Asimov's Biographical Encyclopedia*, 17-20.
83 "movimento retrógrado": Katz, *History of Mathematics*, 406.
84 "Aristarco": Asimov, *Asimov's Biographical Encyclopedia*, 24-5, e James Evans, "Aristarchus of Samos", *Encyclopedia Britannica*, disponível em: www.britannica.com/biography/Aristarchus-of-Samos (acesso em 29 nov. 2021).
85 "o próprio Arquimedes percebeu": Evans, "Aristarchus of Samos".
85 "sistema ptolomaico": Katz, *History of Mathematics*, 145-57.
85 "Giordano Bruno": Martínez, *Burned Alive*.
86 "Galileu Galilei": *The Galileo Project*, disponível em: galileo.rice.edu/galileo.html (acesso em 29 nov. 2021), é uma excelente fonte de informações para a vida e a obra de Galileu. Fermi e Bernardini, *Galileo and the Scientific Revolution*, publicada originalmente em 1961, é uma agradável biografia de Galileu para leitores não especializados. *Asimov's Biographical Encyclopedia*, 91-6, é uma boa e rápida introdução à vida e obra de Galileu, assim como Kline, *Mathematics in Western Culture*, 182-95. Para uma abordagem erudita, ver Drake, *Galileo at Work*, e Michele Camerota, "Galilei, Galileo", em Gillispie, *Complete Dictionary*, 96-103.
86 "Marina Gamba": disponível em: galileo.rice.edu/fam/marina.html (acesso em 29 nov. 2021).
86 "Sua favorita": Sobel, *Galileo's Daughter*. As cartas da Irmã Maria Celeste para seu pai estão em: galileo.rice.edu/fam/daughter.html#letters (acesso em 29 nov. 2021).
87 "*Duas novas ciências*": o livro está disponível em: oll.libertyfund.org/titles/galilei-dialogues-concerning-two-new-sciences (acesso em 29 nov. 2021).
88 "havia afirmado que objetos pesados caíam": Kline, *Mathematics in Western Culture*, 188-90.
88 "até um décimo de um batimento cardíaco": Galileu, *Discourses*, 179, disponível em: oll.libertyfund.org/titles/753#Galileo_0416_607 (acesso em 29 nov. 2021).
89 "números ímpares que se sucedem a partir da unidade": *ibidem*, 190, disponível em: oll.libertyfund.org/titles/753#Galileo_0416_516 (acesso em 29 nov. 2021).
90 "sulco muito reto, liso e polido": *ibidem*, 178, disponível em: oll.libertyfund.org/titles/753#Galileo_0416_607 (acesso em 29 nov. 2021).
91 "tão grande quanto um cabo de navio": *ibidem*, 109, disponível em: oll.libertyfund.org/titles/753#Galileo_0416_242 (acesso em 29 nov. 2021).
92 "um candelabro que balançava ao sabor de correntes de ar": Fermi e Bernardini, *Galileo and the Scientific Revolution*, 17-20, e Kline, *Mathematics in Western Culture*, 182.

93 "observei vibrações milhares de vezes": Galileo, *Discourses*, 140, disponível em: oll.libertyfund.org/titles/753#Galileo_0416_338 (acesso em 29 nov. 2021).

94 "os comprimentos estão um para o outro como os quadrados dos tempos": *ibidem*, 139, disponível em: oll.libertyfund.org/titles/753#Galileo_0416_335 (acesso em 29 nov. 2021).

94 "pode parecer para muitos excessivamente árido": *ibidem*, 138, disponível em: oll.libertyfund.org/titles/753#Galileo_0416_329 (acesso em 29 nov. 2021).

95 "junção Josephson": Strogatz, *Sync*, capítulo 5, e Richard Newrock, "What Are Josephson Junctions? How Do They Work?", *Scientific American*, disponível em: www.scientificamerican.com/article/what-are-josephson-juncti/ (acesso em 29 nov. 2021).

96 "problema da longitude": Sobel, *Longitude*.

97 "sistema de posicionamento global": Thompson, "Global Positioning System", e www.gps.gov (acesso em 29 nov. 2021).

99 "Johannes Kepler": para a vida e o trabalho de Kepler, ver Owen Gingerich, "Johannes Kepler", em Gillispie, *Complete Dictionary*, v. 7, disponível em: www.encyclopedia.com/people/science-and-technology/astronomy-biographies/johannes-kepler#kjen14 (acesso em 29 nov. 2021), com emendas de J. R. Voelkel em v. 22. Ver também Kline, *Mathematics in Western Culture*, 110-25; Edwards, *The Historical Development*, 99-103; Asimov, *Asimov's Biographical Encyclopedia*, 96-9; Simmons, *Calculus Gems*, 69-83; e Burton, *History of Mathematics*, 355-60.

99 "com tendências criminais": citado em Gingerich, "Johannes Kepler", disponível em: www.encyclopedia.com/people/science-and-technology/astronomy-biographies/johannes-kepler#kjen14 (acesso em 29 nov. 2021).

99 "mal-humorada": *ibidem*.

99 "uma mente tão superior e magnífica": *ibidem*.

100 "Dia e noite fui consumido pelos cálculos": *ibidem*.

101 "Deus está sendo celebrado na astronomia": *ibidem*.

101 "cansado desse tedioso procedimento": Kepler em *Astronomia Nova*, citado por Owen Gingerich, *The Book Nobody Read: Chasing the Revolutions of Nicolaus Copernicus* (Nova York: Penguin, 2005), 48.

105 "frenesi sagrado": citado em Gingerich, "Johannes Kepler", disponível em: www.encyclopedia.com/people/science-and-technology/astronomy-biographies/johannes-kepler#kjen14 (acesso em 29 nov. 2021).

106 "Meu querido Kepler, gostaria de poder rir": citado em Martínez, *Science Secrets*, 34.

107 "Johannes Kepler se enamorou": Koestler, *The Sleepwalkers*, 33.

4. O ALVORECER DO CÁLCULO DIFERENCIAL

110 "à China, à Índia e ao mundo islâmico": Katz, "Ideas of Calculus"; Katz, *History of Mathematics*, capítulos 6 e 7; e Burton, *History of Mathematics*, 238-85.

111 "Al-Hasan Ibn al-Haytham": Katz, "Ideas of Calculus"; J. J. O'Connor e E. F. Robertson, "Abu Ali al-Hasan ibn al-Haytham", disponível em: www-history.mcs.st-andrews.ac.uk/Biographies/Al-Haytham.html (acesso em 29 nov. 2021).

112 "François Viète": Katz, *History of Mathematics*, 369-75.

112 "frações decimais": *ibidem*, 375-8.

113 "Evangelista Torricelli e Bonaventura Cavalieri": Alexander, *Infinitesimal*, discute suas batalhas com os jesuítas a respeito dos infinitesimais, que eram vistos como um perigo para a religião, não apenas para a matemática.

118 "René Descartes": para sua vida, ver Clarke, *Descartes*; Simmons, *Calculus Gems*, 84-92; e Asimov, *Asimov's Biographical Encyclopedia*, 106-8. Para resumos de seus trabalhos em matemática e física dirigidos ao leitor comum, ver Kline, *Mathematics in Western Culture*, 159-81; Edwards, *The Historical Development*; Katz, *History of Mathematics*, seções 11.1 e 12.1; e Burton, *History of Mathematics*, seção 8.2. Para uma abordagem erudita de seus trabalhos em matemática e física, ver Michael S. Mahoney, "*Descartes: Mathematics and Physics*", em Gillispie, *Complete Dictionary*, também on-line na Encyclopedia Britannica, disponível em: www.encyclopedia.com/science/dictionaries-thesauruses-pictures-and-press-releases/descartes-mathematics-and-physics (acesso em 29 nov. 2021).

119 "O que os antigos nos ensinaram é tão escasso": René Descartes, *Les Passions de l'Âme* (1649), citado em Guicciardini, *Isaac Newton*, 31.

120 "o país de ursos, em meio a rochas e gelo": Henry Woodhead, *Memoirs of Christina, Queen of Sweden* (Londres: Hurst and Blackett, 1863), 285.

120 "Pierre de Fermat": Mahoney, *Mathematical Career*, é a abordagem definitiva. Simmons, *Calculus Gems*, 96-105, traz um texto conciso e interessante sobre Fermat (no estilo característico do autor em tudo o que escreveu; se você ainda não leu Simmons, deveria).

120 "Fermat e Descartes se digladiaram": Mahoney, *Mathematical Career*, capítulo 4.

121 "tentou arruinar sua reputação": *ibidem*, 171.

121 "embora Fermat as tenha concebido primeiro": concordo com a avaliação de Simmons, *Calculus Gems*, 98, sobre como o crédito pela geometria analítica deveria ser repartido: "Superficialmente, o ensaio de Descartes parece ser geometria analítica, mas não é; enquanto o de Fermat não parece ser, mas é." Para outras considerações equilibradas, ver Katz, *History of Mathematics*, 432-42, e Edwards, *The Historical Development*, 95-7.

121 "encontrar um método de análise": Guicciardini, *Isaac Newton*, e Katz, *History of Mathematics*, 368-9.

121 "truques baixos, deploráveis mesmo": Descartes, regra 4 em *Rules for the Direction of the Mind* (1629), conforme citado em Katz, *History of Mathematics*, 368-9.

121 "análise dos incompetentes em matemática": citado em Guicciardini, *Isaac Newton*, 77.

122 "otimização de problemas": Mahoney, *Mathematical Career*, 199-201, discute o trabalho de Fermat sobre o problema de maximização avaliado no texto principal.

126 "adequalidade": *ibidem*, 162-5, e Katz, *History of Mathematics*, 470-2.

127 "JPEG": Austin, "What Is... JPEG?", e Higham *et al.*, *The Princeton Companion*, 813-6.

127 "como a duração do dia varia": Timeanddate.com lhe dará informações para qualquer lugar que lhe interesse.

131 "ondas senoidais genéricas denominadas *wavelets*": para uma clara introdução às *wavelets* e suas muitas aplicações, ver Dana Mackenzie, "Wavelets: Seeing the Forest and the Trees", em *Beyond Discovery: The Path from Research to Human Benefit*, (Além da descoberta: O caminho desde as pesquisas até os benefícios para a humanidade), um projeto da National Academy of Sciences (Academia Nacional de Ciências), disponível em: www.nasonline.org/publications/beyond-discovery/wavelets.pdf (acesso em 29 nov. 2021). Depois, tente Kaiser, *Friendly Guide*, Cipra, "Parlez-Vous Wavelets?", ou Goriely, *Applied Mathematics*, capítulo 6. *Ten Lectures*, de Daubechies, é uma coletânea de palestras memoráveis sobre a matemática das *wavelets*, proferidas por um pioneiro na área.

132 "O FBI utilizou *wavelets*": Bradley *et al.*, "FBI Wavelet/Scalar Quantization".

133 "matemáticos do Laboratório Nacional de Los Alamos se associaram ao FBI": Bradley e Brislawn, "The Wavelet/Scalar Quantization"; Brislawn, "Fingerprints Go Digital"; e www.nist.gov/itl/iad/image-group/wsq-bibliography (acesso em 29 nov. 2021).

135 "lei senoidal de Snell": Kwan *et al.*, "Who Really Discovered Snell's Law?", e Sabra, *Theories of Light*, 99-105.

135 "princípio do menor tempo": Mahoney, *Mathematical Career*, 387-402.

136 "minha natural inclinação à preguiça": *ibidem*, 398.

136 "mal consegui me recuperar do espanto": *ibidem*, 400.

137 "princípio da mínima ação": o princípio do menor tempo de Fermat prefigurou o princípio, mais geral, da menor ação. Para análises envolventes e profundamente esclarecedoras desse princípio, incluindo seu embasamento na mecânica quântica, ver R. P. Feynman, R. B. Leighton e M. Sands, "The Principle

of Least Action", *Feynman Lectures on Physics*, v. 2, capítulo 19 (Reading, MA: Addison-Wesley, 1964), e Feynman, *QED*.

138 "Descartes tinha seu próprio método": Katz, *History of Mathematics*, 472-3.
139 "Descobri tudo o que é necessário": citado em Grattan-Guinness, *From the Calculus*, 16.
139 "Não vou nem mencionar o nome dele": citado em Mahoney, *Mathematical Career*, 177.
140 "encontrou a área sob a curva": Simmons, *Calculus Gems*, 240-1; e Katz, *History of Mathematics*, 481-4.
140 "seus estudos não se estenderam ao segredo": Katz, *History of Mathematics*, 485, explica por que acha que Fermat não merece ser considerado um dos inventores do cálculo, e com uma boa argumentação.

5. A ENCRUZILHADA

149 "Os logaritmos foram inventados": Stewart, *In Pursuit of the Unknown*, capítulo 2, e Katz, *History of Mathematics*, seção 10.4.
155 "obras supostamente pintadas por Vermeer": Braun, *Differential Equations*, seção 1.3.

6. O VOCABULÁRIO DA MUDANÇA

177 "Usain Bolt": Bolt, *Faster than Lightning*.
177 "Naquela noite em Pequim": Jonathan Snowden, "Remembering Usain Bolt's 100m Gold in 2008", Bleacherreport.com (19 de agosto de 2016), disponível em: bleacherreport.com/articles/2657464-remembering-usain-bolts-100m--gold-in-2008-the-day-he-became-a-legend (acesso em 29 nov. 2021), e Eriksen *et al.*, "How Fast". Para o vídeo ao vivo de sua performance surpreendente, ver www.youtube.com/watch?v=qslbf8L9nl0 e www.nbcolympics.com/video/gold-medal-rewind-usain-bolt-wins-100m-beijing (acessos em 29 nov. 2021).
178 "Esse sou eu": Snowden, "Remembering Usain Bolt's".
181 "queremos conectar os pontos": Minha análise é baseada em A. Oldknow, "Analysing Men's 100m Sprint Times with TI-Nspire", disponível em: rcuksportscience.wikispaces.com/file/view/Analysing+men+100m+Nspire.pdf (acesso em 29 nov. 2021). Detalhes podem diferir levemente entre os dois estudos, pois usamos procedimentos diferentes para ajustar as curvas, mas nossas conclusões qualitativas são as mesmas.

182 "pesquisadores biomecânicos se encontravam a postos": Graubner e Nixdorf, "Biomechanical Analysis".

184 "'A arte', disse Picasso": a citação é de "Picasso Speaks", *The Arts* (maio de 1923), extraída de: www.gallerywalk.org/PM_Picasso.html (acesso em 29 nov. 2021), de Alfred H. Barr Jr., *Picasso: Fifty Years of His Art* (Nova York: Arno Press, 1980).

7. A FONTE SECRETA

185 "Isaac Newton": para informações biográficas, ver Gleick, *Isaac Newton*. Ver também Westfall, *Never at Rest*, e I. B. Cohen, "Isaac Newton", no v. 10 de Gillispie, *Complete Dictionary*, com emendas de G. E. Smith e W. Newman no v. 23. Para os trabalhos matemáticos, ver Whiteside, *The Mathematical Papers*, v. 1 e 2; Edwards, *The Historical Development*; Grattan-Guinness, *From the Calculus*; Rickey, "Isaac Newton"; Dunham, *Journey Through Genius*; Katz, *History of Mathematics*; Guicciardini, *Reading the Principia*; Dunham, *The Calculus Gallery*; Simmons, *Calculus Gems*; Guicciardini, *Isaac Newton*; Stillwell, *Mathematics and Its History*; e Burton, *History of Mathematics*.

186 "A proporção entre linhas retas e linhas curvas": René Descartes, *The Geometry of René Descartes: With a Facsimile of the First Edition*, traduzido por David E. Smith e Marcia L. Latham (Mineola, NY: Dover, 1954), 91. Vinte anos depois, ficou provado que Descartes estava errado a respeito da impossibilidade de se encontrar comprimentos exatos de arcos para curvas; ver Katz, *History of Mathematics*, 496-8.

186 "Não há linhas curvas": carta de Newton a Collins n. 193, 8 de novembro de 1676, em Turnbull, *Correspondence of Isaac Newton*, 179. O material omitido envolve advertências técnicas a respeito da classe de equações trinomiais às quais suas alegações se aplicavam. Ver "A Manuscript by Newton on Quadratures", manuscrito 192, em *ibidem*, 178.

187 "pela fonte em que me baseio": carta de Newton a Collins n. 193, 8 de novembro de 1676, em *ibidem*, 180.

187 "não tenham sido os primeiros a perceber esse teorema": Katz, *History of Mathematics*, 498-503, revela que tanto James Gregory quanto Isaac Barrow haviam relacionado o problema da área ao problema da tangente, antecipando assim o teorema fundamental, mas conclui que "nenhum deles, em 1670, conseguiu transformar esses métodos em uma verdadeira ferramenta computacional para a resolução de problemas". Cinco anos antes disso, no entanto, Newton já o conseguira. Em uma nota na p. 521, Katz explica, de modo convincente,

que Newton e Leibniz (em oposição a "Fermat, Barrow ou qualquer outro") merecem o crédito pela invenção do cálculo.

191 "Os estudiosos da Idade Média": Katz, *History of Mathematics*, seção 8.4.

200 "Em seu caderno escolar": é possível examinar o caderno escolar de Newton on-line. A página mostrada no texto principal está disponível em: cudl.lib.cam.ac.uk/view/MS-ADD-04000/260 (acesso em 29 nov. 2021).

204 "Isaac Newton nasceu": meu relato sobre a infância de Newton está baseado em Gleick, *Isaac Newton*.

206 "Newton teve uma revelação mágica": Whiteside, *The Mathematical Papers*, v. 1, 96-142, e Katz, *History of Mathematics*, seção 12.5. Edwards oferece um relato fascinante do trabalho de Wallis sobre interpolação e produtos infinitos, e demonstra como o trabalho de Newton sobre séries de potência teve origem em sua tentativa de generalizá-las; ver Edwards, *The Historical Development*, capítulo 7. Sabemos quando Newton fez essas descobertas porque ele as datou em um lançamento na p. 14v de seu caderno escolar (disponível em: cudl.lib.cam.ac.uk/view/MS-ADD-04000/32; acesso em 29 nov. 2021).

207 "Ele elaborou um argumento": Edwards, *The Historical Development*, 178-87, e Katz, *History of Mathematics*, 506-59, revelam as etapas seguidas pelo pensamento de Newton enquanto ele derivava seus resultados para séries de potência.

210 "realmente fiquei deliciado com essas invenções": carta 188 de Newton a Oldenburg, 24 de outubro de 1676, em Turnbull, *Correspondence of Isaac Newton*, 133.

210 "matemáticos em Kerala, na Índia": Katz, "Ideas of Calculus"; Katz, *History of Mathematics*, 494-6.

210 "Com a ajuda delas a análise alcança": essa frase aparece na famosa resposta de Newton à primeira indagação de Leibniz, que teve Henry Oldenburg como intermediário; ver carta 165 de Newton a Oldenburg, 13 de junho de 1676, em Turnbull, *Correspondence of Isaac Newton*, 39.

212 "auge da capacidade de invenção": rascunho da carta de Newton a Pierre des Maizeaux, escrita em 1718, quando Newton procurava estabelecer sua prioridade sobre Leibniz na invenção do cálculo; disponível em: cudl.lib.cam.ac.uk/view/MS-ADD-03968/1349 (acesso em 29 nov. 2021), na coleção da biblioteca da Universidade de Cambridge. O texto inteiro é de tirar o fôlego: "No início do ano de 1665 descobri o Método de aproximação de séries & a regra para reduzir qualquer classe de Binômio em uma dessas séries. No mesmo ano, em 1º de maio, descobri o método das Tangentes de Gregory & Slusius & em novembro obtive o método direto das fluxões & no ano seguinte, em janeiro, obtive a Teoria das Cores & em maio seguinte penetrei no método inverso das fluxões.

E no mesmo ano comecei a pensar na gravidade se estendendo para a órbita da Lua & (tendo descoberto como calcular a força com que um globo girando no interior de uma esfera pressiona a superfície da esfera) pela regra de Kepler da periodicidade dos Planetas estando em sesquiáltera [três semipotências], a proporção de suas distâncias dos centros de suas órbitas, deduzi que as forças que mantêm os planetas em suas Órbitas devem estar, reciprocamente, como os quadrados de suas distâncias dos centros em torno dos quais orbitam & portanto comparei a força necessária para manter a Lua em sua Órbita com a força da gravidade na superfície da terra & e encontrei respostas bem próximas. Tudo isso ocorreu nos anos da Praga de 1665 e 1666. Pois nessa época eu estava no auge de minha idade para invenções & e me interessava por Matemática & Filosofia mais do que em qualquer período seguinte."

213 "abordado por pequenos diletantes em matemática": citado em Whiteside, "The Mathematical Principles", em sua ref. 2.

213 "Thomas Hobbes": Alexander, *Infinitesimal*, conta a história das furiosas batalhas de Hobbes contra Wallis, que eram tanto políticas quanto matemáticas. O capítulo 7 trata de Hobbes enquanto futuro geômetra.

213 "uma 'crosta de símbolos'": citado em Stillwell, *Mathematics and Its History*, 164.

213 "um 'livro imprestável'": *ibidem*.

213 "não eram 'dignos de expressão pública'": citado em Guicciardini, *Isaac Newton*, 343.

213 "Nossa álgebra ilusória": *ibidem*.

8. FICÇÕES DA MENTE

215 "O nome dele é Sr. Newton": carta de Isaac Barrow a John Collins, 20 de agosto de 1669, citado em Gleick, *Isaac Newton*, 68.

215 "ficaria muito grato se V.S.ª me enviasse a prova": carta 158, de Leibniz a Oldenburg, 2 de maio de 1676, em Turnbull, *Correspondence of Isaac Newton*, 4. Para mais informações sobre a correspondência Newton-Leibniz, ver Mackinnon, "Newton's Teaser". Guicciardini, *Isaac Newton*, 354-61, oferece uma análise muito clara e útil sobre o jogo matemático de gato e rato travado nas cartas entre Newton e Leibniz. As cartas originais são mostradas em Turnbull, *Correspondence of Isaac Newton*; ver especialmente as cartas 158 (indagação original de Leibniz a Newton via Oldenburg), 165 (a resposta de Newton, suscinta e intimidadora), 172 (pedido de Leibniz por esclarecimentos), 188 (carta posterior de Newton, mais gentil e esclarecedora, mas ainda com a intenção

de mostrar a Leibniz quem era o mestre) e 209 (Leibniz reagindo, embora cortesmente, e deixando claro que também sabia cálculo).

216 "essas teorias deixaram de me agradar faz tempo": um dos melhores insultos na carta 165 de Newton a Oldenburg, 13 de junho de 1676. Ver Turnbull, *Correspondence of Isaac Newton*, 39.

216 "muito distinto": da carta 188, de Newton a Oldenburg, 24 de outubro de 1676, em *ibidem*, 130.

216 "esperar 'grandes coisas dele'": *ibidem*.

216 "A variedade de abordagens para o mesmo objetivo": *ibidem*.

217 "preferi ocultá-la assim": *ibidem*, 134. A criptografia codifica a compreensão que Newton tinha do teorema fundamental e dos problemas centrais do cálculo: "dada qualquer equação envolvendo qualquer número de quantidades fluentes, para encontrar as fluxões e, inversamente". Ver também p. 153, observação 25.

217 "em um piscar de olhos": trecho de uma carta de Leibniz ao marquês de L'Hôpital, 1694, citado em Child, *Early Mathematical Manuscripts*, 221. Também citado em Edwards, *The Historical Development*, 244.

217 "sobrecarregado com uma deficiência": Mates, *Philosophy of Leibniz*, 32.

217 "Magricela, recurvado e pálido": *ibidem*.

217 "o gênio mais versátil": para a vida de Leibniz, ver Hofmann, *Leibniz in Paris*; Asimov, *Asimov's Biographical Encyclopedia*; e Mates, *Philosophy of Leibniz*. Para a filosofia de Leibniz, ver Mates, *The Philosophy of Leibniz*. Para a matemática de Leibniz, ver Child, *Early Mathematical Manuscripts*; Edwards, *The Historical Development*; Grattan-Guinness, *From the Calculus*; Dunham, *Journey Through Genius*; Katz, *History of Mathematics*; Guicciardini, *Reading the Principia*; Dunham, *The Calculus Gallery*; Simmons, *Calculus Gems*; Guicciardini, *Isaac Newton*; Stillwell, *Mathematics and Its History*; e Burton, *History of Mathematics*.

218 "A abordagem de Leibniz ao cálculo": Edwards, *The Historical Development*, capítulo 9, é especialmente bom. Ver também Katz, *History of Mathematics*, seção 12.6, e Grattan-Guinness, *From the Calculus*, capítulo 2.

219 "visão mais pragmática": por exemplo, Leibniz escreveu: "Temos de fazer um esforço para manter a matemática pura a salvo de controvérsias metafísicas. Conseguiremos isso se, sem nos preocuparmos se infinitos e quantidades, números e linhas infinitamente pequenos são reais, usarmos os infinitos e as coisas infinitamente pequenas como expressões apropriadas para abreviar raciocínios". Citado em Guicciardini, *Reading the Principia*, 160.

219 "ficções da mente": Leibniz em uma carta de 1706 a Des Bosses, citada em Guicciardini, *Reading the Principia*, 159.

224 "Meu cálculo": citado em *ibidem*, 166.
224 "Leibniz deduziu a lei senoidal com facilidade": Edwards, *The Historical Development*, 259.
224 "outros homens muito instruídos": citado em *ibidem*.
227 "problema que o levou ao teorema fundamental": *ibidem*, 236-8. Na verdade, a soma que interessava Leibniz era a das recíprocas dos números triangulares, que é duas vezes maior que a soma considerada no texto principal. Ver também Grattan-Guinness, *From the Calculus*, 60-2.
233 "Encontrar as áreas das figuras": de uma carta a Ehrenfried Walther von Tschirnhaus, em 1679, citada em Guicciardini, *Reading the Principia*, 145.
233 "o vírus da imunodeficiência humana": para as estatísticas do HIV e da aids, ver: ourworldindata.org/HIV-aids/ (acesso em 29 nov. 2021). Para a história do vírus e das tentativas para combatê-lo, ver: www.avert.org/professionals/history-HIV-aids/overview (acesso em 29 nov. 2021).
234 "a aids não tratada geralmente progredia em três estágios": "The Stages of HIV Infection", aidsinfo, disponível em: aidsinfo.nih.gov/understanding-HIV-aids/fact-sheets/19/46/the-stages-of-HIV-infection (acesso em 29 nov. 2021).
234 "do trabalho de Ho e Perelson": Ho *et al.*, "Rapid Turnover"; Perelson *et al.*, "HIV-1 Dynamics"; Perelson, "Modelling Viral and Immune System"; e Murray, *Mathematical Biology* 1.
239 "terapia de combinação tripla": os resultados do cálculo de probabilidades apareceram primeiramente em Perelson *et al.*, "Dynamics of HIV-1".
240 "Homem do Ano": Gorman, "Dr. David Ho".
240 "Perelson recebeu o Prêmio Max Delbrück": foi agraciado com o Prêmio Max Delbrück de Física Biológica pela American Physical Society (Associação Americana de Física) em 2017, disponível em: www.aps.org/programs/honors/prizes/prizerecipient.cfm?first_nm=Alan&last_nm=Perelson&year=2017 (acesso em 29 nov. 2021).
240 "hepatite C": "Multidisciplinary Team Aids Understanding of Hepatitis C Virus and Possible Cure", Los Alamos National Laboratory, março de 2013, disponível em: www.lanl.gov/discover/publications/connections/2013–03/understanding-hep-c.php (acesso em 29 nov. 2021). Para uma introdução à modelagem matemática da hepatite C, ver Perelson e Guedj, "Modelling Hepatitis C".

9. O UNIVERSO LÓGICO

241 "explosão cambriana da matemática": para os muitos desdobramentos do cálculo surgidos entre 1700 e os dias de hoje, ver Kline, *Mathematics in Western*

Culture; Boyer, *The History of the Calculus*; Edwards, *The Historical Development*; Grattan-Guinness, *From the Calculus*; Katz, *History of Mathematics*; Dunham, *The Calculus Gallery*; Stewart, *In Pursuit of the Unknown*; Higham et al., *The Princeton Companion*; e Goriely, *Applied Mathematics*.

243 "sistema para o mundo": Peterson, *Newton's Clock*; Guicciardini, *Reading the Principia*; Stewart, *In Pursuit of the Unknown*; e Stewart, *Calculating the Cosmos*.

243 "inaugurando assim o Iluminismo": Kline, *Mathematics in Western Culture*, 234-86, registra que o trabalho de Newton teve um profundo impacto sobre a filosofia, a religião, a estética e a literatura ocidentais, tanto quanto sobre a ciência e a matemática. Ver também W. Bristow, "Enlightenment", disponível em: plato.stanford.edu/entries/enlightenment/ (acesso em 29 nov. 2021).

243 "fazia sua cabeça doer": D. Brewster, *Memoirs of the Life, Writings, and Discoveries of Sir Isaac Newton*, v. 2 (Edimburgo: Thomas Constable, 1855), 158.

245 "quando uma maçã caiu": para a surpreendente história da maçã, ver Gleick, *Isaac Newton*, 55-7, e observação 18 na p. 207. Ver também Martínez, *Science Secrets*, capítulo 3.

247 "força necessária para manter a Lua em seu orbe": o esboço da carta de Newton a Pierre des Maizeaux, escrito em 1718, está disponível em: cudl.lib.cam.ac.uk/view/MS-ADD-03968/1349 (acesso em 29 nov. 2021), na coleção da Cambridge University Library.

247 "Em elipses": Asimov, *Asimov's Biographical Encyclopedia*, 138, oferece uma versão dessa história, contada frequentemente.

247 "eram necessidades lógicas": Katz, *History of Mathematics*, 516-9, resume os argumentos geométricos de Newton. Guicciardini, *Reading the Principia*, discute como os contemporâneos de Newton reagiram aos *Principia* e quais eram suas críticas (algumas de suas objeções eram pertinentes). Uma derivação moderna das leis de Kepler a partir da lei do quadrado inverso é apresentada em Simmons, *Calculus Gems*, 326-35.

250 "Netuno": Jones, *John Couch Adams*, e Sheehan e Thurber, "John Couch Adams's Asperger Syndrome".

251 "Katherine Johnson": Shetterly, *Hidden Figures*, proporcionou a Katherine Johnson o reconhecimento que ela havia muito merecia. Para mais informações sobre sua vida, ver www.nasa.gov/content/katherine-johnson-biography (acesso em 29 nov. 2021). Para seu trabalho matemático, ver Skopinski e Johnson, "Determination of Azimuth Angle". Ver também www-groups.dcs.st-and.ac.uk/history/Biographies/Johnson_Katherine.html e ima.org.uk/5580/hidden-figures-impact-mathematics/ (acessos em 29 nov. 2021).

251 "um funcionário da agência lembrou à plateia": Sarah Lewin, "NASA Facility Dedicated to Mathematician Katherine Johnson", Space.com, 5 de maio de

2016, disponível em: www.space.com/32805-katherine-johnson-langley-building-dedication.html (acesso em 29 nov. 2021).

252 "brinde barulhento": citado em Kline, *Mathematics in Western Culture*, 282. O relato do jantar festivo do diário do anfitrião da festa, o pintor Benjamin Haydon, resumido em Ainger, *Charles Lamb*, 84-6.

252 "Thomas Jefferson": Cohen, *Science and the Founding Fathers*, traz uma argumentação persuasiva para a influência de Newton sobre Jefferson, e sobre os "ecos newtonianos" na Declaração de Independência dos Estados Unidos; ver também "The Declaration of Independence", disponível em: math.virginia.edu/history/Jefferson/jeff_r(4).htm (acesso em 29 nov. 2021). Para mais informações sobre Jefferson e a matemática, ver a palestra de John Fauvel, "'When I Was Young, Mathematics Was the Passion of My Life': Mathematics and Passion in the Life of Thomas Jefferson", disponível em: math.virginia.edu/history/Jefferson/jeff_r.htm (acesso em 29 nov. 2021).

253 "Desisti dos jornais": carta de Thomas Jefferson a John Adams, 21 de janeiro de 1812, disponível em: founders.archives.gov/documents/Jefferson/03-04-02-0334 (acesso em 29 nov. 2021).

253 "aiveca": Cohen, *Science and the Founding Fathers*, 101. Ver também "Moldboard Plow", *Thomas Jefferson Encyclopedia*, disponível em: www.monticello.org/site/plantation-and-slavery/moldboard-plow (acesso em 29 nov. 2021), e "Dig Deeper – Agricultural Innovations", disponível em: www.monticello.org/site/jefferson/dig-deeper-agricultural-innovations (acesso em 29 nov. 2021).

254 "ao que promete em teoria": carta de Thomas Jefferson a Sir John Sinclair, 23 de março de 1798, disponível em: founders.archives.gov/documents/Jefferson/01-30-02-0135 (acesso em 29 nov. 2021).

254 "A menos que eu esteja muito enganado": Hall e Hall, *Unpublished Scientific Papers*, 281.

255 "equações diferenciais ordinárias": para informações sobre as equações diferenciais ordinárias e suas aplicações, ver Simmons, *Differential Equations*. Ver também Braun, *Differential Equations*; Strogatz, *Non-linear Dynamics*; Higham *et al.*, *The Princeton Companion*; e Goriely, *Applied Mathematics*.

257 "equações diferenciais parciais": para informações sobre as equações diferenciais parciais e suas aplicações, ver Farlow, *Partial Differential Equations*, e Haberman, *Applied Partial Differential Equations*. Ver também Higham *et al.*, *The Princeton Companion*, e Goriely, *Applied Mathematics*.

258 "Boeing 787 Dreamliner": Norris e Wagner, *Boeing 787*, e www.boeing.com/commercial/787/by-design/#/featured (acesso em 29 nov. 2021).

259 "vibração aeroelástica": Jason Paur, "Why 'Flutter' Is a 4-Letter Word for Pilots",

Wired (25 de março de 2010), disponível em: www.wired.com/2010/03/flutter-testing-aircraft/ (acesso em 29 nov. 2021).

260 "modelo Black-Scholes para a precificação de opções financeiras": Szpiro, *Pricing the Future*, e Stewart, *In Pursuit of the Unknown*, capítulo 17.

260 "modelo Hodgkin-Huxley": Ermentrout e Terman, *Mathematical Foundations*, e Rinzel, "Discussion".

260 "teoria geral da relatividade, de Einstein": Stewart, *In Pursuit of the Unknown*, capítulo 13, e Ferreira, *Perfect Theory*. Ver também Greene, *The Elegant Universe*, e Isaacson, *Einstein*.

261 "equação de Schrödinger": Stewart, *In Pursuit of the Unknown*, capítulo 14.

10. FAZENDO ONDAS

263 "Fourier": Körner, *Fourier Analysis*, e Kline, *Mathematics in Western Culture*, capítulo 19. Para informações sobre sua vida e trabalho, ver Dirk J. Struik, "Joseph Fourier", *Encyclopedia Britannica*, disponível em: www.britannica.com/biography/Joseph-Baron-Fourier (acesso em 29 nov. 2021). Ver também Grattan-Guinness, *From the Calculus*; Stewart, *In Pursuit of the Unknown*; Higham *et al.*, *The Princeton Companion*; e Goriely, *Applied Mathematics*.

263 "fluxo de calor": o processo matemático da equação de calor de Fourier é analisado em Farlow, *Partial Differential Equations*, Katz, *History of Mathematics*, e Haberman, *Applied Partial Differential Equations*.

266 "equação da onda": para o processo matemático da vibração de cordas, da série de Fourier e da equação da onda, ver Farlow, *Partial Differential Equations*; Katz, *History of Mathematics*; Haberman, *Applied Partial Differential Equations*; Stillwell, *Mathematics and Its History*; Burton, *History of Mathematics*; Stewart, *In Pursuit of the Unknown*; e Higham *et al.*, *The Princeton Companion*.

273 "padrões de Chladni": as imagens originais estão reproduzidas em: publicdomainreview.org/collections/chladni-figures-1787/ e www.sites.hps.cam.ac.uk/whipple/explore/acoustics/ernstchladni/chladniplates/ (acessos em 29 nov. 2021). Para uma demonstração moderna, ver o vídeo de Steve Mould intitulado "Random Couscous Snaps into Beautiful Patterns", disponível em: www.youtube.com/watch?v=CR_XL192wXw&feature=youtu.be (acesso em 29 nov. 2021), e o vídeo do canal Physics Girl intitulado "Singing Plates – Standing Waves on Chladni Plates", disponível em: www.youtube.com/watch?v=wYoxOJDrZzw (acesso em 29 nov. 2021).

274 "Sophie Germain": sua teoria dos padrões de Chladni é analisada em Bucciarelli e Dworsky, *Sophie Germain*. Para biografias, veja: www.agnesscott.edu/

lriddle/women/germain.htm, www.pbs.org/wgbh/nova/physics/sophie-germain.html e www-groups.dcs.st-and.ac.uk/~history/Biographies/Germain.html (acessos em 29 nov. 2021).

275 "a mais nobre coragem": citado em Newman, *The World of Mathematics*, v. 1, 333.
276 "forno de micro-ondas": para uma explicação clara de como funciona um forno de micro-ondas, assim como uma demonstração do experimento que sugeri, ver "How a Microwave Oven Works", disponível em: www.youtube.com/watch?v=kp33ZprO0Ck (acesso em 29 nov. 2021). Para medir a velocidade da luz em um micro-ondas, é possível também usar chocolate, como é demonstrado aqui: www.youtube.com/watch?v=GH5W6xEeY5U (acesso em 29 nov. 2021). Para a história dos fornos de micro-ondas e da coisa pegajosa que Percy Spencer sentiu no bolso, ver Matt Blitz, "The Amazing True Story of How the Microwave Was Invented by Accident", *Popular Mechanics* (23 de fevereiro de 2016), disponível em: www.popularmechanics.com/technology/gadgets/a19567/how-the-microwave-was-invented-by-accident/ (acesso em 29 nov. 2021).
278 "varredura por TC": Kevles, *Naked to the Bone*, 145-72; Goriely, *Applied Mathematics*, 85-9; e www.nobelprize.org/nobel_prizes/medicine/laureates/1979/ (acesso em 29 nov. 2021). O ensaio original que soluciona o problema de reconstrução com cálculo e séries de Fourier está em Cormack, "Representation of a Function".
280 "Allan Cormack": o ensaio original que soluciona o problema de reconstrução para a tomografia computadorizada usando cálculo, série de Fourier e equações integrais está em Cormack, "Representation of a Function". Sua palestra na entrega do Prêmio Nobel está disponível em: www.nobelprize.org/nobel_prizes/medicine/laureates/1979/cormack-lecture.pdf (acesso em 29 nov. 2021).
282 "The Beatles": para a história de Godfrey Hounsfield, os Beatles e a invenção do escâner de TC, ver Goodman, "The Beatles", e www.nobelprize.org/nobel_prizes/medicine/laureates/1979/perspectives.html (acesso em 29 nov. 2021).
282 "Cormack explicou": a citação aparece na p. 563 de sua palestra na entrega do Prêmio Nobel: www.nobelprize.org/nobel_prizes/medicine/laureates/1979/cormack-lecture.pdf (acesso em 29 nov. 2021).

11. O FUTURO DO CÁLCULO

287 "*número de torções*": Fuller, "The Writhing Number". Ver também Pohl, "DNA and Differential Geometry".
287 "geometria e topologia do DNA": Bates e Maxwell, *DNA Topology*, e Wasserman e Cozzarelli, "Biochemical Topology".

287 "teoria dos nós e o cálculo de enlaces": Ernst e Sumners, "Calculus for Rational Tangles".
287 "alvos eficazes para drogas quimioterápicas": Liu, "DNA Topoisomerase Poisons".
289 "Pierre Simon Laplace": Kline, *Mathematics in Western Culture*; C. Hoefer, "Causal Determinism", disponível em: plato.stanford.edu/entries/determinism--causal/ (acesso em 29 nov. 2021).
289 "nada seria incerto": Laplace, *Philosophical Essay on Probabilities*, 4.
289 "Sofia Kovalevskaya": Cooke, *Mathematics of Sonya Kovalevskaya*, e Goriely, *Applied Mathematics*, 54-7. Muitas vezes, ela é chamada por outros nomes; Sonia Kovalevsky é uma variante comum. Para biografias on-line, ver Becky Wilson, "Sofia Kovalevskaya", *Biographies of Women Mathematicians*, disponível em: www.agnesscott.edu/lriddle/women/kova.htm (acesso em 29 nov. 2021), e J. J. O'Connor e E. F. Robertson, "Sofia Vasilyevna Kovalevskaya", disponível em: www-groups.dcs.st-and.ac.uk/history/Biographies/Kovalevskaya.html (acesso em 29 nov. 2021).
290 "rotação caótica de Hipérion": Wisdom *et al.*, "Chaotic Rotation".
292 "Poincaré achou que o havia solucionado": Diacu e Holmes, *Celestial Encounters*.
292 "sistemas caóticos": Gleick, *Chaos*; Stewart, *Será que Deus joga dados?*; e Strogatz, *Non-linear Dynamics*.
293 "horizonte de previsibilidade": Lighthill, "The Recently Recognized Failure".
293 "horizonte de previsibilidade para todo o Sistema Solar": Sussman e Wisdom, "Chaotic Evolution".
294 "abordagem visual de Poincaré": Gleick, *Chaos*; Stewart, *Será que Deus joga dados?*; Strogatz, *Non-linear Dynamics*; e Diacu e Holmes, *Celestial Encounters*.
295 "Mary Cartwright": McMurran e Tattersall, "Mathematical Collaboration", e L. Jardine, "Mary, Queen of Maths", *BBC News Magazine*, disponível em: www.bbc.com/news/magazine-21713163 (acesso em 29 nov. 2021). Para biografias, ver www.ams.org/notices/199902/mem-cartwright.pdf e www-history.mcs.st-and.ac.uk/Biographies/Cartwright.html (acessos em 29 nov. 2021).
296 "equações diferenciais com aparência muito questionável": citado em L. Jardine, "Mary, Queen of Maths".
296 "a culpa não era dos fabricantes. Era da própria equação": Dyson, "Review of Nature's Numbers".
298 "Hodgkin e Huxley": Ermentrout e Terman, *Mathematical Foundations*; Rinzel, "Discussion"; e Edelstein-Keshet, *Mathematical Models*.
298 "biologia matemática": para introduções à modelagem matemática de epidemias, ritmos cardíacos, câncer e tumores cerebrais, ver Edelstein-Keshet, *Mathematical Models*; Murray, *Mathematical Biology 1*; e Murray, *Mathematical Biology 2*.
301 "sistemas complexos": Mitchell, *Complexity*.

302 "xadrez por computador": para informações sobre o AlphaZero e xadrez por computador, ver www.technologyreview.com/s/609736/alpha-zeros-alien-chess-shows-the-power-and-the-peculiarity-of-ai/ (acesso em 29 nov. 2021). A pré-publicação original descrevendo o AlphaZero está disponível em: arxiv.org/abs/1712.01815 (acesso em 29 nov. 2021). Para vídeos com análises dos jogos entre o AlphaZero e o Stockfish, inicie com www.youtube.com/watch?v=Ud8F-cNsa-k e www.youtube.com/watch?v=6z1o48Sgrck (acessos em 29 nov. 2021).

304 "o crepúsculo da percepção": Davies, "Whither Mathematics?", disponível em: www.ams.org/notices/200511/comm-davies.pdf (acesso em 29 nov. 2021).

305 "Paul Erdős": Hoffman, *The Man Who Loved Only Numbers*.

CONCLUSÃO

308 "eletrodinâmica quântica": Feynman, *QED*, e Farmelo, *The Strangest Man*.

308 "a teoria mais precisa": Peskin e Schroeder, *Introduction to Quantum Field Theory*, 196-8. Para mais informações, ver scienceblogs.com/principles/2011/05/05/the-most-precisely-tested-theo/ (acesso em 29 nov. 2021).

309 "Paul Dirac": para a vida e a obra de Dirac, ver Farmelo, *The Strangest Man*. O ensaio de 1928 que apresentou a equação de Dirac é "The Quantum Theory".

309 "Em 1931, ele publicou um artigo": Dirac, "Quantised Singularities".

309 "eu ficaria surpreso": *ibidem*, 71.

310 "PET": Kevles, *Naked to the Bone*, 201-27, e Higham *et al.*, *The Princeton Companion*, 816-23. Para informações sobre pósitrons nas tomografias por PET, ver Farmelo, *The Strangest Man*, e Rich, "Brief History".

310 "Albert Einstein": Isaacson, *Einstein*, e Pais, *Subtle Is the Lord*.

311 "relatividade geral": Ferreira, *Perfect Theory*, e Greene, *O universo elegante*.

311 "efeito muito estranho": para mais informações sobre GPS e efeitos relativísticos na medição do tempo, ver Stewart, *In Pursuit of the Unknown*, e www.astronomy.ohio-state.edu/~pogge/Ast162/Unit5/gps.html (acesso em 29 nov. 2021).

312 "ondas gravitacionais": Levin, *Black Hole Blues*, é um livro lírico sobre a busca pelas ondas gravitacionais. Para mais informações, ver brilliant.org/wiki/gravitational-waves/ e www.nobelprize.org/nobel_prizes/physics/laureates/2017/press.html (acessos em 29 nov. 2021). Para o papel do cálculo, dos computadores e dos métodos numéricos na descoberta, ver R. A. Eisenstein, "Numerical Relativity and the Discovery of Gravitational Waves", disponível em: arxiv.org/pdf/1804.07415.pdf (acesso em 29 nov. 2021).

REFERÊNCIAS BIBLIOGRÁFICAS

ADAMS, Douglas. *O guia definitivo do mochileiro das galáxias*. São Paulo: Arqueiro, 2016.

AINGER, Alfred. *Charles Lamb*. Nova York: Harper and Brothers, 1882.

ALEXANDER, Amir. *Infinitesimal*: A teoria matemática que revolucionou o mundo. Rio de Janeiro: Zahar, 2014.

ASIMOV, Isaac. *Asimov's Biographical Encyclopedia of Science and Technology*. Ed. rev. Nova York: Doubleday, 1972.

AUSTIN, David. What Is… JPEG? *Notices of the American Mathematical Society*, v. 55, n. 2, p. 226-9, 2008. Disponível em: www.ams.org/notices/200802/tx080200226p.pdf. Acesso em: 30 nov. 2021.

BALL, Philip. A Century Ago Einstein Sparked the Notion of the Laser. *Physics World*, 31 ago. 2017. Disponível em: physicsworld.com/a/a-century-ago-einstein-sparked-the-notion-of-the-laser/. Acesso em: 2 dez. 2021.

BARROW, John D.; TIPLER, Frank J. *The Anthropic Cosmological Principle*. Nova York: Oxford University Press, 1986.

BATES, Andrew D.; MAXWELL, Anthony. *DNA Topology*. Nova York: Oxford University Press, 2005.

BOLT, Usain. *Mais rápido que um raio*: Minha autobiografia. São Paulo: Planeta, 2013.

BOYER, Carl B. *The History of the Calculus and Its Conceptual Development*. Mineola, NY: Dover, 1959.

BRADLEY, Jonathan N.; BRISLAWN, Christopher M. The Wavelet/Scalar Quantization Compression Standard for Digital Fingerprint Images. *IEEE International Symposium on Circuits and Systems*, v. 3, p. 205-8, 1994.

BRADLEY, Jonathan N.; BRISLAWN, Christopher M.; HOPPER, Thomas. The FBI Wavelet/Scalar Quantization Standard for Gray-Scale Fingerprint Image Compression. Proc. SPIE 1961, Visual Information Processing II, 27 ago. 1993. DOI: 10.1117/12.150973; doi.org/10.1117/12.150973. Disponível em: helmut.knaust.info/class/201330_NREUP/spie93_Fingerprint.pdf. Acesso em: 2 dez. 2021.

BRAUN, Martin. *Differential Equations and Their Applications*. 3. ed. Nova York: Springer, 1983.

BRISLAWN, Christopher M. Fingerprints Go Digital. *Notices of the American Mathematical Society*, v. 42, n. 11, p. 1278-83, 1995.

BUCCIARELLI, Louis L.; DWORSKY, Nancy. *Sophie Germain*: An Essay in the History of Elasticity. Dordrecht, Holanda: D. Reidel, 1980.

BURKERT, Walter. *Lore and Science in Ancient Pythagoreanism*. Tradução: E. L. Minar Jr. Cambridge, MA: Harvard University Press, 1972.

BURTON, David M. *The History of Mathematics*. 7. ed. Nova York: McGraw-Hill, 2011.

CALAPRICE, Alice. *The Ultimate Quotable Einstein*. Princeton, NJ: Princeton University Press, 2011.

CARROLL, Sean. *The Big Picture*: On the Origins of Life, Meaning, and the Universe Itself. Nova York: Dutton, 2016.

CHILD, J. M. *The Early Mathematical Manuscripts of Leibniz*. Chicago: Open Court, 1920.

CIPRA, Barry. Parlez-Vous Wavelets? *What's Happening in the Mathematical Sciences*, v. 2, p. 23-6, 1994.

CLARKE, Desmond. *Descartes*: A Biography. Cambridge: Cambridge University Press, 2006.

COHEN, I. Bernard. *Science and the Founding Fathers*: Science in the Political Thought of Thomas Jefferson, Benjamin Franklin, John Adams, and James Madison. Nova York: W. W. Norton, 1995.

COOKE, Roger. *The Mathematics of Sonya Kovalevskaya*. Nova York: Springer, 1984.

CORMACK, Allan M. Representation of a Function by Its Line Integrals, with Some Radiological Applications. *Journal of Applied Physics*, v. 34, n. 9, p. 2722-7, 1963.

DAUBECHIES, Ingrid C. Ten Lectures on Wavelets. *Philadelphia*: Society for Industrial and Applied Mathematics, 1992.

DAVIES, Brian. Whither Mathematics? *Notices of the American Mathematical Society*, v. 52, n. 11, p. 1350-6, 2005.

DAVIES, Paul. *The Goldilocks Enigma*: Why Is the Universe Just Right for Life? Londres: Allen Lane, 2006.

DeROSE, Tony; KASS, Michael; TRUONG, Tien. Subdivision Surfaces in Character Animation. *Proceedings of the 25th Annual Conference on Computer Graphics and Interactive Techniques*, p. 85-94, 1998. DOI: dx.doi.

org/10.1145/280814.280826. Disponível em: graphics.pixar.com/library/Geri/paper.pdf. Acesso em: 2 dez. 2021.

DEUFLHARD, Peter; WEISER, Martin; ZACHOW, Stefan. Mathematics in Facial Surgery. *Notices of the American Mathematical Society*, v. 53, n. 9, p. 1012-6, 2006.

DIACU, Florin; HOLMES, Philip. *Celestial Encounters*: The Origins of Chaos and Stability. Princeton, NJ: Princeton University Press, 1996.

DIJKSTERHUIS, Eduard J. *Archimedes*. Princeton, NJ: Princeton University Press, 1987.

DIRAC, Paul A. M. Quantised Singularities in the Electromagnetic Field. *Proceedings of the Royal Society of London A*, v. 133, p. 60-72, 1931. DOI: 10.1098/rspa.1931.0130.

DIRAC, Paul A. M. The Quantum Theory of the Electron. *Proceedings of the Royal Society of London A*, v. 117, p. 610-24, 1928. DOI: 10.1098/rspa.1928.0023.

DRAKE, Stillman. *Galileo at Work*: His Scientific Biography. Chicago: University of Chicago Press, 1978.

DUNHAM, William. *The Calculus Gallery*: Masterpieces from Newton to Lebesgue. Princeton, NJ: Princeton University Press, 2005.

DUNHAM, William. *Journey Through Genius*. Nova York: John Wiley and Sons, 1990.

DYSON, Freeman J. Review of Nature's Numbers by Ian Stewart. *American Mathematical Monthly*, v. 103, n. 7, p. 610-2, ago./set. 1996. DOI: 10.2307/2974684.

EDELSTEIN-KESHET, Leah. Mathematical Models in Biology. 8. ed. Filadélfia: Society for Industrial and Applied Mathematics, 2005.

EDWARDS JR., C. H. *The Historical Development of the Calculus*. Nova York: Springer, 1979.

EINSTEIN, Albert. Physics and Reality. *Journal of the Franklin Institute*, v. 221, n. 3, p. 349-82, 1936.

EINSTEIN, Albert. Zur Quantentheorie der Strahlung (Teoria Quântica da Radiação). *Physikalische Zeitschrift*, 18, p. 121-8, 1917. Tradução para o inglês disponível em: web.ihep.su/dbserv/compas/src/einstein17/eng.pdf. Acesso em: 2 dez. 2021.

ERIKSEN, H. K. *et al.* How Fast Could Usain Bolt Have Run? A Dynamical Study. *American Journal of Physics*, v. 77, n. 3, p. 224-8, 2009.

ERMENTROUT, G. Bard; TERMAN, David H. *Mathematical Foundations of Neuroscience*. Nova York: Springer, 2010.

ERNST, Claus; SUMNERS, De Witt. A Calculus for Rational Tangles: Applications to DNA Recombination. *Mathematical Proceedings of the Cambridge Philosophical Society*, v. 108, n. 3, p. 489-515, 1990.

FARLOW, Stanley J. *Partial Differential Equations for Scientists and Engineers*. Mineola, NY: Dover, 1993.

FARMELO, Graham. *The Strangest Man*: The Hidden Life of Paul Dirac, Mystic of the Atom. Nova York: Basic Books, 2009.

FERMI, Laura; BERNARDINI, Gilberto. *Galileo and the Scientific Revolution*. Mineola, NY: Dover, 2003.

FERREIRA, Pedro G. *The Perfect Theory*. Boston: Houghton Mifflin Harcourt, 2014.

FEYNMAN, Richard P. *QED*: A estranha teoria da luz e da matéria. São Paulo: Senai-SP, 2018.

FORBES, Nancy; MAHON, Basil. *Faraday, Maxwell, and the Electromagnetic Field*: How Two Men Revolutionized Physics. Nova York: Prometheus Books, 2014.

FULLER, F. Brock. The Writhing Number of a Space Curve. *Proceedings of the National Academy of Sciences*, v. 68, n. 4, p. 815-9, 1971.

GALILEI, Galileu. *Discourses and Mathematical Demonstrations Concerning Two New Sciences*, 1638. Traduzido do italiano e do latim para o inglês por Henry Crew e Alfonso de Salvio, com introdução de Antonio Favaro. Nova York: Macmillan, 1914. Disponível em: oll.libertyfund.org/titles/753. Acesso em: 2 dez. 2021.

GILL, Peter. *42*: Douglas Adams' Amazingly Accurate Answer to Life, the Universe and Everything. Londres: Beautiful Books, 2011.

GILLISPIE, Charles C. (org.). *Complete Dictionary of Scientific Biography*. 26 v. Nova York: Charles Scribner's Sons, 2008. Disponível on-line na Gale Virtual Reference Library.

GLEICK, James. *Caos*: A criação de uma nova ciência. Rio de Janeiro: Campus, 2003.

GLEICK, James. *Isaac Newton*: Uma biografia. São Paulo: Companhia das Letras, 2004.

GOODMAN, Lawrence R. The Beatles, the Nobel Prize, and CT Scanning of the Chest. *Thoracic Surgery Clinics*, v. 20, n. 1, p. 1-7, 2010. DOI: doi.org/10.1016/j.thorsurg.2009.12.001. Disponível em: www.thoracic.theclinics.com/article/S1547-4127(09)00090-5/fulltext. Acesso em: 2 dez. 2021.

GORIELY, Alain. *Applied Mathematics*: A Very Short Introduction. Oxford: Oxford University Press, 2018.

GORMAN, Christine. Dr. David Ho: The Disease Detective. *Time*, 30 dez. 1996. Disponível em: content.time.com/time/magazine/article/0,9171,135255,00.html. Acesso em: 2 dez. 2021.

GRATTAN-GUINNESS, Ivor (org.). *From the Calculus to Set Theory, 1630-1910*: An Introductory History. Princeton, NJ: Princeton University Press, 1980.

GRAUBNER, Rolf; NIXDORF, Eberhard. Biomechanical Analysis of the Sprint and Hurdles Events at the 2009 IAAF World Championships in Athletics. *New Studies in Athletics*, v. 26, n. 1 e 2, p. 19-53, 2011.

GREENE, Brian. *O universo elegante*: Supercordas, dimensões ocultas e a busca da teoria definitiva. São Paulo: Companhia das Letras, 2016.

GUICCIARDINI, Niccolò. *Isaac Newton on Mathematical Certainty and Method.* Cambridge, MA: MIT Press, 2009.

GUICCIARDINI, Niccolò. *Reading the Principia*: The Debate on Newton's Mathematical Methods for Natural Philosophy from 1687 to 1736. Cambridge: Cambridge University Press, 1999.

GUTHRIE, Kenneth S. *The Pythagorean Sourcebook and Library.* Grand Rapids, MI: Phanes Press, 1987.

HABERMAN, Richard. *Applied Partial Differential Equations.* 4. ed. Upper Saddle River, NJ: Prentice Hall, 2003.

HALL, A. Rupert; HALL, Marie Boas (orgs.). *Unpublished Scientific Papers of Isaac Newton.* Cambridge: Cambridge University Press, 1962.

HAMMING, Richard W. The Unreasonable Effectiveness of Mathematics. *American Mathematical Monthly*, v. 87, n. 2, p. 81-90, 1980. Disponível em: www.dartmouth.edu/~matc/MathDrama/reading/Hamming.html. Acesso em: 2 dez. 2021.

HEATH, Thomas L. (org.). *The Works of Archimedes.* Mineola, NY: Dover, 2002.

HIGHAM, Nicholas J. et al. (org.). *The Princeton Companion to Applied Mathematics.* Princeton, NJ: Princeton University Press, 2015.

HO, David D. et al. Rapid Turnover of Plasma Virions and CD4 Lymphocytes in HIV-1 Infection. *Nature*, v. 373, n. 6.510, p. 123-6, 1995.

HOFMANN, Joseph E. *Leibniz in Paris 1672-1676*: His Growth to Mathematical Maturity. Cambridge: Cambridge University Press, 1972.

HOFFMAN, Paul. *O homem que só gostava de números.* Portugal: Gradiva, 2000.

ISAACSON, Walter. *Einstein*: Sua vida, seu universo. São Paulo: Companhia das Letras, 2016.

ISACOFF, Stuart. *Temperament*: How Music Became a Battleground for the Great Minds of Western Civilization. Nova York: Knopf, 2001.

JONES, H. S. *John Couch Adams and the Discovery of Neptune.* Cambridge: Cambridge University Press, 1947.

KAISER, Gerald. *A Friendly Guide to Wavelets.* Boston: Birkhäuser, 1994.

KATZ, Victor J. *A History of Mathematics*: An Introduction. 2. ed. Boston: Addison Wesley Longman, 1998.

KATZ, Victor J. Ideas of Calculus in Islam and India. *Mathematics Magazine*, v. 68, n. 3, p. 163-74, 1995.

KEVLES, Bettyann H. *Naked to the Bone*: Medical Imaging in the Twentieth Century. Rutgers, NJ: Rutgers University Press, 1997.

KLINE, Morris. *Mathematics in Western Culture.* Londres: Oxford University Press, 1953.

KOESTLER, Arthur. *O homem e o universo*: Como a concepção do universo se modificou através dos tempos. São Paulo: Ibrasa, 1989.

KÖRNER, Thomas W. *Fourier Analysis*. Cambridge: Cambridge University Press, 1989.

KWAN, Alistair; DUDLEY, John; LANTZ, Eric. Who Really Discovered Snell's Law? *Physics World*, v. 15, n. 4, p. 64, 2002.

LAPLACE, Pierre Simon. *Ensaio filosófico sobre as probabilidades*. Rio de Janeiro: Contraponto/PUC-Rio, 2010.

LAUBENBACHER, Reinhard; PENGELLEY, David. *Mathematical Expeditions*: Chronicles by the Explorers. Nova York: Springer, 1999.

LEVIN, Janna. *Black Hole Blues and Other Songs from Outer Space*. Nova York: Knopf, 2016.

LIGHTHILL, James. The Recently Recognized Failure of Predictability in Newtonian Dynamics. *Proceedings of the Royal Society of London A*, v. 407, n. 1.832, p. 35-50, 1986.

LIU, Leroy F. DNA Topoisomerase Poisons as Antitumor Drugs. *Annual Review of Biochemistry*, v. 58, n. 1, p. 351-75, 1989.

LIVIO, Mario. *Deus é matemático?* Rio de Janeiro: Record, 2011.

MACKINNON, Nick. Newton's Teaser. *Mathematical Gazette*, v. 76, n. 475, p. 2-27, 1992.

MAHONEY, Michael S. *The Mathematical Career of Pierre de Fermat 1601-1665*. 2. ed. Princeton, NJ: Princeton University Press, 1994.

MARTÍNEZ, Alberto A. *Burned Alive*: Giordano Bruno, Galileo and the Inquisition. Londres: Reaktion Books, 2018.

MARTÍNEZ, Alberto A. *The Cult of Pythagoras*: Math and Myths. Pitsburgo: University of Pittsburgh Press, 2012.

MARTÍNEZ, Alberto A. *Science Secrets*: The Truth About Darwin's Finches, Einstein's Wife, and Other Myths. Pitsburgo: University of Pittsburgh Press, 2011.

MATES, Benson. *The Philosophy of Leibniz*: Metaphysics and Language. Oxford: Oxford University Press, 1986.

MAXWELL, James Clerk. On Physical Lines of Force. Part III. The Theory of Molecular Vortices Applied to Statical Electricity. *Philosophical Magazine*, p. 12-24, abr./maio 1861.

MAZUR, Joseph. *Zeno's Paradox*: Unraveling the Ancient Mystery Behind the Science of Space and Time. Nova York: Plume, 2008.

McADAMS, Aleka; OSHER, Stanley; TERAN, Joseph. Crashing Waves, Awesome Explosions, Turbulent Smoke, and Beyond: Applied Mathematics and Scientific Computing in the Visual Effects Industry. *Notices of the American Mathematical Society*, v. 57, n. 5, p. 614-23, 2010. Disponível em: www.ams.org/notices/201005/rtx100500614p.pdf. Acesso em: 2 dez. 2021.

McMURRAN, Shawnee L.; TATTERSALL, James J. The Mathematical Collaboration of M. L. Cartwright and J. E. Littlewood. *American Mathematical Monthly*, v. 103, n. 10, p. 833-45, dez, 1996. DOI: 10.2307/2974608.

MITCHELL, Melanie. *Complexity*: A Guided Tour. Oxford: Oxford University Press, 2011.

MURRAY, James D. *Mathematical Biology 1*. 3. ed. Nova York: Springer, 2007.

MURRAY, James D. *Mathematical Biology 2*. 3. ed. Nova York: Springer, 2011.

NETZ, Reviel; NOEL, William. *Códex Arquimedes*: Como um livro de orações revelou a genialidade de um dos maiores cientistas da Antiguidade. Rio de Janeiro: Record, 2009.

NEWMAN, James R. *The World of Mathematics*. Nova York: Simon and Schuster, 1956.

NORRIS, Guy; WAGNER, Mark. *Boeing 787 Dreamliner*. Mineápolis: Zenith Press, 2009.

PAIS, A. *"Sutil é o Senhor..."*: a ciência e a vida de Albert Einstein. Oxford: Rio de Janeiro: Nova Fronteira, 2005.

PERELSON, Alan S. Modelling Viral and Immune System Dynamics. *Nature Reviews Immunology*, v. 2, n. 1, p. 28-36, 2002.

PERELSON, Alan S.; ESSUNGER, Paulina; HO, David D. Dynamics of HIV-1 and CD4+ Lymphocytes in Vivo. *AIDS*, v. 11, suplemento A, p. S17-S24, 1997.

PERELSON, Alan S.; GUEDJ, Jeremie. Modelling Hepatitis C Therapy – Predicting Effects of Treatment. *Nature Reviews Gastroenterology and Hepatology*, v. 12, n. 8, p. 437-45, 2015.

PERELSON, Alan S. *et al*. HIV-1 Dynamics in Vivo: Virion Clearance Rate, Infected Cell Life-Span, and Viral Generation Time. *Science*, v. 271, n. 5.255, p. 1582-6, 1996.

PESKIN, Michael E.; SCHROEDER, Daniel V. *An Introduction to Quantum Field Theory*. Boulder, CO: Westview Press, 1995.

PETERSON, Ivars. *Newton's Clock*: Chaos in the Solar System. Nova York: W. H. Freeman, 1993.

POHL, William F. DNA and Differential Geometry. *Mathematical Intelligencer*, v. 3, n. 1, p. 20-7, 1980.

PURCELL, Edward M. *Eletricidade e magnetismo*. São Paulo: Blücher, 1970.

REES, Martin. *Apenas seis números*: as forças profundas que controlam o universo. Rio de Janeiro: Rocco, 2000.

RICH, Dayton A. A Brief History of Positron Emission Tomography. *Journal of Nuclear Medicine Technology*, v. 25, p. 4-11, 1997. Disponível em: tech.snmjournals.org/content/25/1/4.full.pdf. Acesso em: 2 dez. 2021.

RICKEY, V. Frederick. Isaac Newton: Man, Myth, and Mathematics. *College Mathematics Journal*, v. 18, n. 5, p. 362-89, 1987.

RINZEL, John. Discussion: Electrical Excitability of Cells, Theory and Experiment:

Review of the Hodgkin-Huxley Foundation and an Update. *Bulletin of Mathematical Biology*, v. 52, n. 1 e 2, p. 5-23, 1990.

ROBINSON, Andrew. Did Einstein really say that? *Nature*, v. 557, p. 30, 2018. Disponível em: www.nature.com/articles/d41586-018-05004-4. Acesso em: 2 dez. 2021.

RORRES, Chris (org.). *Archimedes in the Twenty-First Century*. Boston: Birkhäuser, 2017.

SABRA, A. I. *Theories of Light*: From Descartes to Newton. Cambridge: Cambridge University Press, 1981.

SCHAFFER, Simon. The Laird of Physics. *Nature*, v. 471, p. 289-91, 2011.

SCHRÖDINGER, Erwin. *Science and Humanism*. Cambridge: Cambridge University Press, 1951.

SHEEHAN, William; THURBER, Steven. John Couch Adams's Asperger Syndrome and the British Non-discovery of Neptune. *Notes and Records*, v. 61, n. 3, p. 285-99, 2007. DOI: 10.1098/rsnr.2007.0187. Disponível em: rsnr.royalsocietypublishing.org/content/61/3/285. Acesso em: 2 dez. 2021.

SHETTERLY, Margot Lee. *Hidden Figures*: The American Dream and the Untold Story of the Black Women Mathematicians Who Helped Win the Space Race. Nova York: William Morrow, 2016.

SIMMONS, George F. *Calculus Gems*: Brief Lives and Memorable Mathematics. Washington, DC: Mathematical Association of America, 2007.

SIMMONS, George F. *Differential Equations with Applications and Historical Notes*. 3. ed. Boca Raton, FL: CRC Press, 2016.

SKOPINSKI, Ted H.; JOHNSON, Katherine G. Determination of Azimuth Angle at Burnout for Placing a Satellite Over a Selected Earth Position. *NASA Technical Report*, NASA-TN-D-233, L-289, 1960. Disponível em: ntrs.nasa.gov/archive/nasa/casi.ntrs.nasa.gov/19980227091.pdf. Acesso em: 2 dez. 2021.

SOBEL, Dava. *A filha de Galileu*: Um relato biográfico de ciência, fé e amor. São Paulo: Companhia das Letras, 2000.

SOBEL, Dava. *Longitude*: a verdadeira história de um gênio solitário que resolveu o maior problema científico do século XVIII. São Paulo: Companhia de Bolso, 2008.

STEIN, Sherman. *Archimedes*: What Did He Do Besides Cry Eureka? Washington, D.C.: Mathematical Association of America, 1999.

STEWART, Ian. *Desvendando o cosmo*: Como a matemática nos ajuda a compreender o universo. Rio de Janeiro: Zahar, 2020.

STEWART, Ian. *Será que Deus joga dados?* – A nova matemática do caos. Rio de Janeiro: Zahar, 1991.

STEWART, Ian. *Dezessete equações que mudaram o mundo*. Rio de Janeiro: Zahar, 2013.

STILLWELL, John. *Mathematics and Its History*. 3. ed. Nova York: Springer, 2010.

STROGATZ, Steven. *Non-linear Dynamics and Chaos*. Reading, MA: Addison-Wesley, 1994.

STROGATZ, Steven. *Sync*: The Emerging Science of Spontaneous Order. Nova York: Hyperion, 2003.

SUSSMAN, Gerald Jay; WISDOM, Jack. Chaotic Evolution of the Solar System. *Science*, v. 257, n. 5.066, p. 56-62, 1992.

SZPIRO, George G. *Pricing the Future*: Finance, Physics, and the Three-Hundred-Year Journey to the Black-Scholes Equation. Nova York: Basic Books, 2011.

TEGMARK, Max. *Our Mathematical Universe*: My Quest for the Ultimate Nature of Reality. Nova York: Knopf, 2014.

THOMPSON, Richard B. Global Positioning System: The Mathematics of GPS Receivers. *Mathematics Magazine*, v. 71, n. 4, p. 260-9, 1998. Disponível em: pdfs.semanticscholar.org/60d2/c444d44932e476b80a109d90ad03472d4d5d.pdf. Acesso em: 2 dez. 2021.

TURNBULL, Herbert W. (org.). *The Correspondence of Isaac Newton, v. 2, 1676-1687*. Cambridge: Cambridge University Press, 1960.

WARDHAUGH, Benjamin. Musical Logarithms in the Seventeenth Century: Descartes, Mercator, Newton. *Historia Mathematica*, v. 35, p. 19-36, 2008.

WASSERMAN, Steven A.; COZZARELLI, Nicholas R. *Biochemical Topology: Applications to DNA Recombination and Replication. Science*, v. 232, n. 4.753, p. 951-60, 1986.

WESTFALL, Richard S. *Never at Rest*: A Biography of Isaac Newton. Cambridge: Cambridge University Press, 1981.

WHITESIDE, Derek T. (org.). *The Mathematical Papers of Isaac Newton, v. 1*. Cambridge: Cambridge University Press, 1967.

WHITESIDE, Derek T. (org.). *The Mathematical Papers of Isaac Newton, v. 2*. Cambridge: Cambridge University Press, 1968.

WHITESIDE, Derek T. The Mathematical Principles Underlying Newton's Principia Mathematica. *Journal for the History of Astronomy*, v. 1, n. 2, p. 116-38, 1970. Disponível em: doi.org/10.1177/002182867000100203. Acesso em: 2 dez. 2021.

WIGNER, Eugene P. The Unreasonable Effectiveness of Mathematics in the Natural Sciences. *Communications on Pure and Applied Mathematics*, v. 13, n. 1, p. 1-14, 1960. Disponível em: www.maths.ed.ac.uk/~v1ranick/papers/wigner.pdf. Acesso em: 2 dez. 2021.

WISDOM, Jack; PEALE, Stanton J.; MIGNARD, François. The Chaotic Rotation of Hyperion. *Icarus*, v. 58, n. 2, p. 137-52, 1984.

WOUK, Herman. *The Language God Talks*: On Science and Religion. Boston: Little, Brown and Company, 2010.

ZACHOW, Stefan. Computational Planning in Facial Surgery. *Facial Plastic Surgery*, v. 31, p. 446-62, 2015.

ZACHOW, Stefan; HEGE, Hans-Christian; DEUFLHARD, Peter. Computer--Assisted Planning in Cranio-Maxillofacial Surgery. *Journal of Computing and Information Technology*, v. 14, n. 1, p. 53-64, 2006.

ZORIN, Denis; SCHRÖDER, Peter. Subdivision for Modeling and Animation. *SIGGRAPH 2000 Course Notes*, capítulo 2, 2000. Disponível em: www.multires.caltech.edu/pubs/sig99notes.pdf. Acesso em: 2 dez. 2021.